普通高等教育"十一五"国家级规划教材

热能与动力工程基础

王承阳　编著

北　京
冶　金　工　业　出　版　社
2022

内 容 提 要

本书介绍了热能与动力工程领域的基本理论和应用概况，内容包括能源及能源利用的概况、热能与动力工程专业领域所涉及的各个方面、热能利用的理论基础、主要能源设备与装置的原理和技术发展状况、能源与环境问题的密切关系与对策等。

本书可作为高等学校非热能动力类专业的能源利用类课程的教材，也可供能源动力类专业学生课外阅读以了解除各学校自身特色以外的本专业的全貌，也可作为相关科技工作者的参考书。

图书在版编目(CIP)数据

热能与动力工程基础/王承阳编著. —北京：冶金工业出版社，2010.1 (2022.9 重印)

普通高等教育“十一五”国家级规划教材

ISBN 978-7-5024-5137-0

Ⅰ. ①热… Ⅱ. ①王… Ⅲ. ①热能—高等学校—教材 ②动力工程—高等学校—教材 Ⅳ. ①TK

中国版本图书馆 CIP 数据核字（2010）第 004589 号

热能与动力工程基础

出版发行 冶金工业出版社　**电　话** (010)64027926
地　址 北京市东城区嵩祝院北巷 39 号　**邮　编** 100009
网　址 www. mip1953. com　**电子信箱** service@ mip1953. com

责任编辑 马文欢 任咏玉 美术编辑 彭子赫 版式设计 张 青
责任校对 卿文春 责任印制 禹 蕊

北京虎彩文化传播有限公司印刷
2010 年 1 月第 1 版，2022 年 9 月第 2 次印刷
787mm×1092mm 1/16；12.75 印张；338 千字；191 页
定价 29.00 元

投稿电话 (010)64027932 投稿信箱 tougao@cnmip. com. cn
营销中心电话 (010)64044283
冶金工业出版社天猫旗舰店 yjgycbs. tmall. com
(本书如有印装质量问题，本社营销中心负责退换)

前　言

党的十六届五中全会提出,“十一五”末期我国单位 GDP 能源消耗要比“十五”末期的降低 20% 左右。这个目标要靠全国人民的共同努力才能实现,而不仅仅是能源领域工作者的任务。为此,掌握科学用能的基本理论和方法应当是每个工程师必备的基本素质,对材料、冶金等非能源动力类专业的工科学生进行这方面知识培养成为当务之急。从 2003 年起,东北大学在材料与冶金学院“尖子班”中开设了“热能工程导论”课,进行这方面知识的传授,效果良好,计划予以推广。本书就是为了适应这一需要而编写的。

本书试图以比较浅显易懂的语言将热能与动力工程领域的基本理论和应用的全景展示给本领域以外的学生和科技工作者,使他们了解能源及能源利用的概况,认识和了解热能与动力工程专业领域所涉及的方方面面,了解和掌握热能利用的理论基础,了解主要能源设备与装置的原理和技术发展状况,了解能源与环境问题的密切关系与对策。

本书共分 9 章。第 1 章简单而全面地论述了国内外所面临的能源问题;第 2 章和第 3 章按照学科分类介绍了热能与动力工程领域内各个子学科及其发展方向的主要内容和技术前沿,具有较强的科普性;第 4 章简单讲述了流体力学和传热学的最基本的原理,即热能直接利用的理论基础;第 5 章介绍了主要的热能利用设备的原理、结构;第 6 章则针对热功转换的热力学原理和设备进行了简述,其中比较强调能源利用的第二定律原理;第 7 章专门介绍热功逆向循环装备——制冷机与热泵的原理和结构;第 8 章讨论了能源利用对环境造成的污染,也讨论了热能工程原理在环境污染治理工作中的应用;第 9 章则专门探讨了工业工艺过程中热物理理论的应用,是专门针对材料、冶金等工业工艺类专业学生的需要而编写的。

本书不仅强调有效、持久、清洁地利用能源是热能与动力工程领域所面临的首要课题,也指出利用工程热物理理论解决各种工业工艺过程和自然过程中有关热的问题也是本学科的重要课题。

本书还适合愿意全面了解专业学科状况的热能与动力工程专业的本科生和研究生阅读,有助于他们在各学校专业特色的基础上拓宽视野,加深对专业的热爱。

在本书编写与教学实践过程中，我的同事李宝宽、李娟、周清、荣军和王芳提供了许多有价值的帮助和建议，沈阳经济技术开发区热电有限公司曹亚明总工程师提供了电厂和锅炉方面的有关资料，在此表示感谢。

由于作者的工作领域和学识有限，而热能与动力工程专业学科范围相当广泛，几乎涵盖国民经济的方方面面，教材中有的知识点写得比较生硬、粗浅，这些遗憾需要通过读者的批评和帮助才能逐渐弥补，作者将在教学过程中不断完善，希望未来修订时能有比较大的改观。

王承阳
2009 年 10 月
于东北大学

目　录

1 能源概论

1.1 能源与人类社会的发展

人类社会的发展是和社会生产力的发展密切相关的，而社会生产力的一个重要组成部分就是为生产过程提供原动力的能源与动力工程。

能源是人类生存和发展的重要物质基础。人类社会和社会生产力的发展过程在历史上与人类利用能源的发展过程是一致的。在从类人猿逐渐进化到人的过程中，人类学会了使用火。农耕时代人们分散地使用薪柴、人力、畜力、风力和水力。18 世纪蒸汽机的发明和改进是人类第一次大规模地使用能源，为生产提供了一种强有力的动力，推动了生产力的飞速发展，掀起了历史上著名的“工业革命”，彻底改变了原来自然经济的小生产方式，奠定了工业化生产的牢固的物质基础。19 世纪电力的使用在工业生产中也是革命性的事件，它奠定了现代化自动化大生产的基础，改变了原来的劳动密集型的生产方式，同时它所带来的远距离即时通讯技术对于生产、流通、资金以及生活方式的冲击和改变也是惊人的。20 世纪 70 年代的能源危机则从另一方面促进了社会发展，后工业化社会或者信息社会就是这一发展的结果。在不远的未来，化石燃料必将枯竭，新能源也会随之发展，这将给人类社会带来什么样的变革，已经成为人们热衷的话题。目前国际上常以能源的人均占有量、人均消费量、生产和消费构成、利用率及其对环境的影响等等来衡量一个国家或地区的现代化程度。

能源是国民经济发展的原动力。随着国民经济的发展，能源的需求量日益增加，如果能源的供应赶不上经济发展的需要，将会出现能源危机，从而影响社会经济的进展。

1.2 能源的分类

运动是物质存在的基本形式，能量则是运动的基本属性。人类社会和自然界的一切运动都伴随着能量的空间转换和形式转换。能量有六种主要存在形式：机械能、热能、电能、辐射能、化学能和核能。

所谓能源，就是储存有能量的物质，是人类从中获取能量的资源。煤、石油、天然气都是我们熟知的能源，核裂变和核聚变、太阳光（辐射）都能给我们提供能量，所以是能源。此外，各种自然过程，如风、流水、波浪、潮汐和地震等等也包含能量，所以也都是能源。地球上的能源归纳起来，大致可分为三类（见表 1–1）：

（1）来自地球以外的天体的能量。最主要的是太阳辐射能，煤、石油等化石燃料归根结底都是来自于太阳能。此外，还有其他天体发射到地球上的各种宇宙射线的能量，以及随陨石和太空飘尘落到地面的能量（这些能量中没有月亮什么事，月光是月面反射的太阳光），与太阳能相比，微乎其微。

（2）地球本身内部蕴藏的能量。主要是核能和地下热能（地球内部的热量，既有地球出生时的遗迹，也有地球内部核衰变所产生的）。

表 1–1 根据能源来源进行的分类

<table>
<tr><td rowspan="2">第一类
来自地球以外的
天体的能量</td><td>太阳辐射能</td><td>煤、石油、天然气、油页岩、草木燃料、沼气和其他由于光合作用而固定的太阳辐射能
风、流水、波浪、海流(洋流)
海洋热能
直接的太阳辐射</td></tr>
<tr><td colspan="2">宇宙射线、流星和其他星际物质带进地球的能量</td></tr>
<tr><td rowspan="2">第二类
地球本身内部蕴藏
的能量</td><td>地球热能</td><td>地震、火山活动
地下热水和地热蒸汽
热岩层、岩浆</td></tr>
<tr><td>原子能(核能)</td><td>铀、钍、硼、氘等等</td></tr>
<tr><td>第三类
由于地球和其他天体相互
作用而产生的能量</td><td colspan="2">潮 汐 能</td></tr>
</table>

(3) 由于地球和其他天体相互作用而产生(主要是月－地作用)的能量。如潮汐能等就属于这类能量。

通常把自然界中自然存在的能源称为**一次能源**(crude energy resources),包括石油、天然气、煤炭、水力、核能、风力、太阳能、地热能、生物质能、天然气水合物、海洋热能、波浪能、潮汐能等等。其中石油、天然气、煤炭、水力、核能等作为常规能源几乎占了人类所用能源的全部。由其他形式能源转换(制取或变化)而来的能源称为**二次能源**(secondary energy resources)。电能、汽油、柴油、煤油、重油、渣油、酒精、火药、焦炭、洗精煤、煤气、石油气(炼化产品)、压缩空气(风)、蒸汽甚至软化水等等均为二次能源。

一次能源的资源性,决定了它们所具有的战略性。一次能源可以划分为**常规能源**和**新能源**两类,煤、石油、天然气、水力和核能等在社会生产生活中大规模使用的能源被称为常规能源,而其他目前利用规模很小但很有长期利用前景的太阳能、风能等等则称为新能源(在 20 世纪 80 年代,核能还被列为新能源,进入 90 年代以后,核能逐渐被纳入常规能源范围)。煤、石油、天然气等化石燃料(它们都是由远古时期的动植物遗体变化而来,故称为**化石燃料**)和核能随着人们的利用而逐渐减少,称为**非再生能源**,其他能源可以随着太阳辐射或潮汐作用而不断再生补充,故称为**可再生能源**,可再生能源还具有低污染或无污染的特点,所以又称为**清洁能源**(由于天然气中含碳、硫比较少,燃烧产物中 SO_x 和 CO_2 的相对量比石油和煤少得多,而且容易彻底燃烧,较少出现像煤和石油产品那样不完全燃烧而产生的污染,故天然气目前也称为清洁能源或清洁燃料,但天然气的清洁与可再生能源的清洁不可同日而语)。

1.3 能源的评价

实施一项工程,建设一个项目,都涉及如何使用能源,即确定能源利用方案。从能源利用的角度看,各种能源各有优缺点,因此要进行能源利用评价。评价能源利用性能的技术指标主要有:

(1) 能流密度。指利用某种能源时,在一定空间或面积内实际获得的能量或功率。显然,如果某种能源能流密度太小,就很难大规模利用。

（2）开发费用和设备价格。各种能源的勘探、开采、运输、利用都需要人力物力的投入，一般以单位功率或单位能量的费用和价格进行计算、比较和评价。

（3）存储性能和供应连续性。指能源不使用时是否可以储存，使用时是否能够保证连续地、充足地供给。

（4）运输费用与损耗。指远距离输送所产生的比较可观的费用与损耗，例如晋、陕、蒙的煤炭运往东南沿海，中东的石油运往世界各地，西北、西南的电力输往东南沿海等等。

（5）环境污染。环境污染是与能源利用成正比的，但不同的能源对环境产生的污染程度不同，不同的能源利用方式对环境产生的污染程度也不同。一般把对环境污染轻微的能源称为清洁能源。

（6）存储量。这是相当重要的指标，直接影响区域能源生产与消费结构和能源政策。例如，我国的能源储量中煤炭占绝大多数，这就决定了我国的能源结构是以煤炭为主，而西方各国则是以石油和天然气为主。

（7）能源品位。能够直接变成机械能或电能的能源，品位要比必须先经过热能形式再转化成机械能或电能的能源的品位高。其划分依据是热力学第二定律。

1.4 1973 年以来世界与中国的能源状况

国际社会真正开始关注能源问题肇始于 1973 年的石油危机❶。1973 年第四次中东战争期间，阿拉伯产油国联合委内瑞拉等石油输出国组织❷（Organization of Petroleum Exporting Countries, OPEC，欧佩克）成员国采取减产、禁运、提价、国有化和增加本国在石油垄断企业中的股权等措施，打破外国公司对石油价格的垄断，夺取石油标价权，在一定程度上保护了本国石油资源，改变了本国经济的贫穷状况。期间石油价格提高三倍，给世界经济（主要是发达国家的经济）造成了强烈的冲击，引发了一次相当规模的经济危机。尔后 OPEC 多次提高石油价格，到 1978 年 4 月 1 日，每桶原油价格达到 14.452 美元（1 桶 = 158.98 L）。

中国关注能源问题则起始于 1978 年开始改革开放，进行大规模经济建设的时候。当时，中央把实现四个现代化的具体目标确定为从 1981 年到 2000 年的 20 年里，在不断提高经济效益的前提下，使全国工农业生产总值翻两番，达到人均 800 ~ 1000 美元。但是，就当时我国的单位产值能耗水平、能源生产和消费总量、能源的资源贮存量等方面来看，到 2000 年不可能提供总量高达 2.4 Gt 标准煤（ton coal equivalent, tce. ≈29.31GJ）的能源供给，而预计最多仅能生产出一半即 12 亿吨标准煤的能源。只能翻一番的能源需要支持产值翻两番，因此，党中央提出了“开发与节约并重，近期以节约为主”的能源政策，掀起了一场节能降耗的浪潮，并取得了瞩目的成就。仅以钢铁工业为例，1981 年到 2000 年的 20 年间吨钢综合能耗（标煤）从 2.040 t 降为 1.180 t，其

---

❶ 第二次世界大战时纳粹德国对罗马尼亚油田和巴库油田的抢夺、日本对东南亚石油资源的抢夺等都已经体现了石油问题的重要性，甚至改变了战局的走向。但那时还仅仅是军事战略层次的问题，并没有提升到全球经济的层次，因而也未引起除了军事家之外的广泛关注。

❷ 石油输出国组织是 1960 年 9 月 14 日，由伊拉克政府邀请伊朗、科威特、沙特阿拉伯和委内瑞拉等四国代表为对付西方石油公司企图再次降低石油标价，在巴格达举行会议时决定成立的，以后陆续又有阿尔及利亚、厄瓜多尔、加蓬、印度尼西亚、利比亚、尼日利亚、卡塔尔和阿拉伯联合酋长国参加，总部设在奥地利首都维也纳，其最高权力机构是石油输出国组织大会，又称“部长级会议”，每年至少开会两次。另设专门机构经济委员会，协助协调国际石油价格。该组织的主要宗旨是：协调和统一成员国的石油政策，维护各成员国的利益，设法确保国际市场石油价格的稳定；确保生产国获得稳定的收入，有效地节约地正常向需油国家供应石油，并使它们在石油业的投资中得到公平的收入。

中75家大中型企业已经降至0.916 t❶。2005年9月，中国共产党十六届五中全会按照“十六大”对21世纪头20年全面建设小康社会的总体部署，提出了“十一五”时期经济社会发展的主要目标：在优化结构、提高效益和降低消耗的基础上，实现2010年人均国内生产总值比2000年翻一番；资源利用效率显著提高，单位国内生产总值能源消耗比“十五”期末降低20%左右……

1.4.1 世界能源状况

1.4.1.1 目前的资源与消费结构

到2001年末，世界煤炭剩余可采储量为984.453 Gt❷。其中，80%分布在亚太、北美和俄罗斯，中南美地区最少，仅占2.3%，中东非洲共占5.8%。储量排在前10位国家的总储量为893.823 Gt，占世界的90.8%，其中美国占世界总量的25%，列第1位，中国占11.6%（114.5 Gt），列第3位。

到2001年末，世界石油剩余可采储量为143 Gt。其中，2/3位于中东地区，为93.4 Gt；其他地区均不足10%。储量排在前10位国家的总储量为119 Gt，占世界的83.2%，其中沙特阿拉伯占世界总量的25%（36 Gt），列第1位，中国占2.3%（3.3 Gt），列第11位。

到2001年末，世界天然气剩余可采储量为$155.08\times10^{12}\ m^3$。其中，70%位于俄罗斯和中东地区，其他地区均不足10%。储量排在前10位国家的总储量为$117.5\times10^{12}\ m^3$，占世界的75.8%，其中俄罗斯占世界总量的32.9%（俄罗斯自己统计为45%），列第1位，中国占0.9%（$1.37\times10^{12}\ m^3$），列第18位。

到2001年末，世界一次能源消费量（标煤）为9.1248 Gt。3/4由北美、亚太和欧洲地区消费。消费量排在前10位国家的总消费量为5.8354 Gt，占世界的63.9%，其中美国一次能源消费占世界总量的25%，列第1位，中国占9.2%（0.8397 Gt），列第2位。

人均能源消费量（2004年数据，标准油）：世界平均水平为1.63 t/a❸，美国列第1位，人均8.02 t/a，日本人均3.82 t/a，中国为人均1.08 t/a。

表1-2和表1-3列出了一些国家能源构成和消费量的有关情况。

表1-2 各国能源构成比较 %

国名	石油	天然气	煤炭	水电	核能
(1977)					
美国	43	29	21	5	2
日本	75	3	15	5	2
英国	47	14	35	1	3
法国	64	9	17	8	2
联邦德国	49	13	35	1	2
中国	22	3	71	4	0
世界平均	44	18	30	6	2

❶ 2003年能耗（标煤）更进一步降至770 kg，其中宝山钢铁公司的吨钢综合能耗仅为675 kg。同期日本钢铁工业的吨钢综合能耗为656 kg。

❷ 关于世界能源方面的数据十分混乱，例如这组数据是作者在2003年夏得到的，而2005年《中国能源报》上一篇文章引用《2004年BP世界能源统计》时谈到：“截止到2003年底，世界煤炭剩余可采储量为9844.5亿吨。”但是数据的量级是没有问题的。

❸ 吨标准油/年（toe/a）：其中，吨标准油（toe，ton oil equivalent），也可译成吨油当量。1吨油当量 = 10.486×10^6 kcal = 1.498吨标准煤 = 43.906 GJ，a：annual，per year。

续表1-2

国　名	石　油	天然气	煤　炭	水　电	核　能
(1997)					
美　国	39.5	26.5	24.6	1.4	8.0
俄罗斯	22.1	51.3	19.5	2.3	4.8
日　本	52.6	11.6	17.7	1.6	16.5
德　国	40.2	20.9	25.5	0.5	12.9
法　国	37.6	12.8	5.4	2.4	41.8
英　国	36.1	34.3	18.0	0.2	11.3
中　国	20.5	1.9	75.4	1.8	0.4
印　度	31.9	8.5	56.2	2.4	1.0
世界平均	39.9	23.2	27.0	2.6	7.3

表1-3　世界主要国家一次能源消费量(标准油)构成(2000年)[1]　Mt

国　名	石　油	天然气	煤　炭	核　能	水　电	总　计
美　国	897.6	582.4	565.3	179.6	62.4	2287.3
法　国	94.9	35.7	13.8	94.0	16.4	254.8
德　国	129.8	71.5	84.9	38.4	5.9	330.5
英　国	77.9	86.4	36.9	19.3	1.8	222.3
中　国	230.1	22.1	493.7	3.8	55.0	804.7

1.4.1.2　世界能源结构调整及需求变化分析

21世纪世界能源的需求量仍将继续增长,能源开发结构将由石油主导型发展为多元共进型,可再生能源将迅速发展。由于能源结构调整和变化的周期较长,因此,在相当长的一段时期内,世界能源形势表现出下述特征:

(1) 传统的矿物燃料仍将是较长一段时期内能源生产消费的主体。世界能源需求(标煤)在2020年将接近20 Gt,任何一种新能源在短期内都无法满足如此巨大的能源需求,而矿物燃料的资源目前依然较为丰裕,价格也相对低廉。据估计按目前的开发利用强度和回收率,矿物燃料仍可供全世界使用100~200年(见表1-4)。矿物燃料开发利用的技术也比较成熟,并已经系统化和标准化,而建立一套适合新能源开发利用的新技术体系尚需要较长一段时间。

表1-4　世界能源资源概况(世界能源委员会1992能源资源调查)

项　目	无烟煤	烟煤(年限)	石油(年限)	天然气(年限)	总储量
标准量/PJ	19841141	4582845(209)	5639794(45)	5004802(52)	34578702
实物量	710897 Mt	328284 Mt	134697 Mt	128.9×10^{12} m^3	
比重/%	57.2	13.3	16.2	14.5	100

(2) 能源开发利用所造成的环境问题日趋严重。

(3) 能源生产消费结构将出现多元化趋势,特别是可再生能源和核能将会发挥较大的作用。目前,可再生能源提供了世界所需能源的20%以上,其中14%是生物质能,6%是水能。预计今后水电和柴薪的消费量每年将增加10%。核能也将成为发电最有希望的潜在能源之一。天然气消费的高速增长期已经到来,并在许多领域替代着煤炭和石油。地热发电、风力发电和光伏电池则以较高的速度持续稳定地增长。

1992年,联合国工业发展组织、国际原子能机构、国际应用系统分析研究所和石油输出国组织在第15届世界能源委员会上对未来能源需求趋势作了预测，见表1-5。

表1-5 2050年世界能源需求预测（长期控制CO_2排放/不控制CO_2排放）

项　目	能源需求（标准油）/Gt	所占比例/%
总　量	18.1/21	
石　油	5.4/5.8	230/28
煤　炭	4/5	22/24
天然气	5/6.1	28/29
水能、核能	3.7/4.1	20
CO_2排放量（亿吨碳）	130/150	

根据世界能源大会（WEC）与国际应用系统分析研究所（IIASA）1995年对21世纪世界能源发展所做的预测，预计发达国家由于价格影响和对环境问题的关注，能源的需求增长将可能减缓，有些国家和地区还有可能下降，新能源和可再生能源的开发将引起重视，并继续在降低能耗和利用替代能源上努力。发展中国家由于人口和经济增长迅速，能源需求量增长较快。到2050年，发展中国家的人口将有可能达到90亿，能源消费量将提高2~5倍，这将导致发展中国家在全球的总能耗份额由1990年的1/4增加到21世纪中叶的大约2/3。如印度对石油产品的需求可能从1985年的33.44 Mt增加到75.88 Mt，增长1倍多。

1.4.1.3 世界能源发展的变革趋势及其特点

（1）世界能源已步入一个新的变革期。能源是人类社会生产生活的动力，现代社会的发展与繁荣，与能源的发展变革息息相关。近30年来，“石油危机”的发生和现代工业带来的一系列环境问题，使人们对不可再生矿物能源储量的有限性及其使用的局限性有了更深刻的认识。有限的资源和有限的空间环境，迫使人们在合理利用常规能源及寻求可再生新能源方面进行了积极探索与研究。世界能源已步入一个新的变革时期。据有关资料预测，这次变革大体将经历两个阶段。在第一阶段，以天然气、煤层气等气体能源为主体，以液化煤、气化煤等传统矿物能源的洁净化技术和核裂变技术为两翼，将共同构成世界能源消费的主体。然后逐步过渡到以核聚变及可再生能源为主的第二阶段。

（2）高新技术成果在能源工业迅速推广应用，使整个能源工业正在由低技术向高技术过渡。目前，几乎所有新技术革命的重大成就都已迅速地渗透到能源勘探、开发、加工、转换、输送、利用的各个环节。如以计算机为核心的现代设计、制造、监控、管理、信息处理系统和自动控制系统；各种高性能合金、工程塑料、合成树脂、高性能复合结构材料、光纤等新材料的广泛应用；利用微生物探矿、控制有害物质含量和对煤炭用细菌脱硫的各种研究与工业性试验；利用航天技术进行资源普查、处理危险事故，建立高效率、高能量太阳能发电站等等。能源产量的增长越来越依靠科学技术进步。

（3）能源产品正在向洁净化、精细化、高质量化、多元化方向发展，常规能源的开发、加工、转换、输送和综合利用技术将会出现显著进展和重大突破。为了扩大煤炭的应用，煤的地下气化、流化床燃烧技术以及煤的气、液化工作正在得到高度重视。

（4）节能新产品和新技术不断涌现。许多国家在提高劳动生产率，改进生产工艺，应用节能新产品、新技术、新材料、新工艺等方面积极努力，储能技术上的突破引人注目。

（5）各种新能源和可再生能源的开发利用得到普遍的重视。

（6）能源开发利用的模式面临着历史性变革。有关专家曾将人类能源开发利用的模式概括为以下四种：

1）在较低水平上的可持续使用模式。这一模式是指人类在进入工业化时代以前，能源消耗还比较少，尽管也存在局部的能源短缺和环境破坏，但总体上未产生全球性的能源与环境问题，人类能源的开发和利用还限制在较低水平上的可持续发展阶段。

2）对廉价能源毫不节制的消耗模式。工业革命之后，人类对能源的开发和利用有了巨大的变化，大规模开发利用煤炭以及价格低廉的石油有力地支持了一大批工业化国家的复兴和一批新兴工业化国家的兴起。这一时期人类对能源的开发和利用可以说是掠夺性的，给全球生态环境造成了无可挽回的损害。只不过这种损害被世界经济的空前繁荣与工业化带来的物质文明所掩盖。

3）节制开发和珍惜使用模式。1973 年和 1979 年两次石油危机，导致了世界性的经济危机，人类意识到矿物燃料总会有枯竭的那一天。工业化国家开始节省能源、提高能效并积极寻求替代能源。

4）环境容量要求人类对自己的能源开发消费行为加以限制的模式。人们对气候变化不断关注，从而意识到能源与环境协调发展的重要性。如果人类不对毫无节制的能源开发消费行为加以控制，环境资源将先于能源资源而枯竭。因此，对能源的利用应该首先限制在环境容量允许的范围之内，否则发展将难以为继。

可见，资源短缺特别是各类不可再生资源的日渐枯竭和日益严重的生态环境问题是人类能源开发利用的两大限制性因素。据统计，在近代工业化革命短短的一二百年中，工业生产增长了 50 倍，矿物燃料的消耗增加了 30 倍。更重要的是：人类创造物质财富能力的 80% 是在 20 世纪 50 年代之后产生的，人类消耗矿物燃料能力的 60% 也是在 20 世纪 50 年代以后产生的。如果人类能源开发利用的模式不尽快改变，其后果将是灾难性的。

1.4.1.4　世界能源发展对社会经济的影响分析

世界能源发展不断变革的趋势，对经济社会的各个方面将会产生重要影响，并可能引起社会生产和生活方式的重大调整与急剧变革。

(1) 引起世界经济重心的转移。据预测，到 2030 年，石油占世界能源总供应量的比重将下降到 1/3。届时，一个多能互补、较为均衡的能源结构将会出现，新的能源供需格局将对世界各国经济的发展和人民生活质量的改善，对国际贸易以至世界政治经济都将产生重大影响，新的经济中心和新的地缘政治格局将会出现。

(2) 触发新的产业革命。在工业化和近代科技发展的全部历史中，以煤炭代替柴薪的第一次能源变革，促进了蒸汽动力的广泛应用，曾引起了以纺织技术、矿冶技术为突破的产业革命；以石油在能耗比重中剧增为标志的第二次能源变革，引起了电力、化工、内燃机、合成材料、电子计算机、宇航等新兴工业发展的产业革命。以气体燃料和可再生能源发展为标志的第三次能源变革，伴随着世界进入了信息化社会。

(3) 引起地区经济结构的重大调整和变化。新能源的崛起，传统能源在开发、利用及深度加工技术上的突破，能源开发重心的逐步转移，环境质量、社会服务质量、生活质量的高标准要求都有可能改变一个国家或地区的能源结构，并进而使其经济结构也发生较大的变化，触发各种新兴产业的出现。

(4) 引起能源工业劳动方式和劳动就业结构的变化。随着信息技术、微电子技术在能源工业中的普遍推广，能源工业的劳动生产方式将可能发生较大变化，人才智力结构将发生变更，脑力劳动所占比重将会显著增加，简单体力劳动的比重将明显下降。

(5) 能源工业的生产经营方式和生产组织形式将发生变革。高技术的普遍推广应用，使能源工业将可能以自动化的遥控监测方式和高效能的信息处理方式等一系列全新的生产组织管理系统来取代现行的管理模式。各种跨行业、跨部门、跨地区的集团化、综合性公司将会出现，闭合性循环生产将使资源得到最大限度的合理利用。

(6) 国内外能源市场的竞争将进一步加剧。发达国家和地区在把劳动密集、资源密集等传统产业向不发达国家和地区转移的同时,将逐步建立起节省资源、劳动力、时间的各类高新技术产业,并依靠其技术、信息、人才、管理、资金等多种优势,牢牢占领并控制着能源市场。而发展中国家和地区在能源初级产品和劳动力密集产品上的优势将逐渐消失,与发达国家和地区在经济、技术上的差距进一步被拉大。

(7) 将引起国家和地区能源科技政策的重大调整。这包括科研方向、科研资金和科技人才培养等各方面。

1.4.2 中国能源状况

1.4.2.1 人均能源资源相对不足、资源质量较差的状况

我国常规能源资源的总储量就其绝对量而言,是较为丰富的。据1997年全国第三次煤炭资源评价:2000 m 内煤炭资源总量 5.57 Tt,1000 m 内 2.86 Tt,探明储量 604.4 Gt,可采储量 114.5 Gt;煤炭储量中,烟煤占75%,无烟煤占12%,褐煤占13%;按用途分类,动力煤为83%,炼焦造气等原料煤为17%。据1993年全国第二次油气资源评价:石油总资源量为94 Gt,天然气总资源量为 38×10^{12} m^3;专家预测可采资源量,石油为13~15 Gt,天然气 $7\sim10\times10^{12}$ m^3。煤层气:2000 m 内测算资源量 $30\sim35\times10^{12}$ m^3。水能蕴藏量为 6.76×10^8 kW,可开发量为 3.79×10^8 kW。新能源与可再生能源:太阳能2/3国土面积年总辐射量超过600 kJ/cm^2,风能资源量估计为253 GW,地热能已探明可采储量(标煤)462.7 Gt,生物能:柴薪秸秆为0.3 Gt,动物粪便等沼气原料为2.5 Gt;海洋能资源理论蕴藏量 6.3×10^8 kW,潮汐能可开发资源量21.8 GW,波浪能理论资源量12.9 GW,潮流能理论资源量14 GW,温差能1.32~1.48 TW。

然而,由于我国人口众多,就可采储量而言,人均能源资源占有量仅相当于世界平均水平的1/2。有关专家估计,若按目前的开采水平,我国石油资源和东部的煤炭资源将在2030年耗尽,水力资源的开发也将达到极致。就质量而言,我国能源资源以煤炭为主,按各种燃料的热值计算,在目前的探明储量下,世界能源资源中,固体燃料和液、气体燃料的比例为4:1,而我国则远远落后于这一比值。目前,在世界能源产量中,高质量的液、气体能源所占比例为60.8%,而我国仅为19.1%。表1-6列出了我国能源占世界总量的百分比。

表1-6 中国能源在世界的地位(1997年)

项目	能源总量	煤炭	原油	天然气	发电	核电
生产量/%	10.47	35.7	4.8	0.8	7.6	0.55
消费量/%	11.18	37.5	4.9	0.8		

注:中国人口占世界人口的比重为21%,中国GDP占世界总数的2.55%。

1.4.2.2 长期和稳定的以煤为主的能源结构

我国的能源结构和其他工业国家相比,表现出不同的特点,这从我国能源的生产和消费状况中明显反映出来。煤炭一直是我国最主要的能源,这不仅过去如此,现在如此,将来较长时期内仍然如此,这种状况取决于我国能源资源的禀赋条件。我国能源资源的特点是富煤贫油,相对于石油和天然气,煤炭在我国既具储量优势,又有成本优势,且分布也最广泛,因此煤炭也是我国战略上最安全和最可靠的能源。在可预见的未来,煤炭作为我国的主要能源和重要的战略物资,具有不可替代性。尽管煤炭在能源结构中的比例呈不断下降的趋势,但煤炭工业在国民经济中的基础地位,将是长期的和稳固的。

新中国成立以来，我国的一次能源生产总量和消费总量一直稳步上升，1996 年分别达到 1.33 Gt 标准煤和 1.39 Gt 标准煤，1996 ~ 2000 年我国能源生产总量逐年下降，能源消费也逐年下降，2001 年以后，又恢复了上升趋势。从新中国成立到 2007 年我国能源生产与消费的总量及各类能源所占的百分比见表 1–7。

表 1–7　我国能源生产、消费总量及构成

年份	能源生产总量 /万吨标准煤	占能源生产总量的比重/%				能源消费总量 /万吨标准煤	占能源消费总量的比重/%			
		原煤	原油	天然气	水电		原煤	原油	天然气	水电
1949	2400	96.3	0.7		3.0		32.5 Mt	121 kt	11.17 Mm^3	700 GW · h
1952	4871	96.7	1.3		2.0		95			
1953	5200					5400				
1957	9861	94.9	2.1	0.1	2.9	9644	92.3	4.6	0.1	3.0
1965	18824	88.0	8.6	0.8	2.6	18901	86.5	10.3	0.9	2.7
1970	30990	81.6	14.1	1.2	3.1	29291	80.9	14.7	0.9	3.5
1975	48754	70.6	22.6	2.4	4.4	45425	71.9	21.1	2.5	4.6
1980	63735	69.4	23.8	3.0	3.8	60275	72.2	20.7	3.1	4.0
1985	85546	72.8	20.9	2.0	4.3	76682	75.8	17.1	2.2	4.9
1990	103922	74.2	19.0	2.0	4.8	98703	76.2	16.6	2.1	5.1
1995	129034	75.3	16.6	1.9	6.2	131176	74.6	17.5	1.8	6.1
1996	132616	75.2	17.0	2.0	5.8	138948	74.7	18.0	1.8	5.5
1997	132410	74.1	17.3	2.1	6.5	137798	71.7	20.4	1.7	6.2
1998	124250	71.9	18.5	2.5	7.1	132214	69.6	21.5	2.2	6.7
1999	125935	72.6	18.2	2.7	6.6	133831	69.1	22.6	2.1	6.2
2000	128978	72.0	18.1	2.8	7.2	138553	67.8	23.2	2.4	6.7
2001	137445	71.8	17.0	2.9	8.2	143199	66.7	22.9	2.6	7.9
2002	143810	72.3	16.6	3.0	8.1	151797	66.3	23.4	2.6	7.7
2003	163842	75.1	14.8	2.8	7.3	174990	68.4	22.2	2.6	6.8
2004	187341	76.0	13.4	2.9	7.7	203227	68.0	22.3	2.6	7.1
2005	205876	76.5	12.6	3.2	7.7	224682	69.1	21.0	2.8	7.1
2006	221056	76.7	11.9	3.5	7.9	246270	69.4	20.4	3.0	7.2
2007	235445	76.6	11.3	3.9	8.2	265583	69.5	19.7	3.5	7.3

注：1. 1952 ~ 1975 年的数据引自《2000 年中国统计年鉴》，1980 年以后的数据引自《中国统计年鉴 - 2008》(http://www.stats.gov.cn/tjsj/ndsj/2008/indexch.htm, 2008.10.26)。

2. 这里的水电包括水电、风电和核电。

从我国能源生产的总量及构成来看，煤炭的比例自新中国成立以来一直保持下降趋势，只是近年略有提高，这与目前发电与冶金行业的快速发展有关。石油的比例在 20 世纪 80 年代达到最高峰，而后逐渐下降，是与我国资源状况有关。天然气和水电、风电及核电生产的比例一直稳步上升。总体来看，能源供给结构保持稳定。

我国能源的消费结构与生产结构表现出相似的特点。我国煤炭的消费一直占整个能源消费总量的 2/3 以上，石油消费所占比例不到 1/5，而天然气和水电、风电及核电消费稳步增加，消费比例已经超过能源消费总量的 10%。有专家预测，到 2015 年，我国煤炭消费在一次能源消费总量中将占 60% 左右，即使到 2050 年，煤炭消费占一次能源消费的比例仍将保持在 50% 以上。

从我国能源结构的变化情况来看，煤炭在我国一次能源消费中所占比例逐年下降，从 1995 年的 74.6% 下降到 2002 年的 66.3%，2007 年又逐步增长到 69.5% 则是与前几年电力短缺导致大量新建电厂有关，随着电力建设步伐的放缓，煤炭消费比例下降的趋势仍将持续下去。水电、核电在能源消费中的比例不断上升，这和世界能源结构的发展趋势相一致。石油、天然气在能源消费中比例分别由1995年的17.5%和1.8%上升到2002年23.4%和2.6%，之后石油消费比例陆续下降至2007年的19.7%而天然气上升至3.5%，石油消费比例短期下降一方面与我国自有资源不足有关，另一方面也受煤炭比例短期上升影响，天然气的发展则是因为起点较低和新增资源相对较多。这一点和国际上的发展趋势不同。我国石油和天然气在能源消费结构中不断上升的原因主要是我国经济发展水平与国外发达国家相比，存在很大差距，经济相对落后决定了我国能源消费仍处于较低层次。

另外，我国能源资源的地域结构呈现出能源资源存储的西富东贫和消费分布的不均衡性，大大增加了运输压力，形成了西煤东运、北煤南运的大批量、远距离输送格局。交通运力不足，制约了能源工业发展。而且随着中东部地区能源资源的日渐枯竭，开发条件的逐步恶化，近年来，我国能源开发呈现出逐步西移的态势，特别是水能资源开发和油气资源的勘察。据《中国能源年鉴》1997年公布的资料："八五"以来，国有能源投资中，全国年均增速为20.4%，山西为8.3%，陕西为16.5%，内蒙古为21.1%，新疆为21.7%；国有煤炭工业投资中，全国平均为12.5%，山西为9.4%，内蒙古为11.4%，贵州为33.7%。

1.4.2.3 能源利用存在的严峻问题

前面已经提到我国存在人均能源资源相对不足、资源质量较差等问题，然而能耗水平高、能源利用率低下是更严重的问题。尽管我国目前的人均能源消费量居世界之末，能耗强度却居世界前列。据有关部门的调查测算，我国能源系统的总效率（开采×加工×运输×利用）仅为9%，不及发达国家的一半。按万美元GDP能耗（标煤）分析，全球平均为4.2 t，而我国为15.74 t。据有关人士比较，我国目前的万美元GDP能耗比大多数低收入国家高出5~11倍，工业品单耗比工业发达国家高出30%~90%。如火电标准煤耗，我国是国外先进水平的1.25倍，吨水泥煤耗是国外的1.64倍，重点钢铁企业每年排放掉的高炉煤气和焦炉煤气（以标煤计）超过600 kt，一些低热值燃料的利用率仅为20%左右。目前我国第一产业能耗（标煤）水平为0.90 t，第二产业为6.58 t，第三产业为0.91 t。产业结构的不合理、能源品质低下、管理落后等是造成能耗水平较高的重要原因。两个因素叠加在一起，可以预计，我国的能源供需形势从长期看依然十分紧张。

我国农村能源问题日趋突出，影响越来越大。农村能源问题主要表现在下述三个方面：

（1）农村生活用能严重短缺。过度的薪柴开发造成大面积植被破坏，引起了水土流失和土壤有机质减少等严重生态问题。据估计，目前全国农村生活用能短缺至少20%。

（2）随着农业生产机械化和化学化的发展，农业生产的能耗量急剧增长。

（3）乡镇工业能耗直线上升，能源利用率严重低下。据统计，全国乡镇企业平均单位产值能耗比国有企业高50%以上。据有关部门测算，农村应用机械设备和生活炉灶的能源综合利用效率仅为16%。

能源环境问题日趋严重，制约了经济社会发展。以城市为中心的环境污染进一步加剧，并开始向农村蔓延，生态破坏的范围仍在继续扩大。大气污染以煤烟型污染为主，烟尘和酸雨危害最大，总悬浮颗粒物指标TSP北方城市超标大于30%的城市占85%以上，SO_2浓度在北方城市上升，目前已达83 mg/m^3，氮氧化物浓度在各大城市上升，广州、北京、上海等最严重，酸雨则在华中、西南最严重。目前，在污染环境的各因素中，70%以上的总悬浮颗粒物、90%以上的二氧化硫、60%以上的氮氧化物、85%以上的矿物燃料生产的二氧化碳均来自煤炭。

优质能源需求上升，石油安全不容忽视。我国自1993年成为石油净进口国以来，石油的对外依存度逐年上升。2004年我国石油、天然气、水电等优质能源消费量占能源消费总量的29%，比1990年提高5.2%，其中原油消费量达到0.29 Gt，比2003年增长16.8%，占消费总量的比重由1990年的16.6%提高到2004年的21.0%，提高4.4%。国内原油产量为0.175 Gt，仅比2003

年增长 2.9%，其余完全依赖进口，石油对外依存度从 2002 年的 33% 升至 2004 年的 45% 左右。

1.4.2.4 能源政策

基于上述态势，我国在 20 世纪 80 年代初便制定了“开发与节约并重，近期把节约放在首要位置”的能源发展方针。20 世纪 80 年代中叶，又相继提出以效益为核心的能源开发利用战略和以电力为中心的能源消费结构调整战略。20 世纪 90 年代进一步将各项方针具体化，如重新强调了能源发展的总方针，即“开发与节约并举，把节约放在首位”；能源开发方针为“以电力为中心，以煤炭为基础，积极开发油气，重视开发新能源和可再生能源”；煤炭工业发展方针为“在不断提高煤炭经济效益的前提下，增加产量，提高质量，多种经营，积极出口”；石油工业发展方针为“以经济效益为中心，快增储量，稳步增长，充分利用国际资源，满足国内需求”；电力工业发展方针为“以火电为主，水火电并举，适当发展核电，同步发展电网，提高电力经济效益”；新能源可再生能源发展方针为“因地制宜，多能互补，综合利用，讲究效益”；能源环境方针为“持续协调发展”；能源节约方针为“以广义节能为基础，以工业节能为重点”；能源进出口方针为“以市场为导向，以经济效益为中心，有进有出，多出口煤炭，多进口石油，进出口多元化”；能源运输方针为“以煤炭运输为重点，输煤、输电、输油气并进，充分发挥铁路、水路、管道等多种运输方式的优势，发展综合运输系统”。我国的能源发展战略正在逐步调整和完善中。

目前可采取的主要战略措施有：

(1) 调整能源工业内部的比例结构。煤炭工业重点解决好产品结构失调，限制低效、低质煤炭开发，石油、天然气工业重点解决好储采比例失调，电力工业重点解决好后备容量不足，输配电、自动化设施及电网不配套等问题。

(2) 坚持电力先行的方针。通过保障投资，调整价格，降低税率，改革体制等措施，加快电力工业发展步伐，增大水电和核电的比重。

(3) 提高一次能源加工转化比重，调整能源产品结构。大力发展煤炭洗选加工和综合利用，保证煤炭定点、定质供应，搞好资源综合加工利用，提高资源回收率和低热值燃料利用率。

(4) 开展广义节能，提高能源利用效率。通过强化节能管理，搞好节能技术改造，充分发挥价格、税收等经济杠杆，促进全社会节能工作的广泛开展。

(5) 按照市场经济原则，加大加快能源的商品化步伐，通过建立和完善市场体系，理顺价格关系，完善企业制度，逐步使能源工业的发展步入社会主义市场经济的运行轨道上。

2 热能与动力工程的研究方向(上)

2.1 专业与学科

国务院学位委员会授予博士、硕士学位和培养研究生的学科、专业目录(1997 年颁布):01 哲学、02 经济学、03 法学、04 教育学、05 文学、06 历史学、07 理学、08 工学、09 农学、10 医学、11 军事学、12 管理学共 12 个门类。

工学门类是最大的门类,其中包括 30 个一级学科:力学、机械工程、光学工程、仪器科学与技术、材料科学与工程、冶金工程、动力工程及工程热物理、电气工程、电子科学与技术、信息与通信工程、控制科学与工程、计算机科学与技术、建筑学、土木工程、水利工程、测绘科学与技术、化学工程与技术、地质资源与地质工程、矿业工程、纺织科学与工程、交通运输工程、船舶与海洋工程、航空宇航科学与技术、兵器科学与技术、核科学与技术、农业工程、林业工程、环境科学与工程、生物医学工程、食品科学与工程。**动力工程及工程热物理**是其中第 7 个一级学科,代号 0807,它对应于本科教育的**热能与动力工程专业**,也对应于国家自然科学基金项目管理中的工程与材料科学部**工程热物理与能源利用学科**。

动力工程及工程热物理一级学科下设 6 个二级学科——工程热物理、热能工程、动力机械及工程、流体机械及工程、制冷及低温工程和化工过程机械学科。工程热物理学科是研究能量在以热、功以及其他相关的形式转化、传递和利用过程中的基本规律及其应用的一门应用基础学科。其内容包括:工程热力学、流体力学、传热传质学和燃烧学等,其工程应用辐射至能源、机械、材料、动力、化工、建筑、冶金、航空航天、轻工、交通、电子等广泛工业部门以及诸多民生领域。工程热物理学科是其他 5 个二级学科的基础理论,与各二级学科广泛交叉促进,相互渗透依存,在本一级学科中起着支撑和指导作用,它的原理甚至广泛渗透于其他一级学科范围,几乎与所有产业部门和科技领域密不可分。热能工程、动力机械及工程、流体机械及工程、制冷及低温工程和化工过程机械学科属于工程应用学科,它们运用工程热物理的理论与方法解决现实工程领域中的实际技术问题。

工程热物理学科与其他学科的交叉是如此紧密,我们根本无法把它们分离出来。在实际工作中,没有任何一个从事与热相关工作的科技工作者不使用工程热物理理论,不研究工程热物理问题的,从事工程热物理理论研究的人们也绝不可能完全脱离工程背景,从而必须介入热能工程、动力机械及工程、流体机械及工程、制冷及低温工程或化工过程机械等等其他学科,甚至不只介入几个。建筑环境与设备工程、农业建筑环境与能源工程、飞行器动力工程、环境工程、核技术与核工程、特种能源工程与烟火技术、消防工程等学科的理论基础显然也是工程热物理,化学工程、石油化工等等学科还要使用工程热物理的理论方法,就连冶金学科发展到现在,也在使用工程热物理提供的理论和方法——运用流体力学、传热学、传质学的基本方程和解决方法来研究、掌握和控制冶金过程。

工程热物理,顾名思义,是具有工程特点的(或者主要为工程实际服务的)、关于热的物理学。物理学属于科学的范畴,是人类对自然界客观规律的认识。工程实际则属于技术的范畴,是人类改造和适应客观世界的工具。工程热物理就是在热的领域把科学与技术联结在一起的桥梁和纽带,它要把物理学中人类对热现象不断探索所获得的认识转化成为实用技术用于工程实际,还有对工程实际中遇到的未知问题利用物理学的思想、方法、手段进行探索和认识。

2.2 热能与动力工程专业(动力工程及工程热物理学科)的研究内容

如何更有效地、更持久地、更清洁地利用能源,是动力工程及工程热物理学科(热能与动力工程专业)所面临的首要的、最重要的课题。但如果仅仅从能源利用的观点来看待动力工程及工程热物理学科,则会大大束缚动力工程及工程热物理学者的思维,限制动力工程及工程热物理学科的发展。利用工程热物理理论解决各种工业工艺过程与自然过程中有关热的问题是动力工程及工程热物理学科另一类重要课题。例如化工、冶金、建筑等工业工艺过程热的利用,地质运动、天体运动中的热的作用,以及生命体中的流体流动、能量传递和作用等等。

国家自然科学基金委员会负责资助工程热物理与能源利用学科领域的基础研究和应用,基础研究的工程与材料科学部工程科学三处在2008年的项目指南中指出:“目前学科的主要发展趋势是:基本问题的研究不断深化,如尺度从宏观向介观、微观扩展,参数由常规向超常或极端的发展,以及对随机、非定常、多维、多相、复杂热物理问题的探索和学科内部的交叉研究,而且研究愈来愈定量化、精确化;跨出本学科传统边界,研究与相邻学科形成交叉的课题(如与物理、化学、生命、信息、材料、环境、安全等领域的交叉研究);新型热力循环机理和非平衡热动力学,制冷与低温工程学,复杂系统的热动力学及其优化与控制,内流湍流特性和非定常流特性与控制,微纳尺度及微细结构内的传热传质、辐射与相变换热,清洁、高效、超声速、微尺度燃烧,公共安全防治中的热物理问题,多相流动相间作用机理和热物理模型,热物理测量中的新概念、新方法,可再生能源转换和利用中的热物理新原理等领域的创新研究可得到优先支持。”

在工程应用方面,电力、航空航天、冶金、石油化工、人工环境等等许多领域不断提出新的要求和课题。在电力行业,各种联合循环技术的理论准备已经完成,可以使火力发电效率提高50%以上,但是从理论到实践还有很多工作需要工程热物理学者们去做。在航空航天领域,飞行器在大气层中的高速、高机动、低噪声、安全飞行,航天器重返大气层等等不断对工程热物理学者提出更高的要求。在火法冶金生产中,采用工程热物理理论对冶金反应与加工过程中的传热、流动、熔解和凝固等行为的认识和控制已经成为冶金科学的最新前沿,2004年冶金行业又提出抓紧探索下一步节能降耗工作的前进方向。石油化工行业向来是工程热物理学科的传统领域,随着化工原料和环境因素的不断苛化,这个行业面临的挑战是巨大的。建筑物是人类生活和工作的场所,在能源消费与人体健康等方面都具有重要影响,节能、自然、健康等理念势必引来人工环境工程的新浪潮。农村能源没有得到足够的重视,但现代化农业已经是名副其实的“石油换食品”,21世纪是工程热物理学者们掉转目光、投向农业的时候了。

后面各节将热能与动力工程专业(动力工程及工程热物理学科)的具体研究内容按照二级学科进行分述。

2.3 工程热物理学科(080701)

2.3.1 工程热力学

工程热力学包括工质[1]的热物理性质、热力过程与热力循环、熵理论、㶲分析、能量利用与转换装置的评价、不可逆过程热力学、非平衡态热力学、有限时间过程的热力学分析、化学热力学等等。

工程热力学研究热能与其他形式能量(主要是机械能)的转换规律以及影响转换的各种因素。其基本任务是从工程观点出发探讨能量有效利用的基本方法。无论是热能转化成为机械能或电能的热动力设备,还是热能直接利用于工艺上的加热过程,都要研究如何提高热能利用的效率,减少热能利用中的损失,以提高热能利用的经济性。

工程热力学的主要内容包括热力学的基本概念和基本定律、热力过程和热力循环的分析研究及其计算方法、常用工质的热物理性质。

热力学的研究有两个途径:一种是宏观的、唯象的研究方法,即经典热力学的研究方法;另一种是微观的、统计的研究方法,即统计物理或统计热力学的研究方法。宏观方法者完全从宏观现象出发,不考虑现象的本质(唯象者,唯现象出发也,不考虑现象的本质),以热力学第一定律和热力学第二定律等少数基本定律作为依据,根据问题的具体条件,推导出整个理论构架(大量公式),得到若干重要的结论。热力学第一定律和热力学第二定律等基本定律是久经实践考验的自然界的基本公理,具有高度的普遍性和可靠性。所以应用宏观的热力学研究方法可以得到很可靠的结果。微观方法是从物质内部的微观结构出发,利用统计的方法研究大量分子杂乱无章的运动的统计平均性质,故能从物质内部分子运动的微观机理,来更深刻地解释所观测到的宏观热现象的物理本质。统计热力学还能解释诸如物质的比热容理论、涨落现象等经典热力学所不能解释的问题。但必须注意到,统计热力学对物质结构采用的一些假设(或模型),只是物质实际结构的近似,所以统计热力学的研究结果与实际不能完全符合,而只是接近于实际。

化学热力学主要运用热力学第一定律和第二定律研究化学反应中能量转化的规律、化学反应进行的方向和化学平衡等问题。由于历史的因素和化学反应问题的特殊性,化学热力学有着特定的表述方法,但本质上仍然是热力学第一定律和第二定律,例如盖斯定律、基尔霍夫定律、以亥姆霍兹函数和吉布斯函数表达的化学反应方向判据和平衡条件、化学势函数以及热力学第三定律和能斯脱热定理等等。

工程热力学最初研究平衡状态下热力系统的宏观特性和状态变化过程中的能量转换规律和过程进行的方向性问题。由于过程的发生与平衡状态要求相矛盾,所以给出准平衡过程(准静态过程)和可逆过程作为理想化作为研究对象。可逆过程要求过程进行无限缓慢,有限势差趋近于无穷小,而实际过程都是由非平衡状态构成的、在有限时间内进行的不可逆过程,例如各种动量、热量、质量或电荷等等的传递过程(输运过程)等,它们向来是由传热学、传质学、电学、黏性流体力学等学科研究的。在这些学科中,都是用各自的实验所得的线性或非线性唯象定律来描写相应的不可逆过程的规律性的。理论和实践的发展要求研究越来越接近于实际,故热力学

---

[1] 工质(working fluid)是实现热能与机械能相互转化的媒介物质,应具有流动性和可压缩性。如热力发电厂中锅炉产生的、进入汽轮机作功的水蒸气,电冰箱、空调器等制冷设备中的制冷剂(氟利昂)等等。

需要讨论非平衡状态和不可逆过程。这时,时间成为必须考虑的参数❶。由此建立了不可逆过程热力学或非平衡态热力学的理论。Onsager 在偏离平衡状态不远的条件下,首先建立了不可逆过程热力学的理论框架,其中最主要的是 L. Onsager 倒易关系式和局部平衡假定❷,I. Prigogine 进一步提出了最小熵产生原理。当系统远离平衡态时,非线性作用明显显现,研究进入复杂性科学领域,作为热力学理论的非平衡态扩展,耗散结构理论、突变论、协同论等众多非线性、非平衡新理论陆续被提出,目前人们正期待理论研究的进一步深入和统一。

有限时间热力学是现代热力学理论的一个新分支,主要研究非平衡系统在有限时间中能流和熵流的规律,在开发新能源等方面有很大的应用潜力。自 1975 年 Curzon 和 Ahlborn 发表了他们的工作成果之后,有限时间热力学开始有了较大的发展。有限时间热力学的主要目的是寻找热力学过程的有限时间运行方式的普适极限。有限时间热力学除了比经典热力学提供的过程更为实际和普遍外,还有助于人们更深刻地理解不可逆性如何影响热力学过程的性能。近年来,在前期广泛研究典型热力系统循环优化性能的基础上,开拓与深入了许多新的技术与应用领域和学科分支,诸如内在可逆理论、化学反应、流体系统、半导体热电器件、太阳能热力系统、磁制冷新技术、生态学准则、量子放大器、分析和经济分析、热力学长度等等,建立了新的理论。

有限时间热力学不像不可逆热力学一样建立一组与所研究系统相关的热力学变量的动力学方程并进行求解,而是以过程变量的净变化为中心,采用积分方程、变分原理和对系统的整体描述,它是昂色格微分观点的一种积分补充。有限时间热力学的主要工具是最优控制理论。它用来解由可用性分析、最小熵产生、不可逆运动方程的变分公式等所要求的最佳决策和最佳轨迹问题。优化问题的复杂性直接与约束的种类和复杂性相联系。对于各种不同的系统,约束方程可以是代数的、微分的、积分的或微积分的。复杂模型的优化问题通常导致一组耦合的、非线性微分方程。从这样一组方程出发,唯一的希望是进行定性分析和数值求解。因此,人们总是努力寻找和建立具有解析解的简单而普遍的模型,如内可逆卡诺循环模型就是典型的一例。[2]

2.3.2 流体力学

流体力学包括流体静力学、流体动力学、湍流理论、涡动力学(涡流理论)、空气动力学、叶轮机械的内部流动(也归类于流体机械及工程二级学科中)、气体与蒸汽的流动特性、计算流体力学、非牛顿流体力学(如流变学)等等。

流体力学主要研究在各种力的作用下,流体本身的静止状态、运动状态以及流体与固体之间有相对运动时的相互作用和流动规律。流体是气体和液体的总称。在人类生产和生活中,随时随地都可遇到流体。大气运动、海洋运动乃至地球内部的岩浆运动都是流体力学的研究内容,属于地球流体力学。从古至今人们研究和利用水在管道、渠道和江河中的流动,研究船舶的运动和推进,这些有关水的运动规律的分支称为水动力学❸。航空航天事业的蓬勃发展则推动了空气

---

❶ 时间变量在热力学发展中起着微妙的作用,平衡热力学的一系列关键概念如平衡、状态空间、等温性、弛豫等等均与时间有关,因为它们都不是绝对的,都要取决于时间尺度。第二定律则描述了时间的单向性,把时间和不可逆性联系在一起。而且单向性使得在热力学中时间不可以像其他动力学理论中那样以一根类似于空间坐标的坐标轴身份出现。

❷ 一个非平衡系统只要偏离平衡状态不远,总可以把这个系统分成许多微小的区域,假定每个微小区域内部是均匀一致的,就可以用热力学状态参数对其进行描述。

❸ 欧拉在忽略黏性的假定下,建立了描述理想流体运动的基本方程,考虑黏性在内的流体运动方程是纳维和斯托克斯建立的。由于纳维-斯托克斯方程是非线性的偏微分方程组,求其分析解具有极大的困难,而利用欧拉方程求得的解却得到违背事实的达朗贝尔佯谬——物体在流体中运动时的阻力等于零。所以工程上从大量实践中总结出来一些经验公式来表达流体参量之间关系,以满足生产和工程的需要,这套经验理论被称为水力学。

动力学的发展。石油天然气的开采,地下水的开发利用,要求人们了解流体在多孔介质或缝隙中的运动,这是渗流力学的研究对象,但如今渗流力学的研究内容也深入到了工业领域。其他还有爆炸力学、多相流体力学、等离子体动力学、电磁流体力学、环境流体力学、生物流体力学等等。因此流体力学既包含自然科学的基础理论,又涉及工程技术科学方面的应用。

流体力学的研究方法包括现场观测、实验室模拟、理论分析和数值计算四个方面。现场观测是对自然界固有的流动现象或已有工程的全尺寸流动现象,利用各种仪器进行系统观测,从而总结出流体运动规律并借以预测流动现象的演变。20 世纪 90 年代以前的天气预报基本上就是这样进行的。但现场现象的发生不受控制,发生的条件不能复现,影响对其进行深入的研究。在实验室里,流动现象可以在可控制的时间和空间内多次重复出现,可以对多种参量进行隔离和系统的改变,也可以制造现场难得遇见的特殊现象。所以实验室模拟是流体力学研究的重要方法。这里需要严格对待的是实验室模拟与现场现象的相似性,即实验室模拟的规律是否能代表现场现象的物理实质。理论分析是根据流体运动的普遍规律如质量守恒、动量守恒和能量守恒等,利用数学分析的手段研究流体运动,解释已知现象,预测可能发生的结果的。理论分析是在物理模型的基础上建立数学模型来描述现象,然后求解数学模型得到关于现象的解——代数方程,将一定的物理条件代入解,就可以得到该条件下流体的各个运动参量,对流动进行解释。但是由于构成流体力学数学模型的是非线性多元微分方程组,绝大部分情形都不能得到解析解。随着 20 世纪后期计算机技术的飞速发展,数值计算成为辅助理论分析求解微分方程组的主要方法,并已经形成了一门新的学科——计算流体力学(CFD)。

研究流体力学问题时,现场观测、实验室模拟、理论分析和数值计算四个方面是相辅相成的。实验需要理论知识,才能从散在的现象和实验数据中得到规律性的结论。理论分析和数值计算也要依靠现场观测和实验室模拟给出的物理图像和数据来建立模型,并最终检验这些模型的完善程度。此外实际流动往往异常复杂,理论分析和数值计算难以准确给出结果,只能通过现场观测和实验室模拟进行研究。

目前流体力学已经成为基础科学体系的一部分,又有很强的工程实践性。今后,流体力学一方面需要继续在工程应用方面深入发展,另一方面倾力于流体复杂流动规律和机理的研究,包括湍流结构与模式研究,多相流动,流体和复杂结构物的相互作用,生物、地学和环境等流体流动等问题。

湍流(turbulent flow,也称为紊流、乱流(日语))是流体力学中有名的难题。像湍流这样,虽经包括许多伟大学者在内的科研人员长达一百多年的顽强努力,其基本机理迄今仍没有弄清楚的,在整个科学史也是不多见的。尽管如此,世界各科学大国的政府仍坚持将湍流研究列为需要最优先发展的若干重大基础研究课题之一,这首先是因为决策者们都认识到湍流广泛出现在自然界与工程技术各个领域,未来在湍流基础研究上取得的进展,有可能为国防和国民经济的广泛领域带来难以估量的巨大收益。例如,提高各种运输工具的速度又大量减少能源消耗、提高各种流体机械的效率、改善大气和水体的环境质量、降低流体动力学噪声、防止因与流体相互作用而引发的结构振动乃至破坏、加快传热传质和化学反应速度等等。不仅如此,由于湍流的基本特征是随机性,或者更一般地说是非线性,随机性和/或非线性又广泛出现在社会科学与自然科学的各个领域,而人们对随机性和/或非线性现象的了解还远不如人们对确定性现象或线性系统的研究那样深入,所以对湍流研究的突破也能从认识论上帮助人们了解其他非线性现象,从而带动其他各相关学科的发展。[3]

湍流的研究从多种途径入手,经过一百多年的努力,已经建立了许多为湍流特有的概念、理论和方法,同时由于湍流现象的普遍性,现有的并不完善的湍流理论与许多其他自然科学和工程学科分支建立了密切的联系。目前的湍流理论可以归纳为几个方面:流动稳定性理论、湍流统计理论、湍流模式理论、切变湍流的拟序结构、湍流大涡模拟和直接数学模拟。另外,湍流边界层模拟与数值计算、湍流实验技术也得到了高度的发展。20 世纪最后 20 年,混沌理论(chaos theory)在数学、力学、物理学、化学、生物学、医学等学科内迅速发展起来,由于混沌现象与湍流具有相同的特征,在流体力学范围可以认为二者是同义的。这样,混沌理论就为湍流研究提供了新的观念,开辟了新的方法和途径。

2.3.3 传热传质学

传热传质学包括热传导、热对流、对流换热、热辐射、辐射换热、综合传热、计算传热学(数值传热学)、微尺度传热传质、超高强度传热等等。

有温差就会有热量传递(简称传热)。在自然界和人类的生产生活中,温差几乎无处不在,所以热量传递是普遍存在的物理现象。传热学的研究对象就是热量传递的规律。认识传热的规律、掌握控制与优化热量传递的方法和技术措施对国民经济建设、改善人民生活具有重要的意义。

热量传递有三种基本方式:热传导(导热)、热对流和热辐射。工程上,热量从一种流体通过一个壁面传递给另一侧流体的过程称为综合传热过程。传热过程中,各种传热方式共同存在,构成了传热过程的各个环节。

从 18 世纪傅里叶建立热传导理论开始,传统的传热学理论已经相当完善,并在工程和社会生活的各个方面有着无所不及的应用。当前,传热研究的范围和内涵明显拓展和延伸,在新兴和边缘的工业与应用领域都有所涉及,显示出传热在各个领域的重要性。新的方向与领域不断被探索和开拓,生产应用中也不断提出新的科学问题需要深化认识、揭示规律和指导应用。研究方法与实验手段在不断丰富,各相邻学科的基础理论和内容在互相渗透和交叉。数值传热成为传热学研究的主要方法,现代高科技显示测量技术成为传热实验的必要手段,使得传热研究延伸到了微观、介观、宇观以及超高强度、极稀薄气体等范围。

近二三十年来传热学及相关技术发展的一个重要趋势是微型化。一方面宏观尺度上的传热现象及其规律已经得到了比较充分的认识,人们能够把注意力逐渐转向那些发生在微小尺度上的传热现象上来;另一方面科学技术的进步也提出了大量微小尺度上的传热问题,例如微电子、微机械系统的传热问题,生物与医学研究中关于细胞、血管内的传热问题,纳米材料制备与应用中的传热问题等等。

微电子、微机械系统是指那些特征尺寸在 1 μm ~ 1 mm 以内的器件。迄今已经成功制成的微小机械器件有尺寸远小于 1 mm 的压力、流动传感器、加速计、换热器、空气透平、电子马达、微透平燃烧室等等。其中最引人注目的是可以治疗心脏和颅脑内部病灶的微型手术机器人。纳米技术是指利用一些新技术,如激光束、离子束、电子束研磨技术等,实现材料精细加工的技术,其尺度范围为 0.1 ~ 100 nm(原子尺寸到可见光或近红外线波长)。纳米材料具有许多常规材料所不具备的优异性能。在生物与医学研究领域,人们的视野逐步深入到生物体细胞内部的结构、作用机理和反应机理,甚至已经发展到分子水平(分子生物学),为许多生物与医学研究难题(如癌症、心脑血管疾病、病毒与细菌引起的恶性传染病—如 AIDS、SARS 等——以及濒危物种的保护等等)的解决提供了新的有效的途径。

上述各种器件、技术与现象中,传热与流动都是突出而重要的问题,因为此时任何一个物理过程中的物质与能量的输运均发生在微小的几何结构中,电子等可作为能量载子的粒子的平均自由程与结构尺度的数量级接近,使得其输运过程受到结构尺度的严重影响,甚至量子效应也会有所展现，而且这种传递过程中能量密度和输运速度往往高于常规尺度。现在，人们已经普遍认识到，当物体的尺度和瞬态作用时间小于一定数值时，传统的热与流体理论（如傅里叶定律、牛顿黏滞定律等等）将不再适合描述所观测到的现象。目前，在微小尺度的热科学的理论与计算研究方面，研究者们已经提出了一系列有效的方法，包括从量子分子动力学到连续介质模型的各种方法；而在实验技术方面，一些特殊测量方法的空间、时间和/或能量的分辨率极限正在逐渐打破，新方法层出不穷。

研究材料内的热量和流体输运特性有两种方法。宏观方法依靠唯象模型，不必确知输运的机制及材料的微结构，主要用于分析宏观尺度下的热现象。它只需知道本构关系或简单的输运定律即可，因而显得相对简单，能够处理复杂边界条件下的问题。但这种方法在认识和解决微工程系统问题时将捉襟见肘，因为这些系统中微观机制的差异影响显著。这时需要采用另一种方法——微观方法——来建立对传热的基本认识。

Kotake 按照从连续介质现象到量子现象的特征尺寸，列出了相应的控制方程。对于连续介质现象，利用连续方程、动量方程和能量方程即可求解。分子动力学方程则用于揭示那些量子效应不明显的物理现象的分子特征，它们能对分子统计理论如 Boltzmann 方程及直接 Monte-Carlo 模拟法提供分子碰撞动力学方面的知识。对于具有量子效应的物理过程，应采用量子分子动力学方法，并通过同时求解分子动力学方程和 Schrödinger 方程来加以分析。当然，对于某些微系统热问题也可采用经适当修正后的传统的流体力学、传热学理论及其相应的基本方程和边界条件、物性等进行分析[4]。

2.3.4 燃烧学

燃烧学包括燃料的性质、气体燃料燃烧理论、液体燃料燃烧理论、固体燃料燃烧理论、燃烧反应动力学、计算燃烧学、燃烧基元反应动力学、清洁燃烧、超声速燃烧、微尺度燃烧等等。

在能源科学中燃烧学是一个重要的组成部分。燃烧学研究燃料和氧化剂进行的化学反应及其物理过程，涉及热力学、化学动力学、流体力学、传热传质等应用基础学科，数值方法的应用使燃烧学得到更广阔、深入的发展。

燃烧学研究主要从两方面进行：一方面是燃烧理论的研究，主要研究燃烧过程所涉及的各种基本现象，如燃烧反应的动力学模型，预混可燃气的着火、熄灭、火焰传播及火焰稳定、扩散火焰、液滴、炭粒着火燃烧等机理；另一方面是燃烧技术的研究，主要是应用燃烧基本理论解决工程技术中的各种实际燃烧问题。例如对现有燃烧方法进行分析、改进和创新，对新的燃烧方法进行探索与实验，以不断提高燃料利用范围和利用率等。此外，与燃烧密切相关的大气污染问题日益受到关注，燃烧所产生的大量气态和颗粒状的污染物已严重地影响了生态平衡和人体的健康，所以亟待探索高效、低污染的燃烧理论和技术。

燃烧现象虽然涉及对流传热一类的物理过程，但化学反应在其中起着主导作用，所以研究燃烧反应机理及其动力学规律具有十分重要且关键的意义，从这一本质因素入手，研究燃烧现象的过程规律，对于改进燃烧技术，减少燃烧造成的环境污染，提高燃料利用率，以及预防和制止火灾事故等应用领域具有重要的理论意义。

燃烧现象由于其广泛的应用背景和复杂的过程本质，一直既是一个活跃的研究领域，又是一个始终存在着有待突破的关键课题。特别是对不能回避的具有自由基连锁分支反应本质的一类燃烧现象，由于对自由基作用的连锁反应组成的复杂体系建立其动力学规律所面临的困难，其机理研究一直缺乏有效的手段。迄今的经典燃烧学，正是成功地回避了这一困难，寻找到热力理论运用物理学的研究途径而建立的理论体系。像着火的热自燃理论，火焰传播的泽尔道维奇理论，火焰稳定的简化热理论以及射流火焰理论等,都是没有直接面对燃烧过程的自由基反应本质而代之以热力规律所获得的经典结果。

近年来,随着计算技术的进步,化学领域中逐渐形成基元反应动力学学科分支,运用微观的和推理的方法剖析化学反应,并开始应用于燃烧反应机理研究。许多新发现丰富了人们对火焰现象和燃烧过程的认识。1992 年,欧共体能源研究与发展计划为开展"燃烧反应过程的动力学与机理"专题研究提供资助并完成了"用于燃烧模拟的化学动力学数据评价"基础工作。国外最近已有理论专著,以十分突出的燃烧动力学方法论冲击着经典燃烧学体系。近年来,运用动力学理论研究燃烧污染物的生成机理也日渐活跃,自由基基元反应动力学理论的引入为燃烧学研究注入了活力。将基元反应理论引入自由基连锁分支反应规律支配的燃烧现象,更逼近燃烧现象本质,带来了燃烧理论的进步和研究领域的拓展,并且为燃烧污染物理论的研究提供了有效的途径。

衡量一种燃烧技术的优劣主要从三个方面考虑:燃料利用率、析热场特性及污染物生成。要想在这几个方面同时做得很好,在过去被认为是不可能的。提高燃料利用率最直接的方法就是提高空气的预热温度,而当空气预热温度升高到一定水平时,燃烧过程中会出现局部高温区,使得析热场规律改变,NO_x 生成加剧。

进入 20 世纪 90 年代以后,国际上出现了一种全新的燃烧技术:高温空气燃烧(high temperature combustion,HTAC),也称为贫氧超焓燃烧或高温超焓燃烧(high temperature excess enthalpy combustion)。高温空气燃烧正是针对以上的问题,致力于解决工业热设备的燃料利用率、析热场及 NO_x 污染问题。它采用与传统燃烧完全不同的理念,即在利用高温预热空气的同时,维持其较低的含氧量,获得性能优异的火焰场,在满足工业上对析热场均匀分布要求的同时,达到最佳的节能效果和极低的污染物排放,被称为是"21 世纪关键技术之一"。

高温空气燃烧的思想源于 20 多年前 Weinberg 超焓燃烧的构思。20 世纪 90 年代以来,新兴的陶瓷换热器得到了迅猛发展,结合再生燃烧技术可以使助燃空气温度很容易地超过 1000 ℃,技术已较为成熟;同时,与富氧相比贫氧的制备则相对简单得多,因此高温空气燃烧在工业应用上不存在太多的障碍。另外,高温空气燃烧包括所有利用空气作为氧化剂并且其温度被预热到 1000 ℃甚至更高的燃烧过程。虽然当前的研究活动和工业应用主要集中在气体燃料上,如甲烷、丙烷、液化石油气(LPG)等,但并不意味着这一构思只限于气体燃料一类,它同样可以扩展到如石油、煤等液体和固体燃料,应用于内燃机、航空发动机、电站锅炉等,其前景十分广阔。

2.3.5 多相流动与传热传质

多相流动与传热传质分为气液两相流动与传热传质(炼钢时的氩气搅拌、雾化)、汽液两相流动与传热传质(水和水蒸气——锅炉、热管,蒸发冷却)、气固两相流动与传热传质(流化床技术,气力输送——粮食、煤粉)、液固两相流动与传热传质(水煤浆、河流泥沙)、多相流动与传热传质(三相流,甚至四相流——石油开采时油、气、水、沙的运动及相互作用)等等。

多相流动与传热传质(或称多相流热物理)研究同种或异种化学成分物质的固、气、液多相共同流动与传热传质规律。相(phase)可以指不同的热力学集态,也可以指同一集态下不同物理性质或力学状态。多相流动与传热传质研究多相流场中各个相的速度、压力、温度、组分浓度、体积分数等参量的分布,研究相与相之间的相互作用以及各相与壁面间的相互作用,探求其中的动量传递、传热、传质、化学反应甚至电磁效应的规律。

多相流动与传热传质研究立足于建立多相流模型和基本方程组。在此基础上分析各相的速度、压力、温度、表观密度、组分浓度、体积分数、气泡或颗粒尺寸等参量的分布,相间相互作用

(动量、热量、质量的传递)、湍流扩散、流型、压力降(损失)、流动稳定性和流型的临界态等等。

多相流动与传热传质的模型有很多种,分相模型对各相内部分别建立单相流体的数学模型,相间作用作为边界条件将各相模型连接成为总的方程组。均相模型适用于分散相的尺度不大的情形,此时采用体积平均概念,认为各相占据同一空间并相互渗透,可采用统一的连续介质模型来描述它。均相模型又可以分为无相间滑移的单流体模型和有相间滑移的多流体模型,按后者空间各点处每个相可有其不同的速度、体积分数、温度等等。此外还有分散群的轨道模型、统计群模型等等。多相流动与传热传质的模型常常是半经验的,即以实验观测为基础对多相流动的流动形态做半经验的简化假设以便进行简化分析计算。研究多相流动与传热传质,观测其流型,测定其各相参数十分重要,相应地在实验手段和实验技术方面也不断出现新发展,多相流动与传热传质的实验技术已经成为同行学术交流的一个重要话题。

2.3.6　热物理测试技术

热物理测试技术包括温度、压力、流量、速度及相关量场的测量,流动显示技术和热流体力学的实验技术等等。

在工程热物理学科的研究过程中,现场现象的观测和实验室中实验研究既直接提供了有关数据、规律和认识,也是建立理论分析模型的基础,又是对理论模型与求解方法的完善程度进行检验的唯一标准。精确准确的实验和观测必须借助高精度的各类仪器仪表和先进的测试方法。

热物理测试技术主要探索观测和实验方法的科学性、先进性。随着科学技术的迅速发展,热工参数的测量和处理技术也发生了深刻的变化,红外、激光、超声波、电磁场、计算机技术以及系统分析技术、信号处理技术在热物理量测方面得到了广泛应用,学科各个研究方向对研究对象的探究也越来越细微,对场量、动态量的测量要求越来越高。因此,热物理测试技术一方面着重在对于先进技术设备的充分掌握和开发利用,另一方面则要研究影响测试结果的各种因素和测试结果的充分利用,也包括热工参数测量过程的误差分析及测量系统组成的特性分析,热物理传输过程相关场的非接触测量和测量信号的计算机处理技术。例如利用超声波进行锅炉炉膛检测、早期在线诊断和预报时,必须掌握炉内火焰温度场、烟气流场、粉尘密度场以及炉内烟气中各物理量场和管阵列结构对声传播的影响机制。

2.4　热能工程学科(080702)

热能工程学科是工程热物理理论在工程中的具体应用,主要包括电厂热能动力工程、建筑热物理、换热器技术、锅炉技术、冶金热能工程、新能源和可再生能源技术、节能与能源综合利用技术、蓄能技术和农村与农业能源技术等等。可以这样来看,动力工程及工程热物理一级学科下后面四个二级学科都具有明确的、特定的研究对象,而其余的、范围十分宽泛的热能利用问题都属于本学科探索与研究的范畴。热能工程学科本身还具有强烈的学科交叉性质,虽然它以工程热物理理论作为基础理论,但是在实际工作中,对机械科学基础、电工电子科学基础、化工科学基础、材料科学基础甚至地学(如地质学与大气科学)的基础都有较高的要求。

2.4.1　电厂热能动力工程

电厂热能动力工程是关于热力发电厂的热力系统构成、优化和运行等等的学科。

在高等教育中,"电厂热能动力工程"原是一个研究生学科和本专科生专业的名称。20 世纪 80 年代以来,在加强基础、拓宽专业面、适应市场经济需求的形势下,国家教育行政管理部门逐步实施了专业和学科合并:本专科大学教育的电厂热能动力工程专业并入热能工程专业(后又改为热能与动力工程专业)。研究生的电厂热能动力工程学科并入热能工程学科。目前相当多的学校在热能与动力工程专业下设立了电厂热能动力工程专门化,在热能工程学科下设立了电厂热能动力工程研究方向。也可以说,电厂热能动力工程是热能工程学科下面的三级学科。

从科学技术的历史沿革和领域划分来说,热能大规模地转换成为动力是工业革命的标志,瓦特发明蒸汽机(严格说是发明了冷凝器,从而得到了完整的蒸汽机)是从设备方面产生的进步,卡诺关于热功转换效率的研究(把现象复杂、影响因素繁多的实际设备简化成抽象的、纸面上的几个符号)则是从热力学系统的角度做出的理论贡献。随着热能动力转换技术的进步和规模的进一步扩大,整个转换装置所包含的设备数目越来越多,系统越来越复杂,提高转换热效率的研究逐渐分成两个方向,即设备方向和系统方向。这两个方向相辅相成,各有侧重,各有借鉴。二级学科动力机械与工程就是以设备研究为主的,而系统的研究就逐步发展成为"电厂热能动力工程"研究方向。

动力转换装置很多,为什么单单把电厂拿出来研究呢? 因为电厂热力系统最复杂,状况最全面,而且电厂可以包括多种动力转换设备的工作机制(尤其是现代化电厂和未来的复叠式电厂),研究难度也很大,研究成果富有代表性。

2.4.2 建筑热物理技术

利用工程热物理理论,即工程热力学、流体力学、传热学和燃烧学的理论,研究建筑物的相关特性并开发相关的技术、实施相关的工程,就是建筑热物理技术的工作内容。

建筑热工,广义地讲是关于各种建筑体的热湿特性,与大气环境和周围环境的热湿相互作用,内部人工环境和人工小气候的组织以及相应的温度调节、湿度调节、除尘净化和通风换气的原理等等的学科。狭义上则专指有关建筑物围护结构的保温隔热、空气渗透和蒸汽渗透的研究,这方面在分析方法上已经相当完善,如内外扰量对房间的热作用(即全面考虑了房间围护结构和物体的蓄放热)、建筑物能耗计算的数学模型以及空调房间设计冷负荷的计算等,均有详细论著[5]。陈启高教授指出[6]:房屋的建筑热工设计是恰当地利用房屋围护结构的热特性,抵抗室外气候的变化,使在房间内产生舒适的微气候的。为此目的,需要首先研究室外热环境的描写和改造,以减轻室外对房屋的热作用,这是建筑气候学的主要内容,也是建筑热物理的范畴。区别于其他工程热物理学,建筑热物理对多孔材料的热功能受空气渗透和蒸汽渗透的影响特别感兴趣。

建筑空气动力学主要研究风对建筑物的作用、效应和建筑物的存在所造成的风环境等问题。人们早就认识到风对建筑物的破坏作用,但对破坏机理并不清楚。空气动力学的发展使人们有可能研究建筑物上的风载荷和风所引发的振动。1940 年美国 Tacoma 大桥的倒塌促使这种研究得到进一步的发展。风对建筑物的作用主要表现在平均风载荷、脉动风载荷、风振、通风和热损失、局部风环境等方面。风载荷是设计建筑物时必须考虑的载荷之一,包括风对建筑物的作用力、力矩和表面压力分布。风载荷主要取决于来流速度及其随高度的分布、风向、湍流结构以及建筑物的形状、表面粗糙度和动力特性。大气中的湍流脉动和建筑物绕流中的旋涡脱落等作用可导致建筑物表面压力发生脉动,从而使建筑物受到随时间变化的作用力和力矩。这些力与建筑物的惯性力、恢复力、阻尼力等的共同作用可使建筑物激发振动,称为风振。若风振的主要频率同建筑物的固有频率相近,则可能发生共振而引起灾难性后果,这在历史上已经有过许多事例。此外风掠过建筑物和建筑群时,由于风的通流面积变化很大,导致风速、风向等风场参数也发生很大变化,引起许多不利后果。例如高大建筑旁边常常出现极其强烈的风,可导致行人行走困难、建筑附属物脱落等,人们还给这种风起了一个贴切的名字——街谷风。

建筑物火灾的预防、控制和扑救也应属于建筑热物理的范畴。但是由于其复杂性和特殊性,建筑业界对此研究的并不多,主要是消防部门在研究。中国科技大学在这方面独树一帜,力量较强,成果很丰富。

2.4.3 换热器技术

换热器是在各行各业及社会生活中普遍使用的,将热能从一种物质传递给另一种物质的技术和设备。在各种工业设备中,换热器是应用最广泛的一类(与泵类不相上下),而且它的种类也是最多的。上溯到远古时期,人们刚刚学会的用火取暖,就是换热。但是直到现在,人类还在不断地开发新的换热技术和设备。

换热器技术的发展为传热学提供了广泛而深刻的课题,传热学的研究则为换热器在传热性能和设计方面提供了切实有效的数据和计算方法。换热器技术依赖于传热学理论,又不限于传热学,换热器从原理、设计到测试、使用,构成了一个完整的体系,包含着传热学以外的流体力学、工程力学、材料科学等内容,以及设计方法、设备结构、测试技术、计算和优化等方面的问题。一般地,换热器技术的进步有赖于很多问题的深入研究,例如强化传热机理的研究和新型换热器的研制、流体热物理性质的研究、制造材料和防腐蚀技术的研究、结垢和防垢技术的研究、设计工作的自动化和制造技术的研究、振动和防振措施的研究、测试技术的研究、换热器系统和设备的优化等等。

换热器的种类繁多,新型换热器也不断地涌现。但是在选择换热器时,必须严格利用热力学和传热学原理进行认真细致的评价,切不可主观臆断。例如近年来高温陶瓷球或陶瓷蜂窝体蓄热式换热器在冶金加热炉上得到了广泛的应用,并取得了良好的效果,尤其在燃用低热值煤气方面取得了相当大的成功。然而,有人提出将这种换热器用于电站锅炉燃烧,认为这样使电站锅炉也可以完全燃用低热值煤气。如果我们仔细分析,就会发现其目的很难达到。在冶金加热炉上得到的经验是,把空气预热到1000 ℃甚至更高,同时煤气也进行预热,才能保持炉膛温度在煤气燃点以上,使低热值煤气燃烧无任何障碍[7]。冶金炉炉壁是重辐射表面,而锅炉水冷壁是强吸收壁面,为了维持低热值煤气稳定燃烧所需要的炉膛温度,就必须把空气和煤气预热到更高的温度,而且炉膛热负荷也要加大。低热值煤气能否产生足够的炉膛热负荷是个疑问,炉膛排烟温度之高却是过热器和再热器无法承受的。而且,由于锅炉具有大量的对流受热面和尾部受热面,因此能否有足够的热量将空气和煤气双预热到高温也是疑问❶。

2.4.4 新能源和可再生能源技术

新能源和可再生能源技术包括太阳能技术、地热能技术、风能技术、生物质能技术、海洋能技术、天然气水合物利用技术等等。

除了水力资源和地热能资源以外,新能源和可再生能源的概念基本是重合的,而且它们还是准确意义上的清洁能源。随着化石燃料资源的迅速枯竭和环境问题的日趋严重,预计到2050年前后,可再生能源将取代化石燃料而取得世界能源主体地位。开发利用可再生能源成为世界能源可持续发展战略的重要组成部分,成为大多数发达国家和部分发展中国家21世纪能源发展战略的基本选择。

---

❶ 电站锅炉可以完全燃用低热值煤气,但是不能完全依赖高温预热的办法。锅炉内低热值煤气燃烧最大的问题是稳燃,所以我们可以在炉膛内采取稳燃措施,例如在炉膛中心设置一个稳燃柱。

我国可再生能源资源丰富,水能的理论储藏量 6.76×10^8 kW,可开发装机容量为 3.78×10^8 kW,年发电量 1.92×10^{12} kW,居世界首位;在2/3的国土上,太阳能年辐射量超过1630 kW·h/m^2,每年地表吸收的太阳能大约相当于17 Tt的(标煤)能量;风能资源量约为 16×10^8 kW,可开发利用的风能资源约 2.53×10^8 kW,地热资源的远景储量(以标煤计)为135.35 Gt,探明储量为3.16 Gt。生物质能资源也十分丰富,秸秆等农业废弃物的资源量(以标煤计)每年有0.31 Gt,薪柴资源量为0.13 Gt,加上城市有机垃圾等,资源总量可达0.65 Gt以上。

2.4.4.1 太阳能和风能

太阳能和风能的利用存在着两个难点:一是能量密度低。风在流速为3 m/s时,能量密度为0.02 kW/m^2,而水在流速为3 m/s时,能量密度为20 kW/m^2。所以相同流速下,要获得与水能同样大的功率,风力机风轮直径需相当于水轮的27.8倍。太阳能在晴天时平均能量密度为1 kW/m^2,昼夜平均为0.16 kW/m^2,具有相当大的受光面积,才能提供足够的功率。另一个难点是二者的稳定性很差,在一定地区、一定长的时期内尚有一定的统计规律,而瞬时强度却随时随地随机变化。

目前,关于太阳能利用的研究课题有:

(1) 高效集热器。目前普遍采用真空玻璃管集热器,充分利用玻璃的温室性质,结合热管技术可以有效地解决冬季上冻的问题。

(2) 高效光伏打电池。目前最高效率直逼30%,工业化应用可以保证20%的效率,彩色光电池技术业已展开并取得了初步的效果。

(3) 生物质转化,利用速生薪炭林或其他植物吸收太阳能,再经发酵等转变为合适的二次能源,其固定能量的效率在2%~10%。

(4) 蓄能技术,这是解决太阳能也包括风能的能量密度低、稳定性很差等缺点的必要装备,主要有固体蓄热体、水等蓄热技术、蓄电池技术和电容技术。

太阳能未来最有发展的前景应该在外太空。在地面上采用集热器或光电池利用太阳能,或者与绿色植物争夺空间,或者在荒漠等地距离负荷中心太远。太阳所释放的能量中,仅有二十亿分之一到达地球,约为 173×10^{15} W。即使地球附近,可采集的太阳能也极为可观。可以在外太空不遮挡地球的地方放置超大面积(以平方千米计)的太阳能光电池膜,由于外太空没有风霜雨雪的影响,这个膜可以做得极薄。光电池膜接受阳光转换成为电能,用微波发射到地球上的地面天线,送给用户使用。如果这个设想能够实现,那么地上的一切能源尤其是造成严重污染的化石燃料都可以不用了。

风能是一种可再生的能源,取之不尽,用之不竭。对风能的利用,由古老的风车发展到现代的风力发电,规模越来越大,技术越来越先进。1973年石油危机以后煤和石油等化石燃料日益枯竭,空气污染等环境问题也日趋严重,风力发电作为可再生的清洁能源受到越来越多的重视。随着桨叶空气动力学、材料、发电机技术、计算机和控制技术的发展,风力发电技术的发展极为迅速,单机容量从最初的千瓦级发展到兆瓦级,功率控制方式从定桨距失速控制向全桨叶变距和变速控制发展,运行可靠性从20世纪80年代初的50%提高到98%以上,并且在风电场运行的风力发电机组全部可以实现集中控制和远程控制。风电场发展空间更加广阔,从内陆移到海上。2003年3月,全世界风力发电累积装机容量突破了32 GW,其中2002年新增容量达到7227 MW。

我国是世界上最早利用风力的国家之一,但风力发电研究工作起步较晚。目前我国具备了百瓦至百千瓦级风力机的研制和生产能力。风力发电在我国主要是干旱半干旱地区、牧区和一些海岛等风力资源丰富的地区有所应用。近些年依靠引进建设了不少大型风力发电场,但是我国风力发电在世界风能利用的总体规模中仍仅仅占有很小的部分。

目前风力发电几乎是唯一的风能利用方式,风力发电机组不断地向着大容量、发电质量优良、提高材料利用率、减少噪声、降低成本、提高效率的方向发展。其他的研究方向还包括现有风力机的性能完善、现代计算机技术和控制技术的采用、风能利用系统与太阳能和其他能量构成的总能系统的理论探索和实践等等。

当前风力机的桨叶叶型多采用美国空军的标准系列叶型 NACA 系列或 63 系列,此种叶型具有较好的动力性能,但是,风力机的工况与飞机桨叶不同,如风速分布不均匀、风况不稳定等,导致风轮的径向受力不均、风力机振动等问题。针对风力机的特性,建立适应风力机特性的空气动力学理论并用以指导风力机桨叶设计,降低上述因素的不利影响将是风电界技术人员深入探讨的课题。这方面工作正在紧锣密鼓地进行之中,如美国国家可再生能源实验室(NREL)开发了一种新型叶片,试验表明:新型叶片比早期的风力机叶片捕获的风能要大 20% 以上。目前,叶片的最大风能利用系数约为 0.45 左右,在叶片翼型的改进上还有较大的发展空间。采用柔性叶片也是一个发展动向,利用新型材料(如新型工程塑料等)进行设计制造,使其对于风况的变化能够改变它们的空气动力型面,从而改善空气动力响应和叶片受力状况,增加可靠性和对风能的捕获量。

作者认为还有几个方面的问题可以探索。一是微型风能利用,一层含义是瓦级上下功率范围的风能利用,可用于建筑物通风、微光灯或发光二极管(如草坪景观灯、交通标志等等)供电等,另一层含义是风级很小的风力利用,这种风力资源更多,持续时间更长,当然功率密度极小。二是牺牲大型风力机的效率而提高其抗风沙、抗湍流脉动的能力,将这种大型风力机密集布置,在严寒和极度缺水的风口地区临时替代或替代防风固沙林抵御沙漠的侵袭❶。森林防风固沙的能力来源于大量树叶细枝的摇曳摩擦,能够将风能消耗殆尽,而高墙就没有这个作用(如前述街谷风的形成)。上下前后分层梯级密集布置的大量以消耗风能为主要目的的风力机,可以保护其背后新植的防风固沙林长成。

2.4.4.2 地热

地壳的厚度很不均匀,海洋底部最薄处仅为 5 ~ 10 km,大陆上一般为 30 ~ 40 km。地壳与地幔交界处的温度大约为 1000 ℃,因此从地表向下每深入 100 m,温度就会升高 3 ℃左右。如果地幔中的岩浆沿地壳裂隙向上侵袭,露出地表就是火山,停在地下某处就造成局部地温异常升高,地壳薄处也会出现地温异常现象。岩浆侵入体附近的地下水被加热,在压力作用下冒出地面,就形成了温泉或喷泉,也就是我们要利用的地热资源。不仅是露头的温泉,储存在地下的热水、蒸汽乃至熔岩侵入体形成的干热岩都是地热资源。岩浆也属于地热资源,不过人们还没有任何利用岩浆热能的打算。

地下热水即温泉的利用早在数千年前就开始了❷。由于温泉所具有的医疗效果,迄今经济性最好的利用方式仍是传统的洗浴。20 世纪 70 ~ 80 年代,我国开始深入探索地热利用的技术,由于当时经济发展水平所限,一般没有考虑低温地热水在洗浴方面的应用❸,而是研究以发电为核心的综合利用。江西地质大队在温汤使用 49 ℃的地热水和普通泉水,借助山势因地制宜,建造了一台 50 kW 的向心式汽轮发电机组,以氯丁烷为工质,对外供电 43 kW,解决了当地一个村

---

❶ 在沈阳北部的局部风口上,年年春天植树,这些树木夏季生长很好,可一到了冬天,西北风起,树叶凋敝,剩下的干枝承受不了越冷越强、夹着风沙的大风,几乎完全被摧毁,沙丘得以不断前进。

❷ 在我国如果地名中有“汤”字,往往意味着此地有温泉,至少是曾经有温泉。例如北京的小汤山,辽宁鞍山的汤岗子,江西的温汤,湖南的灰汤等等。

❸ 当时一个人一次洗浴费用是一角钱,加上四两粮票,才可以买两个馒头。

子的照明用电(当时中国大部分山区农村都没有通电)。辽宁省能源研究所和天津大学在熊岳对94 ℃地热水的综合利用进行了多年深入细致的研究,按低沸点介质发电、建筑和温室供热、养鱼、浇灌的顺序梯级利用地热水,取得了丰硕的成果。这也是辽宁省能源研究所后来成功开展的农民庭院生态经济模式研究的先期工作基础。地热水发电由于经济形势的改变不再具有竞争力,但当时所开发一整套技术、装备和理论现在完全可以直接应用到工业企业的余热利用工作中。例如,冶金工业20多年来通过系统节能在用能方面已经相当完善,进一步的节能就只能瞄向那些温度水平在冶金生产工艺中不可能利用的余热。由于低温余热无法远距离输送,唯一的利用途径就是动力转换。此时地热水发电的经验和成果就有了用武之地了。

我国地热发电真正成功的事例是1977年9月投产的西藏羊八井地热电站。它的资源是174℃的高压地热水,开采后经闪蒸直接产生蒸汽,推动透平带动电机发电。一段时期内,羊八井地热电站承担了拉萨全市的一半供电任务。

蒸汽型地热资源的最佳利用方式就是发电,如美国盖瑟尔斯(加州)、意大利拉德瑞罗(世界最早,1904年)和日本松川,我国尚未发现这种类型的地热资源。人们也在考虑将干热岩破碎,然后高压注水,产生蒸汽,用于发电。破碎的方式曾经考虑采用核爆炸,但迄今无人进行试验。另一种有可能实现的热岩破碎方法是利用岩石力学对岩石失稳研究的成果,采用高压水进行破碎,应当很有前景。

地下热水的矿化度相当高,还可能含有硫化氢等气体,因此它还是具有一定的污染的,而且对设备有较强的腐蚀性和结垢性,需要防范和治理。换一个角度看,地下热水又是一种资源,可以从中提取盐类和硫黄。

2.4.4.3 生物质能

生物质能是人类用火以来,最早直接应用的能源。当前生物质能的应用技术开发,旨在把森林砍伐和木材加工剩余物以及农林剩余物如秸秆、麦草等原料通过物理或化学的加工方法,使之成为高品位的能源,提高使用热效率,减少化石能源使用量,保护环境。

生物质能研究开发工作主要集中于气化、液化、热解、固化和直接燃烧等方面。生物质能气化是在高温条件下,利用部分氧化法,使有机物转化成可燃气体的过程。产生的气体可直接作为燃料,用于发动机、锅炉、民用炉灶等场合。气化技术应用在“二战”期间达到高峰。随着人们对生物质能源开发利用的关注,对气化技术应用研究重又引起人们的重视,目前的主要用途是气化发电、合成甲醇以及产生蒸汽。生物质能催化气化研究,旨在降低气化反应活化能,改变生物质热处理过程,分解气化副产物焦油成为小分子的可燃气体,增加气体产量,同时降低气化温度,提高气化速度和调整生物质气体组成,以便进一步加工制取甲醇或合成氨。生物质的直接燃烧和固化成型技术的研究开发,主要着重于专用燃烧设备的设计和生物质成型技术。成型燃料应用于两个方面:一是进一步炭化加工制成木炭棒或木炭块,作为民用木炭或工业用木炭原料;二是作为燃料直接燃烧,用于家庭或暖房取暖用燃料。将生物质能进行正常化学加工,制取液体燃料如乙醇、甲醇、液化油等,是一个热门的研究领域。利用生物发酵或酸水解技术,在一定条件下,将生物质转化加工成乙醇,供汽车和其他工业使用。生物质能的另一种液化转换技术,是将生物质经粉碎预处理后在反应设备中,添加催化剂或无催化剂,经化学反应转化成液化油。

生物质微生物处理在中国农村庭院生态经济中发挥了核心作用,例如北京大兴留民营村的鸡(兔)—猪—沼气—菜(花)家庭循环系统。秸秆还田是保持土壤有机质的有效措施,但直接还田不易分解。秸秆经过微生物处理后既可以得到沼气等产品,又可产生优质农家肥。这方面的研究重点是高效发酵设备的设计和微生物的选育。

2.4.4.4 天然气水合物

天然气水合物(gas hydrate)是一种白色固体结晶物质,外形像冰,它是在一定条件(合适的温度、压力、气体饱和度、水的盐度、pH 值等)下由水和天然气组成的类冰的、非化学计量的、笼形结晶化合物(clathrate),遇火即可燃烧。天然气水合物由水分子和燃气分子构成,外层是水分子格架,核心是燃气分子。燃气分子可以是低烃、二氧化碳或硫化氢,但绝大多数是甲烷分子(CH_4),所以天然气水合物往往被称为甲烷水合物(methane hydrate)。据理论计算,1 m^3 的天然气水合物可释放出 164 m^3 的甲烷和 0.8 m^3 的水。天然气水合物只能存在于一定的温度和压力条件下,一般要求温度低于 0 ~ 10 ℃,压力高于 10 MPa,一旦温度升高或压力降低,甲烷就会逸出,固体水合物崩解[8]。

天然气水合物往往分布于深水的海底沉积物中或寒冷的永久冻土中。埋藏在海底沉积物中的天然气水合物要求该处海底的水深大于 300 ~ 500 m,依赖水层的压力来维持其固体状态。但它只可存在于海底之下 500 m 或 1000 m 的范围以内,再往深处则由于地热升温其固体状态易遭破坏。储藏在永久冻土中的天然气水合物大多分布在四季冰封的极圈范围以内。

从含碳量估算,全球天然气水合物中的含碳总量大约是地球上全部化石燃料的两倍。因此,据最保守的统计,全世界海底天然气水合物中贮存的甲烷总量约为 1.8×10^{16} m^3,约合 11×10^{12} t。数量如此巨大的矿物能源是人类未来动力的希望。

天然气水合物固然给人类带来了新的能源希望,但它也可对全球气候和生态环境甚至人类的生存环境造成严重的威胁。主导大气温室效应的因子,普遍被认为是水汽和二氧化碳。水汽在大自然循环中大致保持一个动态平衡,多余的水会作为雨雪降下,于是二氧化碳便成为人们严密关注的对象,国际社会已经决定限制各国二氧化碳的排放量。然而,当前大气中二氧化碳增加的速率是每年 0.3%,甲烷却为 0.9%。而且甲烷的温室效应为二氧化碳的 20 倍。全球海底天然气水合物中的甲烷总量约为大气中甲烷量的 3000 倍,一旦释放,将对全球环境产生无法估量的影响。

固结在海底沉积物中的水合物,一旦条件发生变化,释放出甲烷,将会明显改变海底沉积物的物理性质。其后果是降低海底沉积物的工程力学特性,引发海底滑坡,可能毁坏一些海底的重要工程设施,如海底输电或通信电缆、海洋石油钻井平台等。水合物的崩解造成海底滑坡,而海底滑坡又进一步激发水合物的崩解,如此连锁反应,将造成雪崩式的大规模海底滑坡,并使大量的甲烷逸散到大气中去,造成极大的灾难与经济损失。

2001 年 2 月 27 日 ~3 月 1 日,主题为"天然气水合物研究现状及我国的对策"的香山科学会议第 160 次学术讨论会在北京香山召开,对天然气水合物研究的方方面面进行了充分交流与讨论,有力地推动了我国天然气水合物的研究与发展。近年来国家在"863"、"973"计划中也开展了一些前沿性研究工作,但总体上仍处于起步阶段,亟待有效的组织。迅速开展相关的基础性研究,发展相关的技术方法,做好理论和技术知识储备,查明中国天然气水合物的分布和资源潜力,了解我国资源状况,着手研究天然气水合物影响全球气候和造成海底灾害的环境效应等重要工作,对于制定国家未来能源战略具有重要意义。

2.4.5 冶金热能工程

冶金热能工程是东北大学热能工程系的特色和优势,原来是专门研究把钢锭轧制成钢材时进行加热的冶金炉的,目前的研究对象已经扩展到冶金行业的各个角落以及整个钢铁联合生产企业的能源问题。

2.4.5.1 冶金热能工程学科的任务❶

冶金热能工程学科的主要任务是全面研究冶金工业的能源利用理论与技术，为冶金工业的节能工作服务[9]。2000 年以前，我国冶金工业吨钢综合能耗(标煤)从 1980 年的 2.04 t 降低到 1.18 t，表明该学科顺利完成了初级阶段的任务。现阶段，随着科学技术的发展，要使冶金工业的能源利用达到更高的水平，彻底赶上甚至超过国际先进水平。

此外，还应说明，除能耗指标外，有些技术经济指标(如产品的产量、质量、品种、污染物排放量、企业的利润)也与本学科密切相关，因为这些指标往往在一定程度上取决于能源利用和热工工作的合理程度。所以，从能源利用和热工的角度去改善冶金工业的这些指标，也是本学科的任务。

2.4.5.2 冶金热能工程学科的研究对象

为了研究冶金工业的节能问题，必须研究炉窑、工业锅炉、热交换装置、燃料燃烧装置和能量转换装置等各种耗能设备的节能理论和技术。这是冶金热能工程学科的重要研究内容之一。事实上，改革开放以来本学科的工作对冶金企业的节能起到了积极的作用。

但是，为了节能，只研究单体的耗能设备是不够的。大家都知道，从矿石到金属产品，要经过多道生产工序，每道工序又包括多台设备。各道工序之间，各台设备之间，都在物料、能源等方面彼此联系、彼此制约。这样就构成了冶金生产的全过程。所以，为了研究节能问题不仅要研究单体设备，而且还要研究由若干台单体设备组成的生产车间或厂(生产工序)，以及由若干个生产车间或厂组成的联合企业(全流程)等。联合企业、生产车间(厂)和单体设备，是相互联系的三个不同层次。比联合企业更高的层次是整个冶金工业，而比单体设备更低的层次是设备部件。

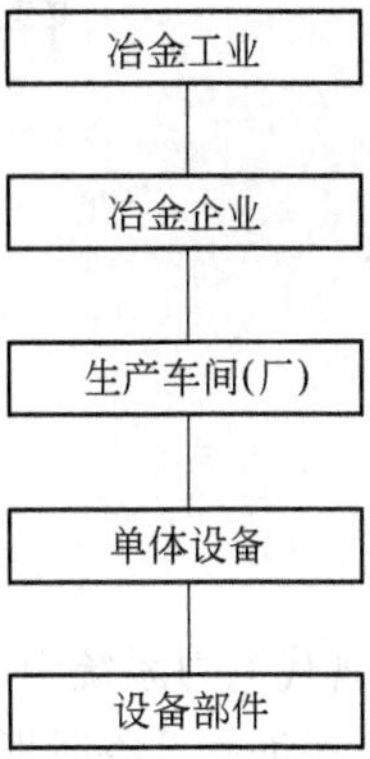

图 2-1 冶金热能系统

因此，冶金热能工程学科的主要研究对象是图 2-1 中五个不同层次的节能理论和技术，以及它们之间的相互关系[9]。

在冶金企业和冶金工业层面上，陆钟武院士提出“载能体”的概念和“系统节能”的思想。明确指出，不仅能源是载能体，而且许多非能源物质(如原材料、辅助原材料、中间产品、零部件和各种消耗品等)也都是载能体，因为它们在制取的过程中都消耗了能量。单位重量(体积)物体的载能量，称为该物体的能值。为了节能，不仅要节约能源，而且要节约非能源物质❷。

研究冶金企业节能问题，还要运用系统工程的基本原理和方法，要在收集数据的基础上分别建立企业的能源和非能源物质的平衡表，掌握各耗能设备的工作性能。用累加法、投入产出法或其他方法计算产品能值。对各种节能措施做出评价，或对某些生产问题进行优化处理。即视整个冶金企业为一个线性系统(网络)，利用累加法、投入产出法等数学方法，以全系统的资源和能源消耗量最小为目标函数，对系统的物质流和能量流进行优化分

❶ 本节和下一节“冶金热能工程学科的研究对象”参考了文献[9]，该书确定了冶金热能工程学科的任务、研究对象、主要内容和范围。

❷ 载能体的概念本质上与㶲的概念有冲突。载能体计算的是能源物质与非能源物质在制取的过程中消耗了能量的数量；㶲的计算是按照能源物质与非能源物质在只与环境(外界、自然界)发生作用的前提下，可逆地变化到环境(或自然界)中存在的状态所能作出的最大有用功来计算的。一种物质由于制取的工艺流程不同，可能有不同的载能量，但它的㶲只有一个数值，除非环境状态改变。在使用热力学第二定律方法进行系统能量分析时，应充分关注两个概念各自的长处、真正建立有效的评估方法。

析,从而提出相应的系统节能措施,达到节能的目的❶。

2.4.6 能量贮存技术

能量贮存技术的飞速发展始于20世纪70年代,当时中东产油国发动的石油危机,在很大程度上促使了一些工业大国开始重视太阳能利用的研究,基于太阳能是一种间断和不稳定的一次能源,研究高效经济而又切实可行的贮能技术有着极其重要的意义。随着节约能源的要求越来越高,因为能源生产和消费的不平衡和即时性,各界对能量贮存技术越来越重视,它涉及电力、太阳能、风能、水力、制冷、建筑等等。其中抽水蓄能、蓄电池、冰蓄冷和热水蓄能等都已经逐步形成规模化、效益化。

能量贮存的种类,可大致分为以机械能、化学能、热能和电能等形式贮存,具体分类如图2-2所示[10]。

- 贮能系统
  - 以机械形式贮存
    - 作为势能
      - 抽水蓄能
      - 压缩空气(直接或等温的)
    - 作为动能—飞轮贮能
  - 以化学形式贮存
    - 蓄电池
    - 氢(呈压缩的气态、液态或氢化物)
    - 合成燃料
    - 燃料电池
  - 以热的形式贮存
    - 显热系统
    - 潜热系统
    - 热化学系统
  - 以电(电磁)形式贮存
    - 强电场
    - 磁场(超导磁贮存)

图2-2 能量贮存的分类

现代电力系统中,电网负荷波动很大,如不采取任何措施,则会造成在负荷高峰时电力供应紧张,在负荷低谷时形成巨大的浪费。若采用启停发电机组的办法,则很不经济,因为火电机组启停过程中消耗相当数量的燃料;若用压荷方式来适应负荷变化,有时会受到大型机组技术最小出力的限制。为维持日负荷峰谷时火电站的出力稳定,并使火电机组能在最高热效率下运行,抽水蓄能电站就应运而生。它在低谷负荷时以抽水工况运行,此时作为电力系统的"用户",吸收火电机组的"待供电能",从低位水库抽水到高位水库,实现电能转化为水的势能;而在高峰负荷时,以发电工况运行,从高位水库中放水发电,担任负荷中的峰荷部分,满足系统电力电量的平衡要求。实践证明,抽水蓄能电站是电网最有效的调峰填谷手段,它不但具有很好的经济和社会效益,而且启动和转换工况快捷、灵活。

抽水蓄能电站需要在电站附近的山冈上建立上下位水库,因此其选址受自然地势的限制。在没有自然地势可以利用的地区,可以考虑借助地下洞穴(如溶洞)建立地下水库,再利用海水或河水流到地下水库时的势能发电,用电低谷时将流入地下水库内的水排出。例如辽宁抚顺就可以利用大伙房水库和抚顺煤田地下采空区废弃矿洞作为上下位水库进行抽水蓄

❶ 增加"污染物排放最少"为目标函数,就成为东北大学在工业生态学方面的研究方法。

能发电。

蓄电池技术早已广为利用,但过去的使用目的是提供移动电源和不间断电源。当前随着技术进步,蓄电池逐步大型化、高能量密度化、高效化和长寿命化。作为太阳能发电、风能发电乃至工业余热发电的配套蓄能装置,已经达到商品化、实用化。另外,蓄电池替代内燃机作为交通工具驱动装置,不但可以摆脱对石油的依赖,而且可以减少环境污染。

电容技术近几年来有了较大的发展,容量、漏电率等都有了显著的进步,可以与锂电池媲美,而能量密度、充放电速度、使用寿命等性能已经远远超过锂电池。

冰蓄冷和热水蓄能是为了适应电网削峰填谷的需要而开发的。在夜间用电低谷时制冰或生产热水,白天用电高峰时将热水用于生活或者采暖,冰则可以用做空调的冷源。这个技术简单易行,适于普及推广。

2.4.7 农村能源

对于农村能源的问题,我们一直关注不够。农村能源问题有三个方面:一是农民生活用能,二是农业生产用能,三是农村能源与生态。

我国农民生活用能有几种模式:以秸秆为主,以薪炭林为主和以煤为主。这几种模式都存在弊病。我国农业基本不实行轮作制,甚至一年两熟三熟,尤其近年来大量施用化肥,导致土壤有机质含量急剧下降,以东北为例,曾经赫赫有名的黑土地已经渐显黄土化。据报道,东北地区土壤的腐殖层平均厚度已经从20世纪50~60年代的1 m多减少到目前的不到30 cm。秸秆还田是保持土壤地力的有效方法,作为燃料烧掉十分可惜。在以薪炭林为燃料的地区,薪炭林建设大都相当滞后,而且随着人口的增加,缺口越来越大。当正规的薪炭林不敷使用时,柴刀就挥向了其他林木,这是我国干旱半干旱地区植被不断减少的一个重要原因,甚至是主要原因。由于购买煤炭费用不少,我国农村除了煤炭产区外以煤为主要能源的不多。农村燃煤基本上都使用土制炉灶,热效率极低,排烟、灰渣、SO_x、NO_x 没有任何顾忌,由此造成的环境污染的情况尚属于未知量。另外,随着农村经济状况的不断改善,农民生活水平的逐步提高,农民生活用能量必然加速增长。

目前我国多处试点成功的庭院生态农业经济模式是解决农民生活用能问题的好办法。而给予工程热物理学者的任务是:提高农民生活用能的能源利用率,开发小型多种能源综合利用技术。

随着农业生产技术的进步,农业生产用能也越来越多。机械化动力、化肥和保护地供热是农业生产用能三个主要部分。能量消耗过多,以至于人们称现代农业为石油农业。所谓石油农业,是针对农业对能源的利用和消耗来讲的,其实质是用高能量来换取高产量。捷克曾对农业发展与能源的关系做过一项为期10年的试验,结果表明,农产品每增加1%,农用能源的消耗就要增加2.5%。石油农业的一个基本特点,就是最大限度地向农业投入能量,以获取最高的农业产量。例如美国近40年来,投入农业的能源增长了近80倍。目前美国的农业,1年要消耗6000万吨以上的石油、800万吨钢材、16万吨橡胶。这种高能量的投入,刺激了农业的迅猛发展,使农业劳动生产率、土地生产率和农产品的商品率大大提高。以石油为原料的化肥、农药的大量使用,加之耕作、灌溉、加工、运输都需要石油,加剧了能源危机,也造成了严重的环境污染,土壤破坏,表土流失。另一方面,农业成本大大提高,能量报酬却很低,中国、印尼、缅甸等亚洲国家传统的农业生产方式,用0.05~0.1 cal(约0.21~0.42 J)的热量,可以生产1 cal(约4.2 J)热量的食物;而美国现代化农业则需0.2~0.5 cal(约0.84~2.1 J)的热量,才能生产1 cal(约4.2 J)热量的玉米、大豆、花生等等,是名副其实的“石油换食品”[11]。

实施生态农业,增加非石油动力和有机农家肥的使用,提高保护地供热效率,加强太阳能、风能和生物质能等多种能源的综合利用是减少石油农业危害的必由之路。

还有许多内容可以纳入热能工程学科,例如耐火材料是所有高温热工过程不可缺少的物质。很明确,耐火材料应当是材料科学研究的范畴,但是由于耐火材料的生产和使用均属于高温热工过程,所以相当多的从事耐火材料研究的科技人员出身于热能工程学科。这种学科的交叉在热能工程领域十分普遍。

2.5 动力机械及工程学科(080703)

动力机械及工程学科以燃气轮机、蒸汽轮机、内燃机和正在发展中的其他新型动力机械及其系统为对象,研究如何把燃料的化学能和流体动能安全、高效、低污染地转换成动力的基本规律和过程,研究转换过程中的系统和设备,以及与此相关的控制技术。它涉及能源、交通、电力、航空、宇航、军事、农业、环境等与国民经济、社会发展和国家防卫密切相关的领域。

2.5.1 内燃机

内燃机的热效率高(目前是热效率最高的热力发动机)、结构简单、比质量(单位输出功率的质量)轻、移动方便,因而被广泛应用于交通运输(陆海空)、农业机械、工程机械和发电作为动力。

内燃机的出现可以追溯到1860年,J. J. E. Lenoir(1822~1900年)发明了一种大气压力式内燃机,仅有吸气、燃烧、膨胀和排气过程,热效率不到5%。1867年Nicolaus A. Otto(德,1832~1891年)和Eugen Langen(1833~1895年)发明了一种更为成功的大气压力式内燃机,热效率达到11%。1862年法国人德罗夏首先提出了近代四冲程内燃机的工作原理。1876年Otto发明的四冲程内燃机投入运行,热效率提高了14%,质量减轻了近70%。1890年Dugald Clerk(英,1854~1913年)、James Robson(英,1833~1913年)和Karl Benz(德,1844~1929年)发明了二冲程内燃机。1892年Rudolf Diesel(德,1858~1913年)发明了压燃式内燃机——柴油机。回转式内燃机的第一个成功事例是1957年F. Wankel发明的转子发动机。增压技术首先由Louis Renault(法)于1902年提出,涡轮增压的雏形则出自Alfred Buchi(瑞士)之手(1915年)。近30年内燃机产品的进步主要体现在环保方面,一系列汽车排放标准以及汽油喷射、三效催化剂等环保技术和装备相继面世。

内燃机技术的发展还任重道远,在动力性、经济性和排放控制等方面还在不断地改进。新材料的出现导致内燃机可以进一步减轻质量、降低成本和损失。综合汽油机和柴油机优点的缸内直喷式汽油机(GDI)、均质混合气压缩燃烧(HCCI)发动机、各种代用清洁燃料发动机等等都将有很好的发展。

内燃机的分类有如下几种:按燃料可分为汽油机、柴油机、天然气发动机等十几种(包括混合燃料内燃机和可变燃料内燃机),按缸内着火方式分为压燃式和点燃式,按冲程数分为四冲程和二冲程,按活塞运动方式分为往复活塞式和旋转活塞式,按冷却方式分为液体冷却、气体冷却和复合冷却,按气缸数目分为单缸和多(2、3、4、5…)缸,按转速可分为低速(小于300 r/min)、中速(300~1000 r/min)和高速(大于1000 r/min),按增压机增压程度分为低增压(增压比小于1.8)、中增压(增压比为1.8~2.5)、高增压(增压比为2.5~3.6)和超高增压(增压比大于3.6),按气缸排列方式分为立式、卧式、直列式、V型、W型、对置气缸或对置活塞式、H形、王字形、X形、星形,按混合后气体准备方式分为化油器式、进气管或进气道喷射式、缸内直接喷射式,按燃烧室设计分为开式(包括浴盆形、楔形、半球形、碗形、W形等等)和分隔式(设计有辅助燃烧室,如涡流室、预燃室等等),按进排气门、凸轮轴设计和布置分为2气门、4气门(或多气门)、顶置(上置)或侧置(下置)气门、顶置或侧置凸轮轴,按用途分为农用、船用、汽车用、飞机用或拖拉机用、工程机械用、发电用、内燃机车用、军用等等。

高速柴油机的基本特征是强载度高、功率密度大、体积小、比质量轻、经济性好等。为了达到所要求的高指标,采用了各种先进技术如高增压、高转速、高爆发压力、高喷油压力、高性能材料、高精度加工等。所以高速柴油机已经成为柴油机技术发展水平的代表。高速机是舰船的主要动力之一,可用作高速快艇、护卫艇、常规动力潜艇的主机,中型水面舰艇的巡航机及各类舰艇电站的原动机。

中速柴油机是柴油机家族中的重要成员,其用途十分广泛,军用可以作为护卫舰、潜艇、辅助船舶以及装甲车辆的主机,民用可作为船舶、机车、重型卡车的主机及电站的原动机。中速机的型号品种很多,功率的覆盖面很广,从几百千瓦到两万千瓦。

当前中速机的发展趋势是,一方面与低速机争夺大型民用船舶主机的市场,另一方面巩固其在渔船、运输船及电站领域的阵地。中速机结构较强、寿命较长、可靠性较好,与低速机相比,具有质量轻、体积小的明显优势,因此在一些较为特殊的船舶(如滚装船、渡船等对机舱高度有比较严格限制的船舶)上更为适用。为了在民船上获得更大的使用范围,中速机主要利用增压技术来提高其单位容积功率,改善燃烧,烧重油甚至渣油,改善工作过程,提高爆发压力以降低燃油耗率等方面取得进展。另外,在采用电子技术以提高运行性能、监控状态、提高工作可靠性及操作的自动化程度等方面也大有可为。

低速柴油机在大型民用船舶动力领域占有绝对优势,在大型军用船上也占有一席之地。低速机具有单机功率大、经济性好、寿命长等突出的优点。同时由于其结构简单、强度大、转速低,柴油机发展进程中的一些新技术的应用也常常是先在低速机上取得突破。所以,可以把低速机看成是柴油机技术发展、产品改进的摇篮。从目前来看,低速机的技术发展呈现出一种整体优化的趋势,主要体现在[12]:

(1) 单机、单缸的功率越来越大,功率覆盖面宽广,如MAN B&W公司的K98MC-C柴油机的功率可达68490 kW(93120hp);

(2) 平均有效压力在二冲程机上达到2.0 MPa;

(3) 燃油耗率进一步降低,达到164.6 g/(kW·h)(121.7g/(hp·h));

(4) 继续提高废热回收率以提高综合效率;

(5) 采用压比高达5:1和效率更高的增压器,如ABB公司的4P型增压器;

(6) 在确保柴油机性能的基础上,进一步降低NO_x的排放;

(7) 以“预报保养系统”取代常规的定期检修,即利用传感器或小型电感比较仪等电子设备以随时监测机器的运转状态;

(8) 进一步减小振动,降低噪声;

(9) 进一步提高柴油机的可靠性;

(10) 进一步提高柴油机操纵管理的自动化程度,实现船舶的“无人机舱”。

2.5.2 汽轮机及其辅机

2.5.2.1 蒸汽轮机

蒸汽轮机、燃气轮机和水轮机等叶轮旋转式动力机械统称为涡轮机(turbine,透平)。

1883年瑞典人De Laval试制了第一台单级蒸汽透平,1884年英国人Parsons试制了第一台多级(反击式)蒸汽透平;1900 年美国人 Curtis 制成双列速度级单级蒸汽透平,1902 年法国人 Rateau 制成第一台冲动式多级蒸汽透平,1902 年第一台汽轮发电机组诞生。作为电力生产的主要设备之一,蒸汽轮机(steam turbine,简称汽轮机)从典型调节系统到功频调节系统,再到电液调节系统,从小功率到大功率,从定转速到变转速,得到了广泛的应用和飞速的发展。

汽轮机的科技含量高,工艺制造难度大。汽轮机技术的进步大体可分为三个阶段。1970 年以前为第一代,又称为传统设计时代。这个时期,以实验气动力学为基础,主要通过吹风实验来确定动、静叶型的型谱。汽轮机设计以平均截面上一维流动的手工计算为主,静、动叶片广泛采用直叶片和简单扭转叶片。国产三缸三排汽 300 MW 汽轮机、国产 125 MW 和 100 MW 及以下汽轮机均属于此代产品。20 世纪 80 年代开始了第二代汽轮机技术。在这个时期,由于电子计算机的出现,二维流场计算成为可能,计算气动力学逐步代替传统设计,出现了以可控涡概念为代表的二维设计理论,叶片按较为复杂的造型规律扭转,汽轮机效率提高约 1.5%。20 世纪 90 年代以来,由于计算流体力学、计算机技术及叶轮机械气动热力学的迅速发展,汽轮机技术已进入全三维叶片设计与造型为基本特征的第三代。第三代的突出代表是弯扭联合成型叶片,汽轮机效率又提高约 1.5%。目前,第三代叶片的设计概念及其优越性已为世界所公认,几乎所有知名汽轮机厂家都在大力开发与应用。世界各大公司发表的实验结果表明,采用全三维弯扭叶片一项措施,即可提高汽轮机效率 1.5% ~2%,甚至更高。

其他成熟的汽轮机先进技术还有:高效新型叶型,全三维流型(静、动叶匹配),高效后加载静、动叶型,薄出汽边,弯扭联合成型叶片;大型叶栅,高效跨声速叶栅,分流叶栅,弯扭叶栅,子午面收缩叶栅;弯扭静叶,斜置喷嘴,调节级喷嘴子午面收缩型线等等。流动设计时,高中低通流部分全部采用一维/准二维/准三维/全三维气动热力设计体系。在结构设计方面:采用自带冠动叶片,增加汽封片,动、静叶栅子午通流部分光滑;取消拉筋,合理调整通流间隙;以钢质焊接隔板代替铸铁隔板;采用新型汽封"布莱顿"可调汽封、"卫士"汽封、软态铁素体汽封(高、中压部分)及铜汽封(低压部分)。反动式汽轮机采用了全新的高效率反动式可控涡叶型系列,全三元气动设计技术系统,CFD 技术对进排汽蜗壳的改进,通流部分通道优化设计技术,自带围带动叶,新的强化叶根型线,自由叶片的混合调频技术,低压段蜂窝式汽封,马刀型反动式叶型系列等先进设计技术。在制造中采用了无余量精密铸造,叶片数控加工,隔板、围带激光加工等新工艺、新技术,机组效率进一步提高,安全可靠性大幅度提高,适应变工况的性能大大增强。

我国汽轮机工业自 20 世纪 50 年代从引进苏联技术起步,掌握了第一代汽轮机的设计方法,最大单机容量达到 300 MW。20 世纪 80 年代初引进的美国西屋公司 300 MW 和 600 MW 机组仍是第一代设计。后来,哈尔滨汽轮机厂、上海汽轮机厂两厂经过 10 多年的消化、吸收,并采用第二代设计概念进行改进,其汽轮机性能已达到或接近第二代汽轮机的水平。但是,我国汽轮机制造业自身还没有形成独立开发第三代设计方法的能力,外国汽轮机制造厂家出于市场竞争的需要,不论我国汽轮机制造业采用何种方式,他们也不愿或至少短期内不愿把第三代设计技术转让给我方。20 世纪 90 年代中后期,中国科学院工程热物理研究所,哈尔滨工业大学、北京航空航天大学、清华大学等高等院校和哈尔滨汽轮机厂、东方汽轮机厂、上海汽轮机厂、北京汽轮机制造厂经过共同奋斗,并在电力部门的支持下,开发出具有 90 年代先进水平的汽轮机通流部分三维技术,并在国产 200 MW 汽轮机改造中成功地进行了运用,表明我国已开发出理论先进、程序可靠、系统配套、具有我国自主知识产权的新一代汽轮机气动热力设计体系,掌握了新一代大型电站汽轮机设计核心技术,基本实现了我国在这一领域由 20 世纪 60 ~70 年代水平向 90 年代国际先进水平的跨越。这对提高我国制造行业的技术水平,促进电力工业的技术进步,增强民族工业的竞争力,有着十分重要的意义。

2.5.2.2 汽轮机辅机

汽轮机辅机主要包括冷凝器、高低压加热器、除氧器等等。

现代汽轮发电机组的凝汽器是一个庞大而复杂的热交换器,一台600 MW机组凝汽器的冷却管总长可达数百千米,体积近500 m^3。凝汽器要将热量在尽可能低的蒸汽温度下,也就是在尽可能低的压力下排出循环,还要尽可能回收全部冷凝水供给锅炉,这些凝结水的过冷度也要尽可能低,以减少将它们加热到锅炉中饱和温度所需要的热量以及凝结水所吸收的空气和其他不凝结气体的量。这些不凝结气体必须从凝汽器中排出去,但同时被带出的蒸汽应尽可能地少,以减少锅炉补水量。

许多新设计的凝汽器的冷却水流向都按照单流程布置,进而可能利用冷却水温的逐步升高来在不同的低压缸建立不同的真空(多压冷凝)。凝汽器排汽压力可以设计到4 kPa,对于一个2000 MW规模的电站,真空每改善0.1 kPa,每年可节约燃料费约50万元(人民币)左右(英国20世纪80年代资料,现在大概可节约500万元)。限制凝汽器真空的因素主要为环境温度,而汽轮机末级汽流速度过高有可能发生阻塞的情况,则限制着凝汽器真空不能偏离设计点大幅度降低。

近百年的设计制造经验使凝汽器在阻止不凝结气体积聚和尽可能减小压降两个重要而又相互矛盾的问题上取得了相当好的成绩。如适当控制蒸汽流速,只有在不凝结气体浓度高的区域才采用较高的蒸汽流速;蒸汽不可从四周径向流往管子表面以防止不凝结气体的积聚;在蒸汽流速高的部位布置通道以减少压降(如BBC的教堂窗式管束结构)等等。计算机模拟在凝汽器设计中起到了十分重要的作用。实验研究和模拟都表明蒸汽流量小于凝结率的区域不凝结气体会产生积聚,如果没有不凝结气体就会形成一个低压区,而不凝结气体的积聚造成流动减慢、传热恶化、温度下降,反过来又影响蒸汽的分压下降。良好的设计将控制这种区域产生的位置与抽气口的位置相互趋近,可以更有效地抽除不凝结气体,减少被带出的蒸汽❶。控制蒸汽冷凝区过冷度趋向于零而在气体冷却抽出区造成一定的过冷,已经是现代凝汽器的一个设计理念(仅仅几个摄氏度的范围要做出这么多的文章,可见现代凝汽器设计制造的精度水平)。

回热作为提高朗肯循环热效率的有效手段之一,已经成为现代大型热力发电厂的标准配置。回热系统也成为电厂原则性热力系统中最复杂的部分,而回热加热器是该系统的核心。回热加热器可分为混合式和表面式(间壁式)两类,或分为立式和卧式两类。

混合式加热器由于加热蒸汽与工质水直接接触换热,不需要传热温差,从而有比较高的热经济性。但是凝结水需要用泵送入压力比较高的上一级,导致系统复杂,可靠性低,投资大,运行费用高(厂用电多),所以除了兼做除氧器的以外,一般情况下很少使用。重力式叠置混合式低压加热器组有较好的应用前景。

表面式加热器隔着金属壁传热,需要一定的传热温差,因而热经济性不如混合式,但由于疏水单独处理,凝结水直流而过,因此系统简单,厂用电少。即使疏水用泵送回主管道,也因为是小水量小泵,使得可靠性、成本和运行费用等都不是问题。目前大部分回热加热器均采用表面式,高压加热器无一例外全是表面式。

表面式高压加热器抽汽温度很高,例如上海石洞口二厂超临界机组3号高加蒸汽过热度达256 ℃。因此现代高加大都是让大过热度蒸汽先经过一个冷却器或冷却段降温到接近饱和,再进入回热加热器凝结放热,这样可以减少温差传热带来的不可逆损失。蒸汽冷却器分内置式(也称蒸汽冷却段)和外置式两种,外置式可以根据系统热经济性的综合考虑来布置连接方式,

❶ 带出蒸汽量过多不仅浪费工质,而且将这些蒸汽压缩到大气压力也要多消耗功。如果有意在不凝结气体积聚区造成适当程度的过冷,根据道尔顿定律,可以降低蒸汽的分压力,进而减少蒸汽被带出。

所以具有更好的热经济性,但金属耗量增加,投资较大。为了充分利用疏水的热量,高压加热器里还会设置疏水冷却段,少数采用疏水冷却器。

高压加热器是整个电厂热力系统中工作压力最高的换热器,其制造技术是一个企业和一个国家电力设施生产水平的综合体现。改革开放初期,我国仅能设计正立式高压加热器,而且传热计算落后,不进行优化设计,不进行振动分析,结构设计不合理。当时的谏壁电厂 300 MW 高压加热器,采用双列、大开口、正立式,其疏水端差设计值 10 ℃左右,影响整个机组的热耗,整套高压加热器的重量相当于引进单列高压加热器的近两倍,投运后,泄漏严重。通过引进、消化和自主开发,目前我国的高加生产技术已经达到世界先进水平。20 世纪 80 年代末,石洞口二厂超临界工程上马,主机由 ABB 公司总承包,我国企业分包了高压加热器、低压加热器、除氧器、凝汽器、水水热交换器等主要辅机。1993 年,华东电力试验所根据 ASME 规程对它们进行了性能测试,除氧器在 600 MW、500 MW、400 MW、300 MW 负荷下的出水含氧量均为 1.2 mg/kg,优于设计指标(7 mg/kg)。高压加热器和低压加热器的给水端差、疏水端差、给水出口温度、给水温升完全达到设计要求。特别是超临界高压加热器,其水侧设计压力达 37 MPa,远远超过亚临界的 27 MPa,运行 10 年来,没有发现任何管子泄漏或管子管板焊口泄漏。

制造高压加热器,需要采用各种新工艺,新技术。例如大厚度管板深孔加工工艺,600 MW 超临界高压加热器管板直径 2 m 左右,厚度 570 mm;900 MW 超临界高压加热器管板直径 2 m 以上,厚度 670 mm,其上布置了 3000 ~ 4000 多的管孔,其深孔加工要求很高,而企业加工的管板质量得到了 ABB 和西门子的认可。再如管子爆炸胀管工艺,在管板全长度胀接,能有效防止传热管在运行中的振动损坏和间隙腐蚀。此外还拥有液压胀管技术,橡胶胀管技术,机械胀管技术等。在凝汽器方面有凝汽器隔板、管板多轴钻钻孔工艺,900 MW 超临界机组凝汽器管隔板共有管孔 70 余万只,该工艺的钻孔能确保管、隔板钻孔质量,保证凝汽器在工地的顺利安装。

除氧器是火力发电机组回热系统中的重要辅机设备,其主要用途是除去锅炉给水中的氧等不凝结气体,使锅炉给水中的含氧量降到 7 mg/m^3 以下。除氧器一般由除氧头和水箱组成。经过加热,使水处于一定压力下的饱和温度,析出氧和其他不凝结气体的设备称除氧头,储存除过氧的水并作为给水泵吸入的容器称(给)水箱,水箱在机组启动、负荷大幅度变化、凝结水系统故障和除氧器给水中断等异常情况下,可以保证不间断向锅炉供水 5 ~ 10 分钟。

除氧器工作原理是:把高于除氧器工作压力的蒸汽引入除氧器来加热给水,提高水的温度。在加热过程中,水面上蒸汽的分压逐渐增加,根据道尔顿分压定律不凝结气体的分压不断减少,迫使溶于水中的气体也分离逸出。当给水被加热到沸腾温度时,水面上蒸汽的分压力等于总压力,迫使不凝结气体的分压力趋近于零,溶解于水中的气体即可被除去。

除氧器按照运行压力分为真空除氧器、大气压力和高压除氧器,电厂中冷凝器均具有真空除氧器的功能,中小型电厂使用大气压力除氧器。高参数电厂,由于回热级数较多,为保护高压加热器不被氧腐蚀,往往采用高压除氧。高压除氧器可提高系统运行的安全可靠性,节约投资,并有助于避免除氧器的自生沸腾现象。

除氧器按照结构分为立式、卧式,现在又出现一种无头式。立式除氧器的除氧头内从上至下布置多层筛板(淋水盘),锅炉给水从上向下逐级喷淋,加热蒸汽从下而上与水流逆流换热吸收,实现除氧。在大机组中一般采用卧式除氧器,除氧器内布置多个雾化喷嘴,经喷雾除氧(初步除氧)的水,均匀喷洒在喷嘴下方的填料层上,进行深度除氧。与立式相比,卧式除氧器除氧能力大,给水箱上开孔直径减小到 600 ~ 800 mm,且开孔间距不受除氧头直径限制,降低了开孔处的变形量和局部应力。但是卧式除氧器的除氧头载荷仍然作用在给水箱跨中比较薄弱的截面上,使得这些截面底部120°范围内,与立式除氧器给水箱底部一样,容易产生高应力区引起裂纹。此外,卧式除氧器喷雾和淋水距离受到除氧头直径限制,传热传质时间较小。

为了克服上述问题,一种集除氧和储水功能为一体的内置式除氧器被研制出来,它将除氧头和给水箱合并成一个容器,在该容器中对进水同时完成除氧和储水两个功能。容器上的最大开孔是人孔,其直径不大于500 mm,壳体外没有除氧头那样的重力载荷,受力均匀,具有较好的强度和刚度。由于没有除氧头,内置除氧器的内外表面积相对于卧式除氧器小,用料相比应可节约20%左右,表面处理工作和油漆用量也较少,运输包装用料也相应减少,降低了成本。卧式除氧器因除氧头与水箱是通过2个支座来连接的,为了保证安装中不发生偏差,需要1t左右的钢材做工装或试装,从而增加了产品的成本。另外,除氧头和水箱之间在安装时还必须进行接管焊接。内置式除氧器是除氧和储水功能为一体的容器,没有试装工序,降低了生产成本,提高了产品质量。

2.5.3 航空发动机与燃气轮机

20世纪以来,特别是第二次世界大战以后,航空和空间技术有了飞跃式的发展。现在,飞机已经成为一种重要的、不可缺少的作战武器和运输工具。飞机的飞行速度、高度、航程、载重量和机动作战能力都已达到相当高的水平。这些成就的取得在很大程度上归结于动力装置的发展。

"二战"前,所有的飞机都采用活塞式发动机,动力装置由发动机和推进器组成,具备功率大、重量轻、耗油率低、工作可靠等特点。但是这种发动机不能满足飞行速度进一步提高的要求,即存在无法克服的所谓"音障"问题。随着涡轮喷气发动机的出现,飞机突破了"音障",并且其飞行速度可超过声速的三倍。在涡轮喷气发动机的基础上,还发展了涡轮风扇、涡轮螺旋桨、涡轮轴等各种类型的燃气涡轮发动机。目前,在航空方面除了一些小型飞机外,燃气涡轮发动机已经成为飞机的主要动力装置,发展至今大体上已经历了4代。

2.5.3.1 航空燃气涡轮发动机的原理和类型

涡轮喷气发动机也是一种热机,它将燃油的化学能转变为机械能。其产生推力的原理是用高速喷出的气流对发动机的反作用力来推进物体运动。因而它既是热机,又是推进器。

按照气流流动方向,涡轮喷气发动机由进气道、压气机、燃烧室、涡轮、尾喷管等部件组成。进气道把外界的空气顺利地引入发动机,同时还可以提高气流的压力。超声速飞行时,气流速度的滞止可能使压力提高十几倍甚至几十倍。压气机用来进一步提高气流的压力,同时也提高了气流的温度。从压气机流出的高压空气,在燃烧室中和喷入的燃油混合、燃烧,成为高温高压燃气。高温高压燃气流入与压气机装在同一根轴(或两根轴连接在一起)上的涡轮膨胀作功,产生机械能推动涡轮叶轮旋转,进而拖动压气机(气流在涡轮中所作的功正好等于压气机压缩空气所消耗的功和传动附件克服阻力所需要的功)。从涡轮流出的燃气仍具有较高的温度和压力,在尾喷管中继续膨胀作功,产生的机械能成为气流的动能,气流以极高的速度沿发动机轴向从喷口向外喷出,这一速度比气流进入进气道的速度大得多,得以使发动机乃至飞机获得巨大的反推力。

压气机、燃烧室、涡轮是发动机的核心,称为燃气发生器。不同类型的燃气涡轮发动机,用不同的方式将燃气发生器产生的高温高压燃气所具有的能量转换为所需要的形式。

在涡轮喷气发动机上,这股气流在喷管中膨胀产生推力。加力式涡轮喷气发动机中,为了进一步提高涡轮后燃气的焓值,在加力燃烧室中再一次喷入燃油燃烧,将燃气温度提高到2000 K左右,使气流在尾喷管中膨胀时,排气速度更大,推力也进一步增大,这种发动机多用于超声速飞行。

涡轮风扇发动机在燃气发生器前增加了风扇,与燃气发生器后增加的一级或几级涡轮相连,气流经过风扇后分为两路:第一路称为内涵道,气流流入燃气发生器;第二路称为外涵道,气流流经燃气发生器周围的气流通道,两股气流可以分别排出或混合排出,发动机的推力是内外涵道两股气流推力之和。这种发动机也可带加力燃烧室,称为加力式涡轮风扇发动机,在超声速飞行时具有较好的性能,是目前研制中的军用发动机的主要形式之一。

涡轮螺旋桨发动机可被看做是涵道比大到 50 ~ 100 的涡轮风扇发动机。燃气发生器后的涡轮带动螺旋桨,主要由螺旋桨产生拉力,喷气所产生的推力只占很小的部分。

涡轮轴发动机中,气流经燃气发生器后,在动力涡轮中进一步膨胀,直接从动力涡轮轴上引出功率。如果经减速机传动螺旋桨,就成为直升机的动力装置。各种地面装置和舰船用的燃气涡轮发动机,大多采用这种形式。

冲压式发动机只有进气道、燃烧室、尾喷管三个部件,这种发动机不能自行起飞,低速时性能不好,通常和其他发动机组合使用。目前正在研制中的用于高超声速的冲压式发动机的飞行马赫数可达 7 ~ 8。

火箭发动机不以空气作为工质,而以自身携带的燃料和氧化剂燃烧后的产物作为工质,常用做导弹和空间飞行器的动力装置。

2.5.3.2 航空燃气涡轮发动机的技术现状

航空燃气涡轮发动机问世 60 年来在技术上取得了重大进步:

(1) 服役战斗机发动机的推重比从 2 提高到 7 ~ 9,已经定型并即将投入使用的达 9 ~ 10。涡轮前温度从 1200 K 提高到 2000 K。

(2) 发动机可靠性和耐久性倍增。军用发动机的空中停车率一般为(0.2 ~ 0.4)/1000 发动机飞行小时,民用发动机的为(0.002 ~ 0.02)/1000 发动机飞行小时。战斗机发动机整机定型要求通过 4300 ~ 6000TAC 循环试验,相当于平时使用十多年。热端零件寿命达到 2000 h,民用发动机热端部件寿命为 7000 ~ 10000 h。整机的机上寿命达到 15000 ~ 20000 h,也相当于平时使用十多年。

(3) 服役直升机用涡轴发动机的功重比从 2 kW/daN 提高到 4.6 ~ 6.1 kW/daN,已经定型并即将投入使用的达 6.8 ~ 7.1 kW/daN。

(4) 民用大涵道比涡轮风扇发动机的最大推力已超过 50000 daN,涡轮喷气发动机巡航耗油率从 20 世纪 50 年代的 1.0 kg/(daN · h)下降到 0.55 kg/(daN · h),噪声下降了 20 dB,CO、UHC 和 NO_x 分别下降了 70%、90% 和 45%。

(5) 发动机的研制周期从 10 ~ 15 年缩短到 6 ~ 8 年,试验机从过去的 40 ~ 50 台减少到 10 台左右。

(6) 先进的涡轮发动机大量利用了计算流体力学、气动热力学、结构力学、燃烧学、传热学、电子控制和计算机仿真等方面的最新成就,采用了大量的新材料新工艺。如空心前后掠宽弦风扇叶片、整体叶盘和整体叶环、大小混装的前掠风扇、双环腔燃烧室、多孔铸造与浮壁火焰筒、反转的高低压涡轮、复杂高效的冷却高压涡轮叶片、导热系数低的热障涂层、阻燃钛合金、非冷却热端构件等等,使发动机的性能和可靠性、耐久性、维修性大幅度提高。

2.5.3.3 航空燃气涡轮发动机的发展前景

(1) 根据未来飞机的要求及用于发动机的各种技术的发展,10 ~ 15 年后将出现推重比达 25 ~ 30,耗油率比现役发动机低 20% ~ 30%,开发、生产和维修成本比现役先进发动机低约 50% 的发动机技术。

(2) 未来的发动机将发展成智能发动机,能理解、调整和修改目标,并采取行动实现。对发动机的性能和状态进行主动的自我管理,并根据环境因素平衡任务要求,从而提高发动机的性能、可靠性和战备完好率,延长寿命,降低使用和维修成本。

(3) 非传统的新型发动机将不断涌现。如以微电子技术为基础的超微型涡轮发动机、脉冲爆震发动机、超燃冲压发动机、多电发动机、新能源航空装置、无人机用的太阳能动力装置和燃料电池动力装置等。

(4) 随着高推重比、低耗油率的先进发动机的出现,将实现高超声速航空、跨大气层飞行器和可重复使用的空地间往返运输系统的推进系统。

2.5.3.4 工业燃气轮机

受材料性能限制涡轮机进气温度不能太高等诸多因素制约,燃气轮机的热效率还不如往复式内燃机,所以燃气轮机在工业上的应用一直不普遍。但是燃气轮机具有的体积小、重量轻、起停速度快等优点却不能令人忽视。近年来,材料科学和涡轮叶片的冷却技术均取得了长足的进步,如叶片采用双腔或多腔壳型以及内置冷气导管的对流、冲击、扰流强化与气膜覆盖复合冷却技术,叶片材料采用第二代镍基单晶耐热合金,叶身表面采用物理气相沉积方法涂覆热障涂层,并发展了所谓的"Supercool 叶片"、"CastCool 叶片"、"CastCool Lamilloy 叶片"等新型的涡轮叶片,使得涡轮前温度得到大幅度提升,相应提高了燃气轮机的热效率。而电力生产中的高效低污染的各种联合循环技术的开发,使得燃气轮机的工业应用骤然升温。目前工业用燃气轮机的发展特点是大功率、煤基燃气、燃气蒸汽混合、长寿命、连续运行等等。

内燃机涡轮增压、分散式动力系统用微型燃气轮机以及余热回收用的以氮气、氩气为工质的闭式汽轮机等等,是燃气轮机技术的新发展和新课题。

2.5.3.5 燃气轮机的其他应用

燃气轮机的优点——功率大、重量轻、自动化程度高、操作简单、维护方便等,使得它继航空动力领域之后,在舰船动力装置得到了较多的应用。此外在陆上运输车辆中也有一定的应用。军用装甲车辆选用燃气轮机可以节省主机占用空间,大幅度提高机动性能,适应更为复杂的战场环境。

2.5.4 舰船动力装置

船舶轮机是指船舶机舱及甲板上层(目前进一步还涵盖海洋工程各类平台)中各种主、辅动力机械、设备与装置,它包含内燃动力装置、蒸汽动力装置、燃气动力装置和核动力装置二回路以及辅助动力如泵、风机、空压机、制冷空调冷藏系统、排污清洗系统、甲板机械以及各种特种装置等。当然最主要的是推动船舶前进的动力装置。船舶轮机工程学科的研究对象就是船舶动力系统,它的任务是探求出在既定的约束条件下整个动力系统达到预定目标的最佳配置和主要机械设备最佳的总体布置,能依据研究结果建造出预期的舰船。

船舶动力系统的任务是提供舰船所需的一切动力,还要满足规定的寿命、可靠性、生命力、重量、尺寸、隐蔽性、续航力、自持力和优良的人机界面等指标,因此必须由众多的分系统组成,每个分系统还可能分解成若干个子系统,有的子系统还可以更细地划分。例如,一艘现代驱逐舰的动力系统至少包括推进系统、发配电系统、馈电系统、舵系统、损管系统、甲板机械、污水处理系统、空调通风系统、冷藏系统、全舰性辅助系统等。推进系统包括原动机、为原动机服务的动力管系、后传动装置、轴系、推进器等。为原动机服务的动力管系又包括燃油、润滑、冷却、启动、进排气、自动监控系统等。

原动机与推进器之间的动力传递以直接连接为主,但是现代船舶越来越多地采用转换传递的方式,即原动机带动发电机发电,而推进器由电动机驱动。虽然这样做产生了转换损失,但是动力传递的可操纵性更好。船上越来越丰富的电力电子装备对大功率电力供应也产生了更高的要求。在军用舰船方面,聚能武器的发展则随时需要数万千瓦的电力及时供应。

2.5.4.1 原动机

柴油机是目前世界上船舶使用最为普遍的动力装置,在一般大中型民用船舶中,有90%以上使用柴油机作为主推进装置,一般称为主机。柴油主机也是一般民用船舶中价值最高的配套设备,其价格占总船价的10%左右。在全世界每年约170亿美元的船用设备(民船用)总销售额中,船用柴油机(包括主机和辅机)的销售额约为30亿~35亿美元。

两冲程中低速柴油机由于其功率大、经济性好,是目前大中型民用货船的主要动力。国内市场上以国产主机为主,但技术依赖引进,而且许多零部件需要进口,特别是曲轴完全依赖进口,这很不利于国产主机与国外产品的竞争。一根曲轴的价格大约为50万美元,占整机造价的1/4~1/3。为了改变我国造船业"船等机、机等轴"现状,2001年国家发改委批准上马船用半组合曲轴国产化项目。2002年5月,上海电气(集团)总公司、沪东中华造船(集团)有限公司、中国船舶重工集团公司和上海工业投资公司共同投资组建了上海船用曲轴有限公司,投资1.86亿元科技攻关。国家发改委安排了部分国债资金予以支持。2005年1月第一根曲轴下线,2007年初步形成年产40根的生产能力。高速柴油机在我国使用不多,主要依赖进口❶。

燃气轮机由于其优越的启动性能和加速性能,以及大比推力等特点,在军用舰船上使用较多。但是因为其热效率与柴油机有着不小的差距,所以民用船舶,尤其是大型船舶极少使用燃气轮机。近年来,高速水面客货运输的迅猛发展使燃气轮机的使用日益增多。目前国际上比较先进的船舶燃气轮机如Rolls-Royce的MT30等,集合了大量航机技术,比功率、热效率都有很大的提高,排放也能满足预期的标准。发动机控制系统提供全部集成的报警、检测和控制功能,包括独立的发动机超速保护。全套设备可无人机舱运行,通过遥控进行监控。模块结构提供了维护保障,模块可以随时拆下和更换,以代替整个发动机大修。而且各个模块已经做过预先平衡,所以不要求发动机在现场平衡。设计的热端大修间隔为12000 h,大修寿命24000 h,发动机冷却12 h后即可更换。

蒸汽动力装置单机功率大,目前舰用汽轮机可达55 MW,若不是受舰艇条件限制还可以增大。而且当单机功率超过20 MW时,其比质量就小于柴油机的比质量。蒸汽动力装置工作时运转比较平稳、噪声小,工作可靠性好、寿命长,对燃油的要求低,以重油、渣油为主。缺点是启动时间较长,机动性不好,总的热经济性不如柴油机,因而只适用于民用船舶。

舰船蒸汽动力装置为了解决舰船空间、质量与热效率之间的矛盾,往往采取高正压锅炉。该类锅炉炉膛压力可达0.4 MPa左右,燃烧迅速,炉膛热负荷和燃烧产物密度大,对水冷壁和对流管束的传热性能则提出了更高的要求。

核动力装置目前仅在军用舰船上使用,首先应用于潜艇。原子裂变现象发现后不久,科学家就预言核动力将是理想的潜艇动力。因为核反应不需要空气,所以其水下航行时间可达数月——这还是由于乘员的承受力所限。实际上一炉核燃料可以工作2~3年,且运行时噪声低,功率巨大,可高速巡航。1946年美国决定研制核动力潜艇,第一艘于1954年1月21日下水,命名为"鹦鹉螺号",1957年4月更换堆芯之前,该艇航行了62562海里。水面舰艇方面,美国建造

---

❶ 国内主要船机生产商:沪东重机、上船造机、大连船用柴油机厂、宜昌船舶柴油机厂,以生产低速机为主;镇江船用柴油机厂,以生产中速机为主。产量占国内总量的95%。国际知名生产商:MAN B & W,位于德国,丹麦控股,是世界上最大的船机制造商;苏尔寿(Sulzer),瑞士;瓦锡兰;卡特比勒(美);MTU(德);马克(德)。

了第一艘核动力航空母舰 CVA-66 企业号(1958 年 2 月开工,1960 年 9 月下水)、第一艘核动力导弹巡洋舰 CGN-9 长滩号、第一艘核动力导弹驱逐舰 DLGN-25 班布里奇号,并于 1964 年 7 月末到十月初期间,编队进行环球无补给不间断航行,总行程达 3 万海里。实践证明,由这些核动力舰船组成的舰队具有更广阔的战略战术机动空间、性能和独立活动能力,能够在无后勤支援下长时间高速远航。

舰船核动力装置主要由核反应堆、一回路系统、二回路系统组成。反应堆和一回路系统的功能与蒸汽动力装置中锅炉的作用相同。压水堆是舰船核动力装置通常采用的反应堆堆型,其运行压力一般为 13.86 ~ 16.31 MPa。美国三叉戟远程导弹核动力潜艇就选用无主泵的自然循环压水堆汽轮电机推进,轴功率 30 MW,噪声极低。

2.5.4.2 推进器

最早的船舶是依靠人力推进的,所用的推进器就是桨和橹。其中橹的推进方式模拟鱼尾摆动,其推进效率要高于桨的推进效率。风帆推进是船舶推进技术的一大进步,好的风帆技术除了正逆风之外,能够利用任何方向来风的正前方分量来推进。此外还有纤绳牵引和漂流。上述推进方式都不是机械化推进方式。目前利用发动机产生的动力进行推进的最主要方式就是水螺旋桨推进。

(1) 水螺旋桨推进。水螺旋桨的作用相当于水泵的叶轮,将水从前向后送出并在桨后形成高压,依靠水流的反作用力和桨前后的压力差推动与桨轴固定在一起的船体前进。水螺旋桨能产生较大的推力且具有较高的推进效率。

(2) 空气螺旋桨推进。看过电影《红番区》的人对气垫船一定印象深刻。气垫船就是典型的空气螺旋桨推进船舶。螺旋桨在空气中工作,与船的吃水无关,且没有水草等水中杂物堵塞入口或纠缠螺旋桨之虞,因此利用空气螺旋桨推进适用于吃水特别浅或在有大量水草杂物的沼泽地带行驶,甚至像电影里一样在陆地上奔驰。若螺旋桨在水平面上变换方向,船舶还能具有原地回转的能力。由于空气密度大约是水密度的八百分之一,所以空气螺旋桨能产生的推力比水螺旋桨小得多,推进效率也低于水螺旋桨。

(3) 明轮推进。电影《尼罗河上的惨案》中那艘作为演出舞台的游船就是明轮推进的。实际上美国人富尔顿制造的世界上第一艘轮船就是明轮船。明轮推进的作用原理与手划桨一样,依靠划水板近似直线的运动,造成板前后的压力差以推进船体运动。明轮浸入水中的深度很浅,转速与划水板面积有限,因此明轮推进仅适用于水势平缓而浅、推力要求不大、航速较低的内河船上,20 世纪初就已经被淘汰。

(4) 喷气推进。喷气推进源于涡轮喷气发动机在船舶上的利用。这种发动机只要有足够大的进气流速,所产生的推力可以使现代竞速艇的时速达到数百千米。而如此高的速度也是其他推进器不能胜任的。高速艇追求的最主要指标就是速度,甚至可靠性也处于第二位,其余指标更为次要(如续航能力只要能满足短距离冲刺即可)。

此外还有一种作为移动排灌设施的喷水推进移动泵船。该船不设专用的推进器,而是用原动机拖动的水泵向水中喷出高速水流获得反作用力来推动船体移动。由于喷水方向可以任意变化,船也可以多种方式运动。但这种推进方式效率很低,速度很慢。

2.5.4.3 鱼雷动力

鱼雷有热动力和电动力之分。热动力鱼雷具有功率大、航速高、航程远等优点,是现在发展的重点。对于热动力鱼雷,由于鱼雷在水下航行故不能利用空气作为氧化剂。为了尽可能地提高推进剂能量密度(即单位体积或单位质量的燃料释放的热量)和减少鱼雷的航迹,热动力鱼雷推进剂采取以奥托 - II 为燃烧剂、高氯酸羟胺(HAP)为氧化剂、海水为燃气冷却剂并按一定比例组成,称为 HAP 三组元推进剂。

热动力鱼雷的另一个特点是其发动机燃烧室采用旋转燃烧室。采用旋转燃烧室有两个好处:一是可以免除燃烧室头部高温、高压气体密封,代之以旋转燃烧室头部液体推进剂的常温液体密封,从而提高了密封效果。二是经过实践证明,在同样功率时,与固定燃烧室相比,旋转燃烧室的体积可以缩小到固定燃烧室体积的 1/3 左右。

除了以上两个特点外,热动力鱼雷属于外燃机,其燃烧室与一般内燃机有区别,其工作过程是一个复杂的物理化学过程,它的作用就是将推进剂燃烧成高温、高压的燃烧产物并把其作为工质提供给发动机。

对于鱼雷燃烧室的要求是既安全可靠又有高的燃烧效率,而实际燃烧问题又十分复杂。推进剂在燃烧室内燃烧包括雾化、蒸发、升温、混合、燃烧等过程,其燃烧程度主要取决于它们的物理过程,如液滴的雾化和蒸发,燃烧产物是由多种气体(有时还存在少量非气相物质)组成的混合气体,形成紊乱气流,分布在整个燃烧室内。推进剂及燃气在燃烧室中的停留时间能否保证雾化、蒸发、升温、混合、燃烧等过程的完成就是关键问题,将影响到燃烧效率。停留时间与燃烧室形状、尺寸密切相关。因此,需要设计性能优良的燃烧室。以往燃烧室的设计主要依靠直观、经验以及大量的实验来进行,这样使研制费用增加,研制周期增长。利用计算流体力学、计算燃烧学和计算传热学对燃烧室中的燃烧流场进行预测,可以为燃烧室设计提供理论依据,减少盲目性。

$Li-SF_6$ 是一种新型的具有发展潜力的鱼雷及无人水下航行器的热动力推进剂组合,其反应放热量高(1 kg Li 反应热为 46.8 MJ)。燃烧产物 LiF 和 Li_2S 均可溶于液态锂中,形成富产物混合物,不向外排放。产物的密度均比液态 Li 高,可下沉到反应器底部而自然分离开。由于反应产物不排放,所以没有排放尾迹,也不需要克服水压耗功。因此其性能不受航深与背压的影响,适合深水鱼雷使用,目前已应用在美国研制的 MK50 型鱼雷上。

2.5.5 锅炉

近年来,小型民用锅炉技术与产业发展迅速。它们区分于电站锅炉和工业锅炉,热功率很小,在几十千瓦至几百千瓦之间,主要用于家庭、办公室、医院、小型生产企业、小型商业服务业、温室或塑料大棚的热水供应或采暖。其特点是因地制宜,适应用户的需要,种类繁多,结构各异,燃料以气体或液体为主。在城郊、村镇也有以型煤、块煤为燃料。其中出现的一些新技术如真空相变热水锅炉、烟气冷凝式锅炉、常压(无压)热水锅炉等等很有趣味。小型燃煤炉急需解决的问题是如何提高热效率、减少污染排放以及实现自动化以减少人工费用。而燃气炉和燃油炉则要进一步向智能化控制、远程集中控制方向发展。下面提到的分散式能源供应系统也是小型锅炉的技术发展方向之一。

在对锅炉内部燃烧、传热与流动的理论研究方面,目前学术界的注意力完全集中在电站锅炉上。锅内过程是典型的汽液两相流动与传热过程,其研究进展已经相当深入。电站锅炉的炉内过程借助于数值分析的手段在传热、流动与燃烧方面的研究也已经取得丰硕成果,相应的速度场、温度场、物质分布、析热场等都有可靠的手段获得。工业锅炉和小型民用锅炉的炉内过程研究仍处于定性分析阶段,由于它们的结构比电站锅炉更复杂,所以开展相关的研究既有现实的提高锅炉燃烧质量、节约能源、减少污染排放的意义,也有开拓学术研究新空间、发现新现象、认识新规律的理论创新意义。

第 5.1 节将会对锅炉进行更为详细的介绍。

2.5.6 新型动力技术

2.5.6.1 分散式能源供应系统

文献[13]归纳了分散能源的定义:“所有定义的共同之处就是发电设备容量小,一般布置在用户或负荷中心附近。分散能源与‘小机组’是截然不同的两个概念,并不是简单采用传统的发电技术,而是建立在自动控制系统、先进的材料技术、灵活的制造工艺等新技术的基础上,具有低污染排放、灵活方便、高可靠性和高效率的小型发电设备。”

当前电力工业的主要发展方向是参数不断升高、容量不断增大。分散式能源动力系统与此相反,容量较小,一般限定在10~30 MW以下。上述对分散能源的定义仅仅涉及发电,所以编者称之为分散式能源动力系统,它们是分散式能源供应系统的一种。分散式能源供应系统不仅包括发电,而且把全部能源供应和消费都统一到一个综合系统下面。它不是当前主流的集中式能源供应系统的简单对立面或替代物,在区域能源供应体系中,它有特定的地位和作用,既不可或缺,也没有必要去替代集中式能源供应系统。

也有文献将分散式能源供应系统称为分布式能源(distributed energy sources)供应系统[14]。

分散式能源供应系统中,容量在10~100 kW或更小的系统应当特别予以重视。它们可称为微型能源供应系统,其核心技术与装备是微型能源动力系统。

分散式能源供应系统的特点有:

(1) 分散式能源供应系统具有较高的供电效率和热电联产效益。网上电厂大都是汽轮发电机组,其发电效率在30%~40%,考虑到电网的输送损失,电力系统的效率为30%左右。大型电厂的选址受到水源、交通和环境污染等诸多因素的制约,一般远离城市和负荷中心,不易实现热电联产。分散式能源供应系统中,太阳能、风能的发电效率较低,但它们是完全清洁的、可再生的能源。其他分散式能源动力系统的发电效率虽然不及相应的集中式能源动力装置(燃料电池要高一些),但是因为不需要进行远距离电能输配,消除了输配损失,所以其供电效率较高。另外,分散式能源供应系统布置在用户处或用户附近,一般均实施热电联产甚至热电冷联产,其总效率可达75%以上。

(2) 分散式能源供应系统减少了输配线路的投资。乡村、海岛、牧区、森林、边防哨卡等偏远地区,用户的能源用量并不大,因而电网建设的单位成本和输配电损失都相当可观。美国的评估结果,平均的电网输送成本为2.5美分/(kW·h),而边际成本可高达20美分/(kW·h)。采用分散式能源供应系统就可以避免这部分投资。

即使在中心城市,许多单位为了保证电力供应而采用多路供电,造成输配线路的投资过高。以分散式能源供应系统来做后备能源供应系统就具有优越性。最近几年,尤其是2003年以来,许多企业配备了柴油发电机以备停电就是证明。

(3) 分散式能源供应系统在可靠性、安全性方面具有特定的优势。2003年美国加拿大发生电网解列,导致大面积停电的事故。中国华东地区电力告急,供电公司强行拉闸限电,均凸显出大规模集中式能源供应系统的脆弱。目前全世界恐怖主义猖獗,在我国分裂势力与国际敌对势力相互勾结,对集中式能源供应系统的安全更是严重的威胁。分散式能源供应系统可以有效避免上述类型的安全隐患。作为集中式能源供应系统的后备与补充,其可靠性和安全性比多路供电高得多。

(4) 分散式能源供应系统有利于集中式能源供应系统削峰填谷。众所周知,当前电网规模越来越大,负荷峰谷差也越来越大。虽然采取建设抽水蓄能电站和实施分时电价等措施,但前者受地形限制难以大规模发展,后者的削峰作用极为有限,只能起到一定的填谷作用,而且其本质是以一种浪费形式掩盖另一种浪费形式(受分时电价鼓励而发展起来的几乎都是热利用,按照热力学第二定律的观点这是最大的浪费)。现在已经有许多超高参数机组、甚至亚临界机组参与调峰。大型机组长期变工况运行对设备寿命有很大影响,且对能源也是浪费。

分散式能源供应系统具有启停迅速、热惯性小、配置灵活等特点,可以有效地参与调峰。由于它采用联产方式,总效率高,供应成本很低,所以会有很大的竞争力。

(5) 分散能源具有良好的环境相容性。燃煤不仅产生 CO_2,而且产生 NO_x、SO_x 和微尘等污染物,电力工业是用煤大户,如何解决燃煤对环境污染是传统中央发电面临的最大难题。

从表 2-1 可以看出,分散能源在环境保护方面有自己独特的优势,新型的内燃机、燃气轮机、微型汽轮机、燃料电池等燃用的燃料是液体或气体燃料,相对于煤炭来说,都比较洁净。另外一些现代污染物控制技术的使用,可使污染物排放(NO_x,SO_x)达到非常低的程度,因此分散能源具有良好的环境相容性。

表 2-1 几种电能生产技术主要的污染物排放量

设备形式	燃料	污染物排放/kg·(TW·h)$^{-1}$				
		CO_2	NO_x	SO_2	CO	PM-10
内燃机	柴油	590~770	4.5~18.6	0.18~1.36	0.18~4.08	0.18~1.36
内燃机	天然气	430~540	8.2~24	忽略	0.45~2.72	0.27
低排放内燃机	天然气	440~500	0.14~2.72	忽略	0.9~4.08	0.27
微型汽轮机	天然气	590~820	0.09~0.64	忽略	0.14~0.82	>0.014
燃料电池	天然气中的氢	360~640	<0.023	0	0.005~0.05	忽略
光电池	太阳光	0	0	0	0	0
风能	风力	0	0	0	0	0
新型联合循环机组	天然气	320~380	0.05~0.41	忽略	0.023~0.45	0.014~0.14

2.5.6.2 热力循环创新与多联产能源动力系统

将梯级利用的概念引入化学能及化学能向物理能转化的阶段,实现化学能与物理能的综合梯级利用。为此,提出热力学循环与非热力学动力系统的结合及其循环创新。如图 2-3 所示,

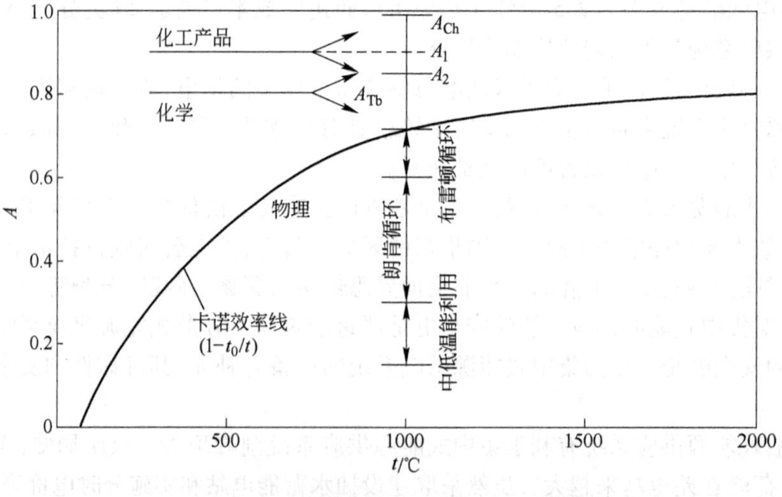

图 2-3 系统化学与物理梯级利用概念

新系统将通过多层次不同品位能的梯级利用,来达到特高效率的目标。首先,把化工过程与直接发电的非热力学循环结合起来,实现燃料化学能梯级利用;然后,把高温加热的 Brayton 与低温排热的 Rakine 热力学循环结合成联合循环、并寻求有效的中低温热能利用途径,以实现物理能高效率的转换利用[15]。

多功能的能源动力系统综合了热转功循环和化学反应过程,在完成发电供热等动力功能的同时,利用化石燃料生产出甲醇、二甲醚等重要清洁燃料,并分离出理想的清洁燃料氢气。

最重要的研究内容是煤基多联产系统。常规的煤气化燃煤联合循环控制 CO_2 排放是个难题。新一代燃煤联合循环多联产系统将合成煤气通过转化反应使其中的 CO 转化为 CO_2 和氢气,分离回收的氢气可作为清洁能源输出,或作为先进动力循环的良好燃料,对提高能源利用率和减少温室气体都有利。例如 IGCC 同其他动力系统一样,燃烧过程损失大,是提高热转功效率的主要障碍之一,系统中煤气化与煤气净化过程能量损失也比较大,并对变负荷适应性差;甲醇生产过程为了提高反应单元的转化率,将未反应物料作为循环流重复参加反应,虽然转化率有一定程度的提高,但代价是流程能耗增加。金红光等[16]设计构思了图 2-4 表示的 IGCC 多联产系统(并联流程)。气化炉产生的以 CO 与 H_2 为主的粗煤气被分为两股:其中一股送往 IGCC 系统作为燃料;另一股合成气用来作为甲醇生产的原料气。后者经过 CO 转化过程,调整 H_2/CO 比值,并将 CO_2 含量减少到5%左右。此流程采用一次通过甲醇合成工艺,取消了传统甲醇合成过程中的循环流,把循环流供燃气轮机燃用。联产系统使 IGCC 动力系统的热转功效率提高约 4%(若化工过程能耗保持不变)。通过分产与联产系统的比较可以看出:多联产系统具有高效、灵活、低污染等特点。

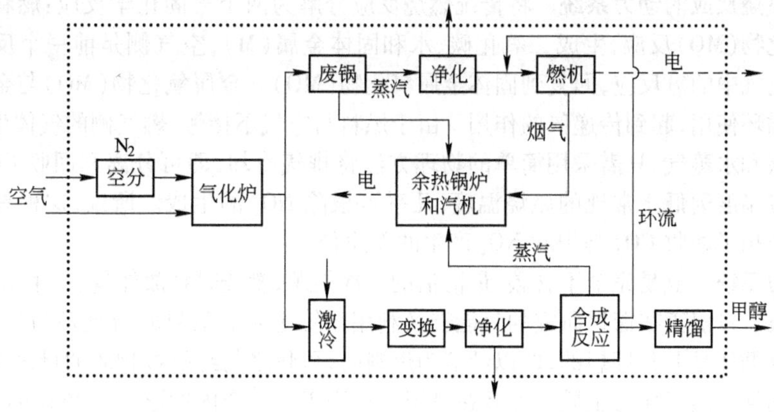

图 2-4　IGCC 多联产(并联流程)系统

2.5.6.3　多能源综合利用系统

多数可再生能源供应不稳定、不连续,能流密度低,随时间、季节以及气候等变化而变化。因此,化石能源与可再生能源或水能相结合的多能源综合利用系统也是新一代动力系统的一个重要研究方向。如燃气轮机或联合循环热力系统与水电站联合的动力系统,燃料电池与太阳能联合发电系统,微型燃气轮机与风力发电联合系统等。多能源综合系统有着更为典型的复杂系统的特征,其复杂性与非线性更为突出,其全工况动态特性也更为重要。

太阳能发电多能源系统中,太阳能热发电部分由收集器、接收器、输送 - 储存系统以及热转功热力系统等组成。收集器捕获并聚集太阳辐射能再通过接收器把热力循环的工质加热至较高温度。有时,还设置输送 - 储存系统把部分热能储藏起来备用。而热力循环系统实现热转功的功能,把太阳能转换为电能输出。多能源系统则包括化石燃料驱动的热源,在阳光不足期间补充储热系统或加入热转功的转换利用过程。

至今,核电站反应堆多为低温水冷堆,采用水或重水作为冷却剂和慢化剂,堆出口载热工质温度较低(280～340 ℃),因而多应用 Rankine 蒸汽热力循环,热转功的效率较低(28%～33%)。美国西屋公司于 1970 年首先提出把燃气轮机联合循环和压水堆核能转换系统相结合的想法,采用顶置燃气轮机,把核电站 Rankine 循环改造成燃气蒸汽联合循环(NRCC-Repowering),从而构成顶置燃气轮机的多能源发电系统。随后,美国太平洋西北实验室 Battelle 研究所的 G. Tsiklauri 和 B. Durst 研究开发了 TD 循环。

2.5.6.4 无公害的能源动力系统

另一个重要研究方向是开拓无公害或零排放的能源动力系统。目前,世界上绝大多数化石能源动力系统为碳基能源系统,虽然已经开发出各种洁净技术与系统,可把有害的 SO_2 和 NO_x 排放量减少 80%～90% 以上,但它们对大幅度减少 CO_2 排放大都无能为力,只是随系统能源利用率的提高而成比例减少一些。温室气体引起的全球变暖是当前也是未来能源和环境协调问题中最引人关注的热点及难点。

目前分离和回收 CO_2 的技术主要有吸收、吸附、膜分离、深冷等方法。与其他环境问题(硫化物或氮氧化物)不同,分离 CO_2 的技术难点在于 CO_2 的化学性质稳定,且排气中的 CO_2 常被空气中的氮气稀释、需处理量增大,能耗无法承受。目前的技术虽能分离 CO_2,但从能源系统效率与经济性来看,是不可行的。故研究重点应放在能量转换利用系统创新和全新分离技术的开拓,如燃烧和分离一体化等概念,将能源转换利用过程与分离 CO_2 的过程有机地结合在一起。

化学链燃烧反应的动力系统 将传统燃烧反应分解为两个气固化学反应:燃料侧是燃料与固体金属氧化物(MO)反应,生成二氧化碳、水和固体金属(M);空气侧是前一个反应中生成的固体金属与空气中的氧反应,回复到固体金属氧化物(MO)。金属氧化物(MO)与金属(M)在两个反应之间循环使用,起到传递氧的作用。由于燃料与空气不接触,燃气侧的气体生成物为高浓度的二氧化碳和水蒸气,只需采用简单的物理方法将排气冷却,即可分离和回收 CO_2;还由于无火焰气固反应温度远低于常规的燃烧温度,几乎可根除 NO_x 的生成。所以,这种具有化学链燃烧的新系统开拓了回收 CO_2 与根除 NO_x 产生的新途径。

氢能动力系统 氢是完全不含碳、最清洁的二次能源,燃烧时释放能量、产生水,不会对环境造成任何污染。目前正在探讨研究的氢能转换利用系统主要有氢氧联合循环与氢燃料电池等。其中氢氧联合循环是非常理想的,即以纯氢为燃料时,可将之与纯氧按物质的量之比为 2∶1 进行完全燃烧得到纯水蒸气作为工质。那么在高温区相当于有一个内燃形式的 Brayton 循环,在低温区因工质为水,还可以在常温下进行冷凝而相当于 Rankine 循环。这样,顶底循环浑然一体,没有一般联合循环的高、低温区间传热损失❶。

CO_2 零排放的煤基动力系统 燃煤电站是 CO_2 最大产生者。参考文献[14]从系统集成层次探索控制 CO_2 的新途径,提出由氢燃料热力系统和含碳燃料热力系统并联组成新颖的 CO_2 零排放双循环整体煤气化联合循环系统(DC-IGCC),系统效率降低比较小(不到 4%)。煤经过气化净化后,通过质子膜分离技术将煤气中的氢气分离出来,与来自空分系统的氧气组成氢氧联合循环系统,该子系统工质是水蒸气,为无公害的动力系统;分离氢气后的含碳燃料气与空分系统供给的氧气组成富氧燃烧的半闭式燃气轮机联合循环,该系统工质为 CO_2 和水,透平排气中的

❶ 此循环的设想是在 20 世纪 90 年代初,中、日、美三国科技工作者几乎同时在不同学报上提出的,现在美国与日本均有科研计划将之付诸实用。

CO_2 浓度超过85%,排气的一部分抽出系统(其中 CO_2 很容易通过液化方法处理与储存),而大部分的 CO_2 要回到系统中再循环,故该子系统基本上也是一个无 CO_2 排放的系统。

2.5.6.5 中低温能源转换利用系统

中低温能源高效、低污染利用问题首先是从工业节能角度提出的。工业过程所消耗能源的很大部分以余热形式排弃到环境。可再生能源发展也提出类似的问题,因为很多可再生能源转换利用过程中热源的温度都比较低(100~400℃)。从目前科技发展的水平看,大量的中低温工业余热的利用技术水平比较低,是提高能源利用效率的难点所在。

中低温热源热力循环 关键的科技问题有中低温热源热变换机技术、高效的中低温热源热力循环、系统的集成技术等。吸收式热变换机(AHT)以热能驱动,将较低温度的热能转变成较高温度的热能,提高其利用价值。目前,AHT在一些国家已经开始商品化生产,但还存在不少技术和经济性问题,包括寻求新工质对、改善高温腐蚀特性、强化循环系统中单元设备内部的传热与传质过程以及开发高效循环以求降低成本等方面的课题。中低温热源采用常规热力循环的热效率是非常低的,必须寻求循环创新与新的工质。如采用混合工质,其优势在于双组分体系具有变温相变的特性,工质的蒸发过程线斜率大于0,更加接近热源的放热过程线,使过程热损大大减少。此外,工业余热热源多种多样,放热特性各不相同,可通过选择不同组分、不同浓度的混合物,吸热工质可以具有与放热热源最接近的传热特性,从而达到最佳的传热过程匹配。

LNG冷量利用系统 LNG冷量已被利用在许多不同的方面,如LNG蒸发气(BOG)处理、液化分离空气、冷库冷冻保存、低温粉碎废弃物等。LNG冷量发电可分为两大类:一类是将冷量用于改善现有动力循环特性,增加发电量;另一类是利用相对独立的低温动力系统发电。采用Rankine循环和直接膨胀法相结合的方案具有实际使用意义,LNG通过冷凝器冷却工作介质,以降低工质排温与排汽压力,从而提高循环效率;而采用Rankine循环,利用高压LNG在亚临界蒸发后再膨胀作功,可以获得最佳综合特性。研究还表明:应用LNG冷量来降低燃气轮机进口空气的温度,对提高循环的功率与效率效果都十分显著。

另外,由于液态金属磁流体(LMMH)具有等温膨胀的特性,它在低温热源的条件下系统也能得到较高作功能力与势转功效率,故以太阳能为热源的磁流体发电系统也得到关注,但目前它还处于概念性设计阶段。

2.5.7 余热与余压利用

现代的工业化大生产过程中,有大量的余热余能被释放出来。这些余热余能不仅代表能量的浪费,也能对环境造成一定程度的危害,即热污染。

我国改革开放30年来,能源利用水平已经大大提高,如我国钢铁工业的吨钢综合能耗(标煤)就从2.04 t降低到目前的750 kg以下。不过距离世界先进水平仍有不小的差距,其中固然有原燃料结构等方面的因素,但余热余能利用水平低也是很重要的原因。在树立科学发展观、倡导建立节约型社会的时代,加强余热余能的回收利用,功在当代,利在千秋。

余热余能的回收利用,要坚持因地制宜、因时制宜、技术经济优先的原则。首先要在生产过程本身进行利用,然后考虑在周边的其他生产部门或居民生活中进行热的利用。由于余热资源的温度都比较低,能够转换成为动力的可用能较少,所以应当以热利用为主。如果热利用时余热的温度不够,可以考虑使用热泵以及AHT升温。

当无法将余热余能进行热利用时,才可以考虑动力利用,即余热余能发电。钢铁工业余热余能资源十分丰富,而钢铁工业本身是高温产业,余热资源热利用的空间很小,所以他们的其余热动力回收的前景非常好。例如高炉炉顶余压发电技术(top pressure recovry turbine,TRT)。

余热动力回收技术相当成熟,对于余热水来说可以采用的技术路线有两条:余热水闪蒸(减压扩容)循环和低沸点工质循环。前者技术方面相对简单,还可以回收部分洁净水。后者可以获得比较高的循环热效率,达到充分利用余热资源的目的。对于温度较高的固体余热(如建材产品和炉渣等等)可以利用高压氮气或惰性气体冷却,然后利用高温高压气体推动涡轮机发电,例如焦化厂采用的干熄焦发电技术。

余热动力回收的技术关键有两个,一是适宜的低沸点工质,二是合适的汽轮机。低沸点工质的热力循环特性必须与余热资源状况相配合,由于余热的温度、比热等性质多种多样,故适宜的工质的种类也应当有多种选择。对于不同的工质和不同性质的余热,应当有对应的膨胀机或汽轮机。现代叶轮机械理论、CFD 理论和计算机辅助设计技术已经有充分的能力和适当的成本来针对每一个个案设计最合适的汽轮机。预计在 2015 年前后,可能出现一批利用 CFD 技术和商业软件专门从事叶轮机械(包括汽轮机等涡轮机和泵与风机等流体机械)个案设计的技术咨询或设计公司。

3 热能与动力工程的研究方向(下)

3.1 流体机械及工程学科(080704)

广义地,能够使流体与设备之间相互传递能量的装置均可称为流体机械。由于所包含的内容过于庞大,故约定俗成地将原动机(流体向设备传递能量)称为动力机械,学科划分时也同样处理。于是,流体机械专指将能量传递给流体以提高流体的速度(动能)或压力的设备。流体机械种类繁多,按基本运动形式可以分为往复式和旋转式两大类,按基本工作原理分为容积式和速度式两大类,按照工作压力分为压气机($p_g = 0.2 \sim 10^2$ MPa)、鼓风机($p_g = 0.1$ MPa 左右)、通风机($p_g = 10 \sim 10^4$ Pa)和真空泵($p_g < 0$)。目前研究和技术进步的重点是旋转速度式流体机械,与汽轮机、燃气轮机等同属于叶轮机械,包括透平式压缩机、鼓风机、通风机、风扇、泵以及变矩器、耦合器、阀门等等。

3.1.1 流体机械内部流动机理

流体机械内部流动的控制方程与外部流动控制方程相比,会出现一些与外部流动不同的作用力项。即使控制方程相同,内部流动中的边界条件也要复杂得多。因此,内部流动有着与外部流动不同的规律和特点,需要进行专门的、系统的研究。容积式流体机械如往复活塞式、涡旋式、螺杆式等等,内腔结构复杂,气流速度远小于速度式,其研究尚处于百家争鸣阶段,没有形成完整的理论体系,但已对生产产生了很大的推动作用。速度式主要以叶轮机械为主,由于叶轮机械还包括水轮机、汽轮机、燃气轮机等动力机械,在多学科共同努力下,其内部流动研究比较体系化,进展较快,层次分明。

研究内部流动,一方面是基础性研究,通过理论分析、数值计算和实验,来揭示流动现象普遍的、共同的规律和主要特征,同时由于研究对象的复杂性,还需要大量使用经验方法和经验数据;另一方面是应用研究,建立流体工程装置和机械设计的理论体系和相应的计算方法,以提高其性能、寿命和工作可靠性。两方面的研究往往是紧密联系在一起的[17]。

3.1.1.1 理论研究

流体力学问题通常难以得到合适的理论解,但深入的理论研究对于我们认识流动现象本质是重要的。理论研究结合数值分析和使用研究成果,对复杂流动现象如流体机械内部流动给出了越来越贴近实际的阐释。

附面层分离是最早提出的关于固体表面流动现象的阐释,而现在的研究则进展到三维分离理论。三维分离的机理与二维分离基本一致,但发生条件要比二维复杂得多。方向不同的流动分离条件相互影响,使三维分离呈现出自由涡层型、气泡型等多种形态。涡动力学对流体机械内流的阐释有时可展示出更清晰的物理图景。它以涡量和张量替代速度和压力为基本参数,把速度场看成涡量场、张量场及边界等外部因素叠加的结果,从而揭示了一些速度 - 压力体系下隐藏的机理和作用规律。叶轮机械内多排动静叶交错排列,使流动具有很强的非定常性。非定常流动对流体机械性能、工作可靠性具有重要影响,也使高参数下多级及整机匹配比较困难。流体流动物理图景的深入认识使人们对流体机械基本流型有了变革性的思考。现在常见的定常附体涡流型要求避免除了翼形尖后缘处发生的附面层脱离以外的一切分离,这与最初的纯经验估计的流型相比已堪称一次飞跃。随着对分离结构研究的深入,我们发现分离涡很可能在提高升力、降低阻力、提高流动稳定性方面具有重要作用,因此定常与非定常、脱体涡与附体涡的多种流型纷纷出现。不过,在实际工程领域,仍然是定常附体涡流型所统治。

3.1.1.2 数值分析

数值手段在流体机械研究与设计中一直占有重要地位。目前有些搞设计的工程师根本不关心理论的发展,而只注意数值分析和实验台试验的结果,所以往往数值手段的发展阶段就代表了设计理念的发展阶段。

叶轮机械最早的数值手段仅在进、出口截面用速度三角形来计算,而不考虑叶片沿叶高方向的扭转规律,后来加上了环量等概念。这是第一代设计方法,目前国内为数众多的中小规模风机水泵厂仍然采用这种方法进行产品设计。他们往往热衷于采用变频等外部手段来改善产品性能,而缺乏对提升产品设计理念的认识。

吴仲华教授于1952年创立了具有划时代意义的叶轮机械三元流动理论。在当时电子计算机的运算速度和储存能力下,不可能直接求解叶轮机械三元黏性流动的控制方程。吴教授抓住流动的三元性这一主要矛盾,将复杂的三元流动巧妙地分解为两族密切相关的流面上的二元流动。通过这两族流面上二元流动解的迭代便给出了整个三元流动的解,因此它也常被称为两类相对流面理论。分析这一理论不难发现,流面偏导数架起了从空间的三元流动通向流面上二元流动的桥梁,而流片厚度和流面间的作用力是这一理论的两根支柱[17]。

由于飞行器设计制造从立项到服役往往需要15~25年的周期,所以目前主要在役航空发动机都是三元流动设计体系的产物。一些著名的航空发动机,如波音707和747、F16等的发动机在设计中都应用了这一理论和方法。

20世纪80年代中期以来,计算机软硬件性能的飞速提高和计算流体力学(CFD)的快速发展,使得求解叶轮机械内部流动三维Navier-Stokes方程的研究取得了巨大的进展。以此为基础的三维设计体系已经建立起来,国内流体机械行业重点企业已经或即将把自己的主体设计体系提升到这一层次。目前G级内存T级外存的计算机完全可以胜任这类工作。但是对于湍流的处理仍然是个难题,预计在相当长的一段时间内,即使对于比较简单的外部流动,还不可能真正解决湍流问题,更不用说复杂得多的内部流动了。

与非定常脱体涡流型的提出相呼应,人们发现三维体系下处理湍流的时均概念无法阐释许多实际现象,这实质上是定常理论框架与流动固有的非定常性的矛盾体现。对此,以时间精确模拟(即根据非定常流动特点来求解这种流动)为特征的非定常气动设计体系被提了出来,有人称之为四维气动设计,但还属于探索阶段,是未来的发展方向之一。

根据控制方程建立离散方程是数值分析的一个重要步骤。离散方程要求物理上合理、数学上适定、易于计算机计算。建立离散方程有数学方法和物理方法两大类,数学方法如级数展开法、积分方法等,具有数学逻辑严谨等优点,但物理的合理性有时会出现问题。物理方法主要有控制体内物理量守恒法等等,能够确保物理上的合理性,但是收敛稳定性又可能成为问题。

在数值求解对象越来越复杂的情况下,计算网格的生成越发显得重要。网格质量好坏直接影响求解精度,甚至影响到计算的收敛性。网格线应当疏密合理有序,尽量光滑、连续,要保证网格的正交性,避免网格畸形等等。当前较普遍使用的是贴体网格,包括结构化网格、非结构化网格以及两者的混合。自适应网格能够根据计算结果自动调整网格密度以适应参数变化的缓急,所以网格生成技术的总体趋势是以非结构化为主的自适应混合型网格。

3.1.1.3 流体机械流动实验研究

20世纪90年代以来,实验测试手段得到了快速的发展,对流场无干扰的非接触式光学、超声波测量手段和高频数据采集技术相继普及,特别是非接触流场测量装置的出现,实现了深入到流场内部的实验测量。这些先进的测试技术与相应的数据处理软件相结合,为流体机械的实验研究提供了有力的工具。例如叶栅实验从平面叶栅过渡到了环形叶栅,二次流动、径向压力梯度、间隙流动都得以进行实验研究。再如非接触流场测量设备可以提供非常详细的非定常流场的动态测试结果,它与数值研究结果的结合,才能为非定常气动设计体系的发展奠定现实基础。

理论分析、数值计算和实验测试是研究流体机械内部流动的三种主要手段,只有将它们有机结合起来,互相补充和校正,才能深入地揭示流动的基本规律。随着测试手段进一步向动态三元场测量的方向发展,现代测试技术和计算流体力学已经可以提供流场的丰富信息,为真正深入到流场内部结构的研究展示了美好的前景,也为流动的控制创造了必要的条件。为了识别并进而分析实验和计算所提供的流场信息,一些新的数学物理方法如混沌、分形理论和神经网络方法等得到了采用[17]。

3.1.1.4 内流研究领域的拓展

流动与传热传质耦合的研究是另一个重要问题。典型的是近年来发展出来的各种湿压缩技术,可以大幅度减少压缩耗功,但是其中水雾化、吸热、汽化、扩散等传热传质过程与气体流动过程的耦合导致问题十分复杂。

20世纪90年代以来,微机械引起了广泛重视。其中微型流体机械已经显示了巨大的市场需求。大功率芯片、大功率LCD照明等都急需有效的高功率微尺度散热手段,对所使用的微型流体机械的性能研究提出了迫切的要求。微叶轮机械和其他微通道内的流动与常规流动有很大的区别,宏观条件下我们忽略的某些因素在微尺度下发挥了重要作用,从而导致包括物理模型、求解方法和试验技术、测量手段等等都发生很多变化。这方面研究方兴未艾,为叶轮机械研究开辟了新领域。

3.1.2 流体机械及系统的优化设计与可靠性分析

3.1.2.1 优化设计

上述有关内部流动机理的研究成果普遍适用于广义的流体机械领域,当前主要是在动力机械方面运用得比较充分。在工作机方面,在燃气轮机装置中的压气机、大型鼓风机以及石油化工行业使用的大型透平式压缩机等的设计过程中也有所应用。但是在使用面最为广泛的各种中低压风机(通用机械)方面,业界仍然普遍采用20世纪初期航空事业的迅速发展所催生出的机翼理论,加之孤立翼型的升力理论和试验数据以及从20世纪30年代开始出现的叶栅理论和大量的平面叶栅实验数据,作为设计的主要依据。

目前,国内的风机节能研究零散无序,有的学者从风机系统整体运行上进行考虑,有的学者则是从局部进行考虑;有的学者指出,矿用轴流式风机效率极低的最根本原因是设备与网路不匹配,局部改造的主要途径是把高压叶列系统改为中低压叶列系统。还有的学者使用液力耦合器调节泵与风机流量,进而达到风机节能的目的。近些年来,变频调速技术、变速控制风量节能、锅炉引风机风量调节节能、以高压离心节能风机取代罗茨风机以及液压传动技术在风机节能中的应用等等,林林总总,不一而足。但是总体上有一个趋势,就是在风机的空气动力设计中采用优化设计方法。国内外专家、学者纷纷利用最优化原理和数值计算方法,在满足风机设计参数及各种工程约束条件下,合理选择计算风机的气动参数和结构参数,从而使风机的效率提高、噪声降低、尺寸小及重量轻。目前,轴流风机的优化气动设计方法的研究主要在以下几个方面:

(1) 风机流型的优化设计。现代风机的叶轮叶片沿叶高方向都是扭曲的,其目的是使各基元级速度三角形沿叶片高度方向上的变化符合客观存在的约束条件和加功量大致相等的要求,使风机级具有良好的工作性能。决定叶片沿高度方向上的扭曲规律,即是进行叶片的流型设计。目前在风机的气动设计中,常采用等环量流型、等反作用度流型、固体涡流型及确定环量指数的变环量流型等,这些流型都有其各自的优缺点。目前,国内外已出现了一些风机的最优流型设计研究,即要求风机在满足某些工程设计约束条件下,应用最优化原理和数值计算方法,找出使风机的某个目标函数达到最优值的叶片在叶高方向上的最佳扭曲规律。

对于风机来说,有些是以达到风机的内部流动损失最小、效率最高为目标函数,有些则是以达到风机的最低气动噪声为目标函数。一般认为,当风机的效率最高、损失最小时,其气动噪声也为最低,所以两者在这个意义上是相同的。

(2) 风机结构参数的优化设计。正确地选择风机的结构参数,就能有效地降低风机内流动损失。风机的主要结构参数有叶轮直径 D、叶轮毂比 $\bar{d}$、叶栅稠度 τ、径向及轴向间隙等,它们对风机效率及性能都有很大影响。

目前在风机的气动设计中已趋向采用最优化方法选择计算风机的结构参数。例如有的学者结合对旋轴流风机的结构特点,在流动为不可压、等环量流型及进出口流速为轴向的假设下,通过基元平面叶栅理论,建立了对旋轴流风机的优化模型,并用混合罚函数法进行了优化,结果表明:优化结果能为对旋轴流风机轮毂参数的合理选择提供依据,或在给定最优叶栅稠度和确定的流型这一假设的前提下,对子午流道和总功沿级的分配进行优化控制,建立结构参数的优化数学模型,求解出了满足对旋轴流风机设计参数的最优轮毂参数。在这些地方,对旋轴流风机的设计逐渐地与计算机的使用相联系。

泵类产品的技术状态也基本相同。

综上,目前谈起流体机械优化设计主要是指风机水泵的优化设计,这种设计是按照使各基元级速度三角形沿叶片高度方向上的变化符合客观存在的约束条件和加功量大致相等的要求来进行的,本质上仍然是一维的分析设计,这是目前国内大多数通用机械生产企业的技术现状。而在当前流体机械内部流动研究的理论成果(尤其是三维 Navier-Stokes 方程的数值求解方法)指导下进行优化设计应当是今后的发展方向。目前已经有人以三元流动通用理论为基础,研究了流线曲率法在离心风机设计中的应用。少数企业引进吸收国外先进技术,开始进行产品内部流动分析,并借助近几年逐渐发展起来的针对内部流场研究的激光断层速度场测试技术分析产品的内部流动,用于指导设计。

3.1.2.2 可靠性分析[18]

动力工程及工程热物理学科是一个工科门类的一级学科,与生产实际联系紧密。可靠性分析与设计是工程科学需要普遍掌握的知识和技能之一,本学科也不例外,尤其是高速旋转的动力机械和流体机械、热能工程与化工过程大量使用的压力容器、各种高温和燃烧设备等等,均对可靠性有极高的要求。现代工程上许多系统和设备的结构极为复杂,彼此相关的任一部分生效就可能导致整个系统和设备发生故障,产生严重的后果。新材料、新技术的运用,缺少研究的领域和亟待开发的问题还很广阔,这些都可能成为不可靠、不安全的因素。加之设备高性能、高操作运行条件,存在着控制和管理引起的失效可能性,使得可靠性分析与设计发展了起来。可靠性设计不仅能够得到精确的设计计算结果,同时还能对设计对象的可靠性进行预先估算。

可靠性是指产品在规定条件下和规定时间内,完成规定功能的能力。其中:产品是指作为单独研究和分别试验对象的任何元件、设备或系统;规定条件是指产品在使用中的环境条件(如温度、压力、湿度等)和工作条件(如工质、运行工况、维护和操作者技术水平等);规定时间是指要求产品处于完成规定功能状态的时间,根据研究任务不同,“时间”这个概念还可以用周期、次数、路径等其他物理量表示;规定功能是指产品应当具有的技术指标的总和。

产品有两类:一类是产品失效后不能或不值得去修复,称为不可修复产品;一类是产品失效后可以修复,称为可修复产品。由于产品性质不同,对可靠性的理解也就不同。对于不可修复产品,主要考虑产品在规定时间内失效的难易程度,这就是上述可靠性的定义,称为狭义可靠性。对于可修复产品,还需考虑产品修复。

可靠度是可靠性的特征量或数量指标,其定义与可靠性不同之处在于将“能力”改为“概率”。对于不可修复的产品,是指直到规定的时间区间终了为止,完成规定功能的产品数与该时间区间开始时刻投入产品数之比。对于可修复产品,是指一个或多个产品的无故障工作时间达到或超过规定时间的次数与观察时间内无故障工作的总次数之比。

可靠性技术研究产品的寿命和失效情况。对于不可修复产品,寿命是指发生失效前的工作时间。对于可修复产品,则是指相邻两故障间的工作时间,也称无故障工作时间。失效是指产品丧失规定的功能,对于可修复产品也称故障。

可靠性分析主要采用随机变量和概率分布等数学分析手段,涉及的分布函数呈正态分布(高斯分布)、指数分布和威布尔分布等等。可靠性实验则是可靠性研究的最重要手段,其目的是评价产品可靠性水平,测定产品可靠性指标,从而为研究和设计工作提供依据。还可以分析产品失效的原因,找出薄弱环节,提出改进措施。

在处理可靠性试验数据时,可先假设寿命分布函数的类型,然后用点估计或区间估计❶方法求得有关参数。这种假设是否符合实际,有时需要进行检验。假设检验是指应用数学方法来确定假设的分布函数与实验数据是否适合的一种检验方法,又称拟合性检验,如 x^2 检验(又称皮尔逊检验)。

可靠性预测是根据所得的有效数据计算系统或器件可能达到的可靠性指标的过程,在产品设计过程中,把系统规定的可靠性指标(可靠度、故障率等)按一定的数学方法合理地分配给各元件的全过程称为可靠性指标分配。可靠性预测是由已知的元件可靠度来推算系统的可靠度的;可靠性指标分配是由规定的系统可靠度来确定各元件的可靠度的。这是可靠性设计在不同阶段所采用的两种方法,两者有着密切关系。一般说来,首先应根据可靠性指标分配的结果进行可靠性设计,然后根据设计结果进行可靠性预测。若预测结果不满足系统规定的可靠性指标,则应进行分析、修改设计,对可靠性指标进行重新分配。有时需要多次反复,才能获得最佳结果。

流体工程和动力工程中的可靠性主要是指机械强度的可靠性。在传统设计中,强度条件为工作应力 σ 小于或等于许用应力 $[\sigma]$,为了安全起见,引入了安全系数。人们在根据设计经验选取安全系数时往往带有很大的主观性,且总是偏于保守。其结果使零件的结构尺寸也偏大,引起材料、动力消耗和成本增加。在可靠性设计中,将工作应力和材料强度数据作为服从某种分布规律的随机变量,应用可靠性概率统计理论将零件在工作中失效概率控制在一个很小范围内,从而获得重量轻、体积小,并满足规定可靠度要求的零件。

---

❶ 点估计就是根据样本观测(实验)数据对母体参数作出最接近的一个估计值。而根据某一样本求得母体的估计值后,若抽取另一样本所得估计值与前者不一定相等,说明这些估计值存在一定误差。因此,应如机械设计中的公差一样,根据要求精度给出一个允许偏差范围(区间),这种估计方法称为参数的区间估计。

3.1.3 流体工程中噪声与振动的机理和控制

流体在流动过程中常常会产生很大的噪声以及振动。这些噪声和振动的产生原因十分复杂,也给生产生活带来了相当多的麻烦和危害。噪声从物理定义上讲是"由大量频率和相位各异的声音复合而成的杂乱无序的合声",从生理角度来讲是"一种于人体有害的声音"。振动则可以导致设备、部件和相关建筑产生机械疲劳甚至破坏,而驱动噪声和振动的产生则需要不少的能量。

流体机械气动声学的进展,揭示了气动声学现象的机理。借助于这方面的工作,不仅可以遏制噪声水平,还有可能利用它来激发某些流动现象,改进和控制流动过程。

风机类的噪声主要由空气动力噪声、机械噪声和电磁噪声组成,其中与流体流动有关的是空气动力噪声,包括旋转噪声、涡流噪声和共振噪声。旋转噪声又称为叶片噪声,是由于叶片转动时周期性地打击空气质点,引起空气的压力脉动,从而产生噪声。风机压力大小与转速和叶片数的关系可以用傅里叶级数分解成为一个稳定分量和一系列脉动分量,前者是风机给出的风压,后者就是旋转噪声。随着转速的增加,旋转噪声明显增加。涡流噪声又称为湍流噪声,是因为当叶片转动时其周围气流会由于边界层分离而产生旋涡并脱离和破灭,从而导致的周期性和准周期性振荡。它与叶轮叶片的形状、气流与叶片的相对速度和流态等有关。空压机运转时,气流随着进排气阀的间歇开闭而间断通过进排气阀和进排气管。气流与机件壁面的间断碰撞、气压的间歇波动以及间歇气流中产生的涡流都会产生噪声。

快速流体进入低速或静止流体时,流体粒子的碰撞、局地异相(液体中的微气泡或气体中的微液滴)的产生与破灭、黏性吸附、卷吸以及由此产生的涡流等等,都是噪声发生的根源。

噪声都具有宽频的特点。当噪声频谱中某一频率与机件、管道的固有频率相同时,噪声可得到加强,甚至诱发机件或管道等的振动。流体中的机件、管子等受流体的直接冲击力、流体横掠流过所产生的升力、流体的曳力阻力以及流体弹性刚度力的作用,他们还具有系统刚度、结构阻尼、流体及材料阻尼以及因流体存在而受到的周围机件管子的耦联运动等,或是振动产生的原因,或对振动状况有重要影响。

流体的诱导振动使得机件、管子等发生交替的形变、位移,从而在其内部产生交变的应力,能使设备产生疲劳,进而发生破坏。而另一方面,这种振动还可以反过来破坏流体的流动边界层,粉碎较大的旋涡与回流,以及阻止和破坏壁面垢层的沉积与形成,从而有利于提高设备的传热性能。

国内外研究者已经做了不少工作,尤其是在管子和管束流体诱导振动方面。一般认为,流体诱导振动的机理有三个:旋涡分离(vortex shedding)、湍流抖振(turbulent buffeting)和流体弹性不稳定(fluid elastic instability)。前两者属于强迫振动(forced vibration),后者是自激振动(self-excited vibration)。三者之间还存在相当丰富的关联和耦合,例如在大多数密集的管束中,旋涡分离并不是导致管子破坏的主要机理,但可激发其声振动和流体弹性不稳定振动。同样,湍流抖振本身也不会引起管子严重破坏,但它也是引起流体弹性不稳定的直接机理之一[19]。

相关的研究相当分散,且很不完善,实验研究和理论研究之间的差距还相当大。由于问题的复杂性,可做的工作是很多的。

3.1.4 真空技术

在工程上,系统的绝对压力小于当地大气压力时,系统就处于真空状态(理论物理学中,真空指不存在任何实粒子,同时场的能量处于最低状态的空间)。一般分为:粗真空系统,其压力大于1330 Pa(10Torr);低真空系统,压力介于1330~0.13 Pa;高真空系统,压力介于0.13~1.3×10^{-6} Pa;超高真空系统,压力介于1.3×10^{-6}~1.3×10^{-11} Pa;极高真空系统,压力低于1.3×10^{-11} Pa。

真空技术广泛应用于各种工艺过程,如真空冶炼炉、RH真空处理、真空喷涂、真空蒸馏、真空浓缩、真空焊接、真空浇铸、真空镀膜、真空表面处理、真空阴极射线管、真空干燥、真空灭菌、食品包装、太阳能的开发和利用、粒子加速器、受控核聚变以及航天等等。用来获得并测量有特定要求的真空度的抽气系统称为真空系统。应用于各种不同工艺过程的真空系统,种类繁多,主要分为两类。一是动态真空系统,这种系统依靠真空获得设备的连续运行,不断地排出进入系统的气体来获得稳定的真空,系统内有气体流动,各处压力有所不同。二是静态真空系统,它没有任何与外界贯通点,真空建立后不要真空泵就可以长时间维持不变,系统内压力处处相等❶。

真空系统由真空设备本体(如真空炉、真空容器等)、真空泵、冷阱、真空导管、阀门、真空计、波纹管和过滤器等组成。

真空泵是真空系统的心脏,工业上一般使用机械式真空泵、增压泵和扩散泵。机械泵包括旋片泵、定片泵、滑阀泵、水环泵、螺杆泵等,可单独作为低真空系统的主泵,也可作为高真空系统的前置泵。扩散泵工作压力在1.3×10^{-1}~6.7×10^{-4} Pa(无冷阱)和1.3×10^{-5}~1.3×10^{-7} Pa(有冷阱)的,可以作为高真空系统的主泵,运行时必须配有前置泵。机械泵在1 Pa以下工作性能很差,为了更好地与扩散泵配合,在机械泵和扩散泵之间可设置增压泵,增压泵可以选用罗茨泵和油增压泵等。对于超高和极高真空系统,有分子泵、吸气泵、钛泵和低温泵等可供选择。

真空系统所用的材料可分为结构和辅助材料。前者是构成真空系统的主要材料,它将真空与大气隔开,承受大气压力,一般是金属和/或玻璃。后者指弹性密封材料、绝缘材料、金属密封材料❷、吸附剂(用于吸水、挡油和吸气的物理的、物理化学的和化学的吸附剂)和真空油脂材料(真空泵油、真空脂、真空泥、真空蜡、真空漆、真空密封胶)等等。

科学技术的发展,特别是计算机、微电子、生物工程、材料科学、表面科学、航天和航海工程等领域的快速发展,对真空科学的要求越来越高。例如,在纳米级电子材料和元器件的开发中,不仅要求真空系统达到超高真空和真空气氛清洁无油,而且要耐腐蚀、耐粉尘。为此,制造各种干式泵、耐腐蚀泵,进一步发展磁悬浮式分子泵和以陶瓷转子取代金属转子来避免由于强磁场及等离子体而产生涡流发热的新型涡轮分子泵等真空获得设备,是很必要的。在真空测量方面,我国与国外也存在较大的差距,主要表现在真空规管的结构、电子线路的设计、集成电路和自动换挡及数字显示等新技术的采用上,以及极高真空测量和特殊条件下的真空测量。促进我国真空测量仪器技术向多用化、自动化及体积小、外形美等方面发展,是一项艰巨任务。

3.1.5 气力、液力输送

气力输送和液力输送合称为流体输送,是利用流体在管道内的流动,将物料沿着指定的路线进行输送。其特点是装置简单而占地小,输送方向便于任意布置,输送距离较远。

---

❶ 1990年,在著名真空专家杨乃恒教授领导下的我国唯一的真空工程博士学位授权点在东北工学院机械系(现东北大学机械电子工程学院)设立,1993年国务院学位委员会进行学科调整,将它并入流体机械及工程学科。该学科点在真空获得理论及相关技术方面特色明显,从20世纪60年代初起,对旋片式真空泵、滑阀泵、罗茨泵、涡轮分子泵、复合分子泵、低温泵、油扩散泵及水和蒸汽喷射泵等理论与应用进行了一系列研究,并在真空应用技术及设备如薄膜制备与表面技术等方面也展开了大量工作。

❷ 制作超高真空的金属密封件。优点是析气率和渗透率比弹性密封材料低,且耐高温,但只能一次性使用。常用的有金、银、无氧铜、纯铝、纯铟等。

邮件输送最早应用了气力输送,目前已经历时一百余年,遍布世界各国。气力输送具有一系列优点,生产率高,设备构造简单,管理方便,自动化程度高等。在车间内部应用时,可以将之与工艺过程相结合,简化工艺过程和设备。水泥由袋装改为散装,使用气力输送罐车后,可以提高劳动生产率20多倍,并大量节约包装用纸袋,减少袋中残留水泥损失。粮食工业采用气力输送,可在输送系统内同时进行清理、干燥、冷却、分级、除尘等。目前采用气力输送的还有纺织行业的棉、纱,电力行业的煤粉、尘灰等,其他还有纸张、书籍、小型塑料或金属零件等块状物料和化肥、面粉、沙子等散状物料。密相栓流输送技术的功率消耗已经与带式输送机相当。

气力输送的理论基础是气固两相流动理论。目前气固两相流动理论在流化床反应器方面研究得比较充分,气力输送方面做得更多的是实践研究,应当注意两者的差异。气力输送没有均匀性或浓度控制的要求,但输送距离较长,纸张、信件以及其他特殊形状物体输送过程的流动现象和控制方程有其特殊性。

液力输送有两个显著的用途,水煤浆和河流输沙。此外由于工艺要求而产生的液力输送在化工等行业较多。输送液体的消耗和后处理、液固两相的稳定混合与分离等都是制约液力输送发展的难题。

显然,液力输送的理论基础是液固两相流动理论。

3.1.6 工程渗流

渗流力学(mechanics of flow through porous media)主要研究流体在多孔介质内的运动规律。由于渗流的理论和应用在相当长时期内主要设计地下多孔介质内的流动,所以不少人将这一术语理解为仅指地下渗流(从而称为地下水力学或地下水动力学),这显然是狭义的。在热能与动力工程中,各种填料床、蜂窝体(换热用)中的流体流动均具备渗流的特征。天然和人造的多孔介质的普遍特征是空隙尺寸微小,比表面积数值很大。这些特征使渗流具有表面分子力作用显著、毛细管作用突出,流动阻力较大、流动速度一般较慢、惯性力往往可以忽略不计等特点。

渗流力学当前比较成熟的内容有单相渗流理论、多相渗流理论、双重介质渗流理论、渗流基本定律和多孔介质理论。单相渗流理论包括液体渗流理论、带自由面渗流理论、气体渗流理论。具有不同物理性质的多种流体在多孔介质内混流称为多相渗流。多相渗流理论与许多工程技术有密切关系,例如油层内的流动大多是油、气、水多相渗流;非饱和土中的渗流是水和气的多相渗流;在地热开发中也存在热水和气的多相渗流。迄今比较成熟的多相渗流理论为混气液体渗流理论、二相液体渗流理论和非饱和土渗流理论。20世纪后期渗流理论不断深化,其发展方向主要有:

(1) 考虑多孔介质的特点,发展非均质介质渗流、多重介质(裂缝-孔隙-孔洞)渗流和变形介质渗流;

(2) 继续发展多相渗流;

(3) 发展非牛顿流体渗流;

(4) 考虑渗流的复杂物理过程和化学反应,发展物理-化学渗流;

(5) 考虑渗流过程的温度条件,发展非等温渗流;

(6) 研究流体在孔隙中运动的细节,发展微观渗流;

(7) 与生物学交叉渗透,发展生物渗流,等等。

渗流力学应用比较成熟的首先是地下渗流,其次是工程渗流。涉及地下流体的开发工程、建设工程和农业工程等等,在资源储量计算、工程规划设计、生产动态预测和生产过程控制等方面都要以渗流力学为理论基础和工作手段。工程渗流研究工程装置和工程材料内的流体运动规律及应用。许多生产部门越来越普遍地使用各种类型的人造多孔材料和人造多孔介质充填的装置,由于流体在其中的运动规律是不能忽视的,所以人造多孔介质内的渗流理论逐步得到发展。

3.1.7 非牛顿流体流动的工程应用

非牛顿流体力学是由流变学发展起来的研究非牛顿流体应力应变关系和非牛顿流体流动问题的学科。所谓非牛顿流体是切向应力与剪切变形速率之间不满足线性关系的流体,如油脂、油漆、牛奶、牙膏等等。

流变学研究材料在应力、应变、温度、湿度、辐射等条件下与时间因素有关的变形和流动的规律。学者们在研究橡胶、塑料、油漆、树脂、玻璃、陶瓷、混凝土和金属等工业材料性质时,在研究岩石、土壤、石油、沥青、矿物等地质材料性质时,在研究血液、肌肉、骨骼等生物材料性质时,发现古典弹性理论、塑性理论和牛顿流体理论不再有效。麦克斯韦在1869年就发现材料中的一类是黏性的,这种材料的应力不能保持恒定,而是以某一速率减小到零,其速率决定于施加的起始应力值和材料的性质,这种现象被称为应力松弛。学者们还发现,应力虽然不变,材料却可以随时间继续变形,这就是蠕变。总之,一切材料都具有时间效应。20世纪30年代,流变学出现并得到了蓬勃的发展。

流变学研究的主要方法之一是实验。通过宏观实验,如材料的拉压剪试验,探求应力、应变与时间的关系,研究屈服规律和材料的长期强度,进而发展新的理论。通过微观实验,了解材料的微观结构性质,如多晶体材料颗粒中的缺陷、颗粒边界的性质,以及位错状态等基本性质,探讨材料的流变机制。在理论上,在一定的物理条件下,建立以应力、应变与时间的关系来描述材料状态的方程(称为流变状态方程或本构方程)、由基本力学模型组合而成力学模型和表达材料内部结构的物理模型,并采用分析的或数值的方法予以求解,从而得到对流变机理的认识。

流变学起源于工程实践,也完全应用于工程实践。进而形成许多分支,如高分子材料流变学、断裂流变力学、土流变学、岩石流变学、冰川流变学以及应用流变学等等❶。在理论研究上,不仅按照连续介质假定,而且还探索离散介质、非均匀介质、非相容弹性介质的流变特性。

非牛顿流体依据本构方程的不同分为广义牛顿流体、有时效的非牛顿流体和黏弹性流体。广义牛顿流体的应变与应力历史无关,大多数糨糊状流体、悬浮液、塑料熔质等都是广义牛顿流体,包括塑性流体、拟塑性流体和膨胀流体。有时效的非牛顿流体的应力既与变形速率有关,也与时间有关,分为触变流体和触稠流体。触变流体在亚微观下是线性或网状结构,搅动时结构破坏,静止后恢复原状,因此有静止时黏稠,越搅和越稀的特性。和触变流体相反,触稠流体的黏度随时间而增加。黏弹性流体是兼具黏性效应和弹性效应的流体,分为线性和非线性(指黏性效应)两类。

与流变学一样,非牛顿流体力学也完全应用于工程实践。非牛顿流体力学涉及的范围要广一些,流变学则主要研究黏弹性物质。流变学把注意力大都放在蠕变和应力松弛上,非牛顿流体力学的动作则要快一些。在研究方法上,两者基本一致。

---

❶ 流体力学在工程实践中也具有重要的作用,但其意义不仅仅在于应用于工程。流体力学的研究在人类探索物理学和自然界的终极真理与本质方面也具有重要的作用,尤其是湍流。流变学的理论模型相当复杂,但是比不上流体的涡流和湍流行为所带来的复杂性。流变过程复杂性表现在机理的复合上,而湍流的复杂性却是内禀的,表现为简单的行为差异可导致复杂的后果,正所谓"亚马逊森林里一只蝴蝶扇动翅膀,却在北美大陆引起一场暴风雨"。

3.2 制冷及低温工程学科(080705)

制冷及低温工程学科(080705)研究获得、利用并保持低于环境温度的原理和方法,以及实现该条件所需要的仪器和设备,也研究低温条件对材料、工程、工艺过程的作用与影响。根据温度的不同,它又可划分为低温工程和制冷工程两个领域,前者涉及低于120 K的问题,后者涉及高于120 K的问题。随着国民经济的发展,本学科的地位越发显得重要。它在机械、冶金、石油、化工、食品、人工环境、土木工程、高原工程、商业、第三产业、生物、医学、低温超导以及航空航天技术等诸多领域中有着广泛的应用。

制冷学科的科技进步主要发生在制冷剂、制冷压缩机[20]和新型制冷方式等领域。

制冷空调行业的迅速发展,对制冷科学技术提出了更高的要求,也促进了制冷空调技术和产品的日新月异。建设节约型社会和循环经济,要求制冷科学技术进一步向节能化、环保化方向发展。制冷学科内部及与其他学科之间的融合是制冷科学技术的又一发展趋势。市场需求的扩大和竞争的加剧,则使制冷产品从设计到制造进一步向个性化、精细化方向发展[21]。这些变化与发展,带来了许多学术思想和实践上的创新与突破。

关于制冷低温设备与系统,第7章将专门介绍普通制冷的基本原理、主要设备和系统构成,这里不再赘述。

3.2.1 低温技术

低温技术一般是指低于120K温度的获得、保持和应用技术。它起源于科学研究的需要。为了研究低温下物质的性质或过程的特性,需要低温环境。低温环境常用液态气体来维持,所以早期低温制冷主要集中在制取液态气体上。后来工业生产中对空气分离和液态气体的需求越来越多,低温技术才正式进入工业领域。而目前工农业生产对低温技术的需求范围已经大大扩展,也提出了越来越高的要求,例如超导技术以及与其相关联的磁悬浮技术、受控核聚变技术、生物活体低温储存技术、与低温下量子效应比较显著有关的技术等等。因为低温技术所涉及的分子传输性质、热力过程特征等等与常温下差异很大,所以低温领域的热力学、传热学理论和制冷技术与普冷领域也有很大差异。

目前,空气液化和分离技术已经相当完善,除了在生产领域不断追求高品质、低能耗以外,低温技术已经不把研究的重点放在这上面,而是不断向更低的温度冲击。同时,结合对低温下物质的性质和行为特点的深入认识,发展了许多低温领域特有的制冷技术,如绝热去磁制冷、^3He稀释制冷、脉管制冷、热声制冷、He II冷压缩制冷等等。

除了低温的获取与保持之外,物质在低温下的行为特点也是低温技术研究的内容。相当多的工程材料在低温下性质发生极大的改变,如强度、硬度、韧性、传输性能等等,因而这些材料在低温下的使用范围必须重新界定,还要研究开发相应的替代材料和产品。对于材料在低温下出现的新性质,则需要充分研究其应用范畴及方法,如超导电性在能量储存和磁悬浮中的应用。

3.2.2 气体液化及分离设备与系统

气体液化及分离设备与系统最初主要用于从空气中制取氧气。随着科学技术和工业生产等方面的发展,氧气以外的氮气、氩气等气体的需求量越来越大,所以现代空分设备大都同时承担着制氧、制氮和制氩等任务。

1852年,英国科学家焦耳和汤姆逊在他们的科学实验中,发现气体经节流后温度降低,产生了世界有名的“焦耳－汤姆逊效应”,简称“焦－汤效应”,又叫节流效应,是低温技术发展的第一个里程碑。1895年5月29日,德国工程师卡尔·林德利用“焦－汤效应”制成世界第一台3 L/h高压空气液化装置,液化空气获得成功,建立了有名的“林德节流液化循环”。1902年,德国工程师克劳特发明活塞式膨胀机,并在一台中压(5 MPa)带膨胀机的装置中液化了空气,建立了有名的“克劳特液化循环”,改善了林德的“高压节流液化循环”,在气体的液化分离中意义很大,是低温技术发展的第二个里程碑。1903年,德国林德利用“焦－汤效应”采用高压节流技术,发明了世界第一台10 m^3/h制氧机,开创了世界工业制氧机的历史。1906年,德国海兰特用一台高压(20 MPa)膨胀机来液化空气和生产液氧,获得成功,建立了“海兰特液化循环”。“海兰特高压液化循环”是“克劳特中压液化循环”的一个特例。1924年,德国法兰克尔提出在中大型空分设备上采用金属填料的蓄冷器,来代替热交换器,成为大规模气体液化与分离方面的一个重要进展。1930年,苏联拉赫曼提出了将部分膨胀空气送进上塔参与精馏、挖掘上塔潜力的“拉赫曼原理”,已沿用至今。1932年,林德公司在林德－法兰克尔型制氧机上首次采用轴流单级冲动式透平膨胀机,由于采用了蓄冷器和透平膨胀机,使空分设备向更经济的方向发展。1939年,苏联卡皮查发明高效率(80%以上)径流向心反动式透平膨胀机,开始研究全低压空分设备,卡皮查低压循环成为大型全低压空分设备发展的基础。1940年,林德公司提出采用两种空气压力(低压、高压)、带透平膨胀机和海兰特液化循环、膨胀空气进上塔的空分设备,也就是以前我们常说的高低压流程制氧机。1950年,各国开始发展大型全低压空分设备,20世纪40年代末美国发明切换式换热器并用于空分设备上。1956年,美国联碳公司林德分公司在高压空分制氧设备上采用分子筛纯化器净化空气。1972年,美国联碳公司开始采用沸腾侧管子表面为多孔涂层、冷凝侧管子周围刻槽或波纹、传热系数比光管大10倍以上的新型空分主冷凝器结构,后用于两台2000 t/d空分制氧设备的主冷凝器上,这就是我国后来亦开发应用的多孔管冷凝器。1976年,日本神钢在30000 m^3/h制氧机上采用计算机进行控制,这是世界上第一套用电子计算机全自动控制的空分制氧设备,其电脑系统历经5年的开拓才一鸣惊人,取得成功。当即全面推广,世界各地纷纷采用。20世纪70年代,苏尔寿公司规整填料成功应用于空分精馏塔,取代传统的筛板塔。新型规整填料,压降小,分离效率高,节能(理论上可节能约8%,实际运行约4%～5%),可减小塔径,液体滞流量少,操作弹性大,适应性强,产品提取率高。现国内外大型空分制氧设备已都用规整填料取代传统的筛孔塔板。

20世纪80年代,国外开发出分子筛净化带增压透平膨胀机的空分流程。“三机一泵”(空压机、膨胀机、氧压机、低温泵)高效化,塔器高效化。美国APCI变压解吸技术(无热再生)作为专利技术应用于空分设备的分子筛净化系统中,由于不需加热,可节能2%～3%。德国林德公司的水冷塔蒸发降温技术,成功应用于空分设备的空冷系统,使水在水冷却塔中的温降可达15 ℃,省去了冷水机组,可节能1%～2%。动的部机、静的设备的各种改进,实质都是为了节能降耗、安全可靠、长周期运行。现国外大型空分设备,氧提取率大于99%,氩提取率(膨胀空气进下塔)可达92%～94%,能耗(1 m^3氧)小于0.565 kW·h/m^3(包括压氧不大于3 MPa)。

在技术不断发展的同时,制氧机规模也开始向大型化方向发展。到今天,国际上投运的最大制氧机(确切地说应叫空气分离设备,简称空分设备)是3550 t/d(103660 m^3/h)的,为法国液化空气公司设计制造,2003年底试车投运,2004年2月9日用户南非萨索尔煤－油－气公司举行落成典礼。目前正在安装的更大的制氧机是法国液化空气公司设计制造提供给加拿大使用的3900 t/d(113880 m^3/h)的制氧机。

我国制氧机的发展是从20世纪50年代仿制国外制氧机开始的。20世纪50年代初,全国只有进口的10～200 m^3/h小型制氧机89套,总容量仅3415 m^3/h。到1953年底,哈尔滨第一机械厂(哈尔滨制氧机厂前身),仿制成两套 30 m^3/h 制氧机。我国制氧机发展主要经历了六个阶段:20 世纪 50 年代末,我国制氧机主要采用高低压循环、氨预冷高压空气、氮气透平膨胀机、铝带蓄冷器等配置的制氧流程;60 年代,开发出采用空气透平膨胀机、石头蓄冷器清除水及二氧化碳的全低压卡皮查流程制氧机;70 年代开始采用可逆式具有自清除功能的板式换热器;到 80 年代,开始生产分子筛流程制氧机,并引进了日本日立公司 10000 m^3/h 氧气透平压缩机制造技术;80 年代末,我国制氧机制造厂开发出增压透平膨胀机流程,同时引进德国林德公司 DCS 设计技术,通过消化吸收,开发出国内计算机控制技术;90 年代杭州制氧机厂引进消化了 spen 热力计算软件、美国 NREC 透平机械设计软件、美国 S-W 公司大型真空钎接炉与部分铝制板翅式换热器工艺技术和设计程序等国际先进技术并坚持自主开发与创新,开发成功第六代规整填料、全精馏无氢制氩技术大型空分制氧装置,并在 90 年代末,开发出具有世界先进水平的内压缩流程大型空分制氧装置,特别是 60000 m^3/h 制氧机,使我国国产制氧机的能耗水平,气体分离效率,氧、氮、氩的提取率,装置运行的安全稳定性都得到了极大提高,也大大提高了我国制氧机的国际竞争力。

3.2.3 冻结和冻干过程机理

冷冻干燥法是将物料中的液体速冻成固体冰,在冰不溶化的前提下使水分从固态直接气化(即升华),不断移走气体,从而达到干燥物料的目的,简称冻干。冻干分为真空冷冻干燥和常压冷冻干燥两种,目前多采用的是真空冻干。冻干可以保留产品完整的生物和化学结构及其活性。传统的干燥会引起材料皱缩,细胞破坏,而冻干时就不会发生这种情况。

食品冻干除易于长期贮存和便于长途运输外,还有许多特有的优点:

(1) 保鲜、保营养。由于生产在低温和低气压(缺氧)条件下进行,能有效地防止物料中某些成分的分解或氧化,抑制微生物和酶的有害作用,从而保持了食品的新鲜度和营养成分。

(2) 形、色、味不变。在升华过程中,水以分子状态由表及里逐步被脱除掉,不破坏细胞组织结构,不带走天然色素和芳香物质,因而形、色、味都几乎和鲜品一样。

(3) 复水性好。在升华过程中,食品中的冰晶位置形成了海绵状的微孔,因而冻干食品浸入水中后,很快便能吸水复原,好似鲜品。

几乎所有含水的食品都可以进行冻干,但对某些糖分含量或胶质含量过高的食品以及共晶点温度过低的食品,冻干都相对困难。

冻干过程可分为冷冻、升华、解析干燥三个阶段,每一个阶段都有相应的要求,不同的物料其要求各不相同,各阶段工艺设计及控制手段的差异直接关系到冻干产品的质量和冻干设备的性能。

(1) 冷冻阶段。冷冻干燥首先要把原料进行冻结,使原料中的水变成冰,为下阶段的升华做好准备。要控制好冻结温度和冻结速度,温度要达到物料的冻结点以下,冻结速度的快慢则直接影响物料中冰晶颗粒的大小,而冰晶颗粒的尺寸与固态物料的结构及升华速率有直接关系。一般情况下,要求 1 ~ 3 h 完成物料的冻结,进入升华阶段。

(2) 升华阶段。升华干燥是冷冻干燥的主要过程,其目的是将物料中的冰全部气化移走,整个过程中不允许冰出现溶化,否则便告冻干失败。升华的基本条件保证压力低于 611.2 Pa(正确的说法应是低于水的三相点压力,从而可以保证不出现液态)。

随着冰不断升华和气体的移走,物料的热量也被带走,从而使物料温度持续走低,引起冰的饱和蒸汽压降低,升华速度放慢。为保持一定的升华速率,就必须不断给物料补充热量,一般以辐射加热法为主。热量补充太少难以维持升华速率,补充太快则会引起冰的溶化,导致物料塌陷冻干失败。

(3) 解析干燥阶段。物料中所有的冰晶升华干燥后,物料内留下许多空穴,但物料的基质内还留有残余的未冻结水分(它们以结合水和玻璃态形式存在)。解析干燥就是要把残余的未冻结水分除去,最终得到干燥物料。

冻干食品呈多孔状,表面积比原来扩大100~150倍,因此与氧气接触的机会增加,从低温低压下恢复常压时,应在氮气氛围中进行。粉碎、包装应在相对湿度30%~40%、温度25℃以下进行。为保持干制食品含水5%以下,包装内应放入干燥剂以吸附微量水分。包装材料要求透气性差、强度高、颜色深。

由于冻干过程复杂,工作状态范围狭窄,稍有不慎便会造成冻干品质量下降,所以对控制系统要求较高。冻干机自控系统设计要求操作简便,有关的温度、压力控制点要精心选择、合理控制,速冻、真空保持、加热的关联应控制恰当,应针对不同的物料设置工艺曲线。

一般地,冻干食品生产线包括前处理、速冻、升华干燥和包装等环节。为了给速冻库和升华干燥仓创造正常工作条件,必须配套制冷系统、加热系统、设备监控系统和物料运输系统,还要配套蒸汽锅炉和循环水。冻干生产线的关键设备是升华干燥仓,它是一个很大的卧式圆筒,筒内装有多层加热器,料盘插进多层加热架之间。料车沿天轨从前处理间(装料)、经速冻库(速冻)和干燥仓(升华干燥脱水)到包装(卸料),再沿天轨回到前处理间循环运料。加热架上的加热板,经过表面专门处理,能以辐射方式向物料传递热能(升华热)。水汽冷阱设置于加热架两侧或独立于仓外快速捕获由物料升华出来的水汽。

冷冻干燥技术首先是在生物制药领域得到应用。由于设备、能耗等方面的原因,食品冻干成本极高,最初仅限于宇航、远洋航行、极地考察、山区作业等特殊工作人员享用。现在随着经济的发展、技术的进步和人民生活水平的提高,冻干食品逐步进入寻常百姓家。

3.2.4 低温绝热技术

制冷与低温工程的目的是获得、利用和保持低于环境温度的体系。环境将自发地向该体系传递热量,从而产生冷损失。发展低温绝热技术的目的就是尽可能减少冷量的损失。

绝热(或称隔热)技术是热能与动力工程领域普遍应用的技术,但是在不同的场合、不同的温度条件各有其不同的特点。在冶金、炉窑等高温领域,绝热材料的首要性能是耐火性;在热力工程中,绝热材料追求高性能、轻质化;而在制冷和低温工程中,对于绝热技术的要求又有其特殊之处。

在普冷范围内,绝热材料也要求高性能和轻质化。但是由于它们的工作温度往往低于周围空气的露点温度,所以防潮防露是普冷绝热技术需要认真对待的一个问题。如果绝热材料内部发生结露,水分将在温度梯度和分压力梯度作用下在绝热材料内来回迁移,从而大幅度提高材料的综合导热系数,造成绝热失效。普冷绝热材料除了一般的高性能和轻质化要求以外,还要求吸水率低、耐水(侵蚀)性好、抗水蒸气渗透、低温下物性稳定。聚氨酯等高分子发泡材料是目前应用较多的绝热材料,也是业内研发的重点。

在低温领域,温度梯度大,相应地辐射传热也比较强烈。物质的焓值小,很少的热量就可以导致物质状态的极大改变,所以绝热要求也高得多。当温度达到极低程度时,原来被热运动效应掩盖的量子效应逐渐显现出来,这类物质的传热机理不同于普通传热,所以需要针对新机理的绝热材料和技术。

由于制冷工程的应用领域日趋广泛,对绝热技术的要求也越来越多样化。冰蓄冷就要求绝热材料不仅具有导热系数小、轻质化,以及吸水率低、耐水性好等特点,而且能很好地适应水-冰相变过程中发生的体积变化以避免应力的产生或集聚。

3.2.5 冷量储存及输送技术

将冷量以显热或潜热的形式部分或全部地蓄存于水、冰或其他物质中,以备需要时使用,就是蓄冷技术。目前蓄冷的目的主要是利用低廉的低谷电制冷以取得良好的经济性,远期的学术目标则试图将冬季自然冷量储存到夏季使用。目前蓄冷主要采用冰蓄冷、水蓄冷或共晶盐蓄冷,冰蓄冷以其成本适中、蓄冷量大而得到较多的应用。

蓄冷技术研究的热点主要在于:蓄冰与低温送风系统结合的空调系统,包括成套产品及与之配套的末端设备;水蓄冷技术,特别注意蓄冷水罐的充排水过程控制以及罐内温度分层控制,以获得最佳的蓄冷效果;蓄冷系统的热经济性优化,包括对蓄冷系统在蓄冷和释冷各过程的热力学第一定律与第二定律分析,以及技术经济分析;完善的蓄冷技术理论与工程设计规范。

国外已经出现了一种区域性蓄冷空调供冷站,其综合经济性大大高于现有的分散系统。作为技术储备和追踪,国内也应当开展有关研究。此外,一些新型蓄冷技术和蓄冷介质如直接接触式冰蓄冷、气体水合物蓄冷、过冷水蓄冷以及有机蓄冷材料、高温相变蓄冷材料等也正在研发之中,都是我们进行技术跟踪的对象。

3.2.6 制冷及低温技术的广泛应用

3.2.6.1 空气调节技术

空气调节技术属于建筑热工领域,但与制冷密切相关,常常并称为制冷空调行业。空气调节是十分成熟的技术,但近年来为了适应能源节约与提高生活品质的要求,以及数值计算技术的发展,人们的注意力集中到了空气流场的温度、速度、成分和浓度的有效控制以获得最佳的空调效果和最小的能源消耗上。通过对房间内空气流场诸多特性变化规律的数值分析与把握,结合现代控制技术手段,我们已经能够把清洁舒适的空气流以最小的代价送到任何我们想要送到的位置。目前学术界正在对各种场合、各种环境条件以及变工况下的空气流场特性规律进行全面的研究。或许在不久的将来会有一批可以解决各种情况下室内空气流场设计问题的工程软件供我们使用。

楼宇智能化、空调规模大型化集中化等对空气调节技术又提出了另外的要求。空调房间之间、空调房间与非空调房间之间、各个楼层之间以及空调系统内部各个部分之间的相互影响,楼宇中各处或大或小的用能设备对空调系统的影响,使得大型楼宇的空气调节成为极为复杂的系统。这个系统的合理运行和智能控制显然已经成为一个需要解决的重要课题。

3.2.6.2 食品药品冷链运输储存网络技术

冷链是20世纪随着制冷技术的进步和人们生存质量提高的要求而发展起来的一项系统性的工程技术。最初是在食品冷冻工艺学基础上,以制冷技术为手段,使易腐食品从生产者到消费者之间的所有环节,即从原料(采摘、捕捞、收购等)、生产、加工、运输、贮藏、销售流通的整个过程中,始终保持合适的低温条件,从而保证食品的质量、减少食品的损耗。所形成的连续低温环节组合称为冷(藏)链(cold chain)。食品冷藏链中的主要环节有原料前处理环节、预冷环节、速冻环节、冷藏环节、流通运输环节、销售分配环节等。贯穿在整个冷链各个环节的主要设备有原料前处理设备、预冷设备、速冻设备、冷藏库、冷藏运输设备、冷冻冷藏陈列柜、家用冷柜、电冰箱等等。然而目前最重要、技术含量最高的冷链是医药行业的冷链,尤其是疫苗等生物制剂的冷链,对温度控制、链节衔接、时间等等均有明确而严格的要求。我国目前的冷链十分不完善,尤其是蔬果产品的采后预冷处理几乎是空白,同时冷链还存在高成本、高能耗、链节不全等问题,这都是冷链技术研究的重点。此外还应注意两点:一是冷链各个链节的连接技术问题和多个冷链交织形成的冷链网络的组织、连接、优化问题;二是冷链和冷链网络整体的、系统性综合性的节能与环境友好问题。

3.2.6.3 热泵技术

制冷机将低温处的热量转移到高温处,从而维持了低温处的温度。若以高温处获得热量为目的,就成为热泵。因此热泵的实质就是制冷,只是由于应用目的不同而在具体实施上带来一些不同的考量。

热泵首先于建筑供热空调系统中得到应用,当前开发的热点显然是地下水源热泵和地源热泵。然而热泵的热源还有丰富得多的选择。空气源热泵目前有一定的市场,事实上现在的民用窗式和分体式空调器中有相当一部分是空气源热泵,其便利性不言而喻,但是当空气温度降低时性能系数 COP 太小以至于经济性极差,一般认为不适于三北地区冬季采暖。地下水源热泵目前在华北和东北地区得到了较多的应用,但是地下水资源供给及回灌能力的长期稳定性难以保证。其实水源热源还有多种选择,如工业废水、废弃矿井积水等等。地源热泵利用地下土壤、沙砾甚至岩石内所存蓄的热能作为热泵的热源,一般是以循环水通过地下换热器与大地进行热交换,再将热量供给制冷剂系统。技术关键是埋入地下的换热器及其与大地的热交换。埋管形式和分布、循环介质流量、土壤沙砾等的热力性质和地质状况对换热过程都有影响。地源热泵与地下水源热泵相比,不需要回灌,不侵害水资源,不受地下水文变化的影响,可靠性高,地下水资源不足的地方也可以实施,地下换热器系统使装置结构复杂,二次换热降低了机组的 COP。

热泵最大的应用前景应当在工业生产中。例如我国钢铁工业的吨钢综合能耗(标煤)虽然已经在过去的 20 多年里从 2.04 t 降低到目前的 750 kg 以下,但是距离世界先进水平仍有一半的差距。其中固然有原燃料结构等方面的因素,但余热余能利用水平低也是很重要的原因。印染行业大量使用 130 ~ 140 ℃的热水或蒸汽,同时产生 80 ~ 90 ℃的废热水,现在一般用锅炉给水回收这部分余热。根据热力学第二定律的原理,用炉膛高温热提高这部分余热的温度到使用温度与利用热泵升温相比,将产生十几倍的不可逆损失。以此类推,在第二、第三产业中,仅仅利用热泵技术回收余热,每年就可以节约数亿吨标准煤的能源。

3.2.6.4 制冷或空调系统的控制技术

随着电子技术、计算机技术和控制理论的快速发展,制冷或空调系统的仿真与控制技术也具备了巨大的发展潜力。现代制冷或空调系统仿真与控制的目标是,对于复杂的、多单元互连的大型制冷空调系统,能够即时搜集用户使用情况、环境状况和系统运行情况,并自动进行优化分析,采取相应的控制模式和策略,从而达到用户舒适程度、能源消费、环境综合影响、经济性和安全性最优的目的。这就要求仿真与控制系统是实时的、自动化的、智能化的,具备自学习、自适应和自组织功能。

3.2.6.5 冷热电联合生产与供应技术

热电联合生产与供应符合热力学第二定律的能量梯级利用原理,得到了国家能源产业政策的大力支持。学者们进一步将梯级利用的概念引入化学能及化学能向物理能转化的阶段,实现化学能与物理能的综合梯级利用和多功能联产系统[8]。其中冷热电联合生产目前可以达到工业化的水平,结合前述的区域性蓄冷空调供冷站,一种高效低耗低污染的区域性冷热电联合生产与供应中心的企业运作模式已呼之欲出。

另一种冷热电联合生产与供应方式是微型家庭能源中心。它以天然气或液化石油气甚至沼气为能源,通过燃料电池或微型燃气轮机发电,并将余热用于供热和吸收式制冷,从而满足一个家庭的热电冷需要,并减少对外来能源供应的依赖。20 世纪美国、日本就已经有商品装置销售,2003 年北美电网解列事故后,这种分散式能源供应系统得到了更快的发展。

3.2.6.6 LNG 高效制备与释放过程能量回收

天然气从产地到用户的运输方法,一是管道运输,如中国的西气东输工程,二是船舶运输,如从中东到日本、美国。常压下将天然气冷冻到 -162 ℃左右,可使其变为液体即液化天然气(LNG)。LNG 的体积约为其气态体积的 1/620,故液化后的天然气更有利于远距离运输、储存及利用。因此,LNG 已成为现今远洋运输天然气的主要方式❶。将天然气液化成为 LNG 属于气体液化范畴,但是与前述的气体液化和分离工艺不同,对我国来说是一个新课题。LNG 到岸后需要再变成气体,其再汽化(约 -162 ℃)时的蒸发潜热约为 511 kJ/kg,目前世界普遍使用开架式水淋蒸发器(利用海水热能)或浸没燃烧式蒸发器(天然气燃烧放热)来使 LNG 升温汽化。这两种方式都存在巨大的冷量浪费,因此目前如何回收 LNG 再汽化过程的能量成为业内紧迫研究的课题,目前有换热法直接回收冷量、冷量动力循环等方法。从热力学的观点,后者更为合理。

能源与资源节约、环境与生态友好是制冷空调技术发展的首要主题,多元化、个性化、精细化、精密化、自动化、智能化、综合化是制冷空调技术发展的前进方向。随着社会经济和科学技术的快速发展,建立在高技术发展基础上的制冷空调行业的市场空间会越来越大,技术进步将成为占据更多市场空间的核心竞争力[22]。

3.3 化工过程机械学科(080706)

化工过程机械(1997 年以后本专科教育中称为过程装备与控制工程专业),是以工程热物理理论为指导,以机械工程、材料工程和控制工程为手段,服务于化学工程的复合、交叉型学科,体现了现代工程技术日益综合的特点。化工过程机械主要应用于石油、化工、能源、造纸、制药、食品、纺织等工业领域,是我国特有的学科。20 世纪 50 年代初期我国工业经济体系刚刚建立,急需掌握化工过程和机械方面知识与技能的复合型工程师,遂在高等院校设立化工机械专业。化工过程机械学科一直面向国家经济建设的重大需求,逐步形成了众多具有特色的研究方向,如过程工业中的传热设备及节能技术,化工单元传质设备和相分离设备设计制造技术,化工过程用泵,压缩机等流体机械的研究与监控,压力容器、管道及过程成套装置的设计、制造和安全保障技术,过程设备的腐蚀、损伤与延寿技术,非金属材料成型加工技术与设备等。今后,这个学科将根据现代科学技术的发展和社会需求,进一步与信息、新材料和生物学科结合,发展新的学科增长点,如过程机械先进制造理论等。

3.3.1 流程工业中的传热设备及节能技术的研究

化工工业生产常常是由几十台、上百台设备组成的、长长的生产线来进行的,目前多被称为过程工业或流程工业,以区别那些以单体设备为核心的生产方式。原料、中间体和产品在生产线上穿梭往来,其压力、温度、流量、组分等不断变化。因此,化工过程机械学科既重视单体设备的技术水平和能源利用状况,也重视整个生产流程的总体技术性能和能源利用情况。流程工业中

---

❶ 目前(1999 年),世界上最大的 LNG 运输船船容约 $13.8\times10^4\ m^3$,最大的 LNG 储罐容量为 $20\times10^4\ m^3$,最大的 LNG 出口国是印度尼西亚,最大的 LNG 进口国是日本。1993 年国际天然气贸易量为 $3467.3\times10^8\ m^3$,其中 LNG 贸易量为 $832.4\times10^8 m^3$(天然气)。预计到 2020 年,世界天然气贸易量将达 $6250\times10^8\ m^3$,其中大约 1/3 的天然气以 LNG 方式成交。

的传热设备及节能技术的研究对象也主要是换热器,与热能工程学科大致相同,区别在于人为地把化工行业的相关问题归为化工过程机械学科(当然也考虑化工介质常可能具有强烈的腐蚀性、毒性、易燃易爆性、强渗透性、高黏性以及贵重性等因素),而把供热、轻工等行业的换热器划进热能工程学科。实际工作中没有人顾及这些区别,跨学科工作是家常便饭。

3.3.2 化工单元传质设备和相分离设备研究

化工单元操作过程包括吸收、分馏、萃取、吸附、膜分离(反渗透、超过滤、电渗析、液膜分离)、干燥等,使用的设备有塔设备(板式塔、浮阀塔、填料塔)、流化床、压滤机、干燥器等等。这些化工单元操作过程都是以传质过程为主,伴随着传热、相变和物理化学反应。理论研究和设备技术开发的关键在于对于过程本质的把握和对反应物与生成物的加入、导出、在设备内的流动、分布、混合、集聚等的控制。过去的研究依赖于经验和大量的实验,现在人们更热衷于建立复杂的数学模型,然后利用计算机进行数值分析和精巧的数值实验,再经实验验证,投入生产。

气体吸收是用适当的液体吸收剂处理气体混合物以除去其中的一种或多种组分的操作,在合成氨、三酸、石油化工以及环保中废气处理等部门获得广泛应用。例如炼焦时含有芳香烃的煤气在洗涤塔中经焦油洗油洗涤,芳香烃被吸收回收,煤气得到净化。

蒸馏是分离液体混合物或液化的气体混合物的操作。工业上有几种蒸馏方法,精馏是得到最广泛应用的一种。精馏应用回流手段使液体混合物得到较完善的分离,生产出纯度较高的产品。工业上应用的精馏塔有泡罩塔、浮阀塔、筛板塔和填料塔等。

将选定的溶剂加到混合液中,因混合液中的各组分在溶剂中溶解度不同,从而达到混合物分离的目的。例如在回收焦化厂废水中的苯酚时,可以将苯加入到废水中充分混合,由于苯酚在苯中的溶解度比在水中大,苯酚就大部分转移到苯相,再将苯相与水相分离,进而回收苯酚。如果溶质与溶剂选择性化合或络合,称为化学萃取,常用于金属分离,如稀有元素分离、铀分离等。前面的萃取则称为物理萃取。近年来,超临界萃取成为理论研究与工业应用的热点,它是利用超临界流体具有很强的溶解能力而黏度又很低的特性来进行萃取,优点是环境友好、方便、低能耗、后处理简单、无溶剂残留、产品纯度与收率高等,尤其适宜处理易受热分解的高沸点物质。最常用的溶剂是超临界 CO_2。

吸附是利用固体对气体或液体中某一组分具有吸附的能力,使其富集在固体表面上,所以吸附是固体表面现象。吸附也可以分为物理吸附和化学吸附。

3.3.3 化工过程用泵、压缩机等流体机械的研究与监控

由于化工介质常可能具有强烈的腐蚀性、毒性、易燃易爆性、强渗透性、高黏性以及贵重性等因素,化工过程用泵、压缩机等在各个方面的性能比一般的通用流体机械要求高得多。这就需要化工过程机械和流体机械与工程两个学科共同努力。

3.3.4 压力容器及管道的设计、制造和安全保障的技术研究

化工容器不仅要适应化学工艺过程所要求的不同的压力和温度条件,还要承受化学介质的作用,要保证长期的可靠的安全工作以及一定的密封性。容器的载荷主要是压力载荷,大部分容器承受内压,也有承受外压载荷的容器(即真空容器)。内压容器的主要失效形式为弹塑性失效,外压容器的失效主要是整体失稳。习惯上将内压容器按压力 p 大小分为四个等级:低压($0.1\ \text{MPa} \leqslant p < 1.6\ \text{MPa}$)、中压($1.6\ \text{MPa} \leqslant p < 10\ \text{MPa}$)、高压($10\ \text{MPa} \leqslant p < 100\ \text{MPa}$)和超高压($p \geqslant 100\ \text{MPa}$)。

工业生产要求容器在整个服役期内能安全运行,为实现这一目的所采用的有计划、系统的措施称为“质量保证”。压力容器的质量保证包括四个方面:设计、材料、制造及制造过程中的检验、在役检验和控制。国家制定强制性国家标准和建立强制性质量监督体系进行压力容器的质量保证,我国目前使用 GB 150—1998《钢制压力容器》、JB 4732—1995《钢制压力容器——分析设计标准》和 JB/T 4735—1997《钢制焊接常压容器》,另外还有质量保证体系等相应国家标准和法规。国家《压力容器安全技术监察规程(1999 版)》将容器分为三类容器,如表 3-1 所示。

表 3-1 压力容器类别的简明判断

介质性质		非易燃 无毒/轻毒性	易燃 中度毒性		高度毒性 极度毒性	
pV 值/MPa · m^3			≥0.5	≥10		≥0.2
低压 0.1 MPa≤p <1.6 MPa	换热容器					
	分离容器	一类容器				
	储存容器					
	反应容器					
	管壳式余热锅炉					
	搪玻璃压力容器					
中压 1.6 MPa≤p <10 MPa	换热容器					
	分离容器	二类容器				
	储存容器					
	反应容器					
	管壳式余热锅炉					
	搪玻璃压力容器					
高压 10 MPa≤p <100 MPa	换热容器					
	分离容器					
	储存容器	三类容器				
	反应容器					
	管壳式余热锅炉					
使用强度级别较高的材料制造的压力容器						
移动式压力容器						
球形储罐 (容积大于等于 50 m^3)						
低温液体储存容器 (容积大于 5 m^3)						

注:表中 p 代表设计压力,V 代表压力容器的几何容积。

在压力容器的总体设计过程中要充分注意:

(1) 结构不连续应力问题,如筒体同封头连接处,接管、人孔同筒体连接处和支座处支座反力作用等。

(2) 开孔及补强设计问题。

(3) 结构设计问题,其目的在于减小局部应力,应采取在结构不连续处尽可能圆滑过渡,并避开焊缝;在有局部载荷处予以加强等措施。

(4) 焊接结构设计问题,焊接接头特别是接头形式和坡口的设计直接影响到焊接质量和容器的安全。一般地,回转壳体的拼接焊接必须使用对接焊缝,对接接头应采用等厚度焊接,焊接接头还要便于进行无损探伤。

现代压力容器设计采用了一些新的设计方法。一种是采用应力分类观点,对危险部位的应力先进行详细分析,根据应力对失效的不同影响进行分类,再按不同的设计准则进行设计。即以应力分析为基础的设计方法,简称分析设计。一般将容器应力分为一次应力、二次应力、峰值应力三大类,按极限载荷、安定性和疲劳准则进行设计。另一种是以无缺陷光滑试样疲劳试验为基础,得到应力寿命疲劳曲线,再按规范进行设计,称为疲劳设计,目前设计成本较高,主要用于特殊场合。还有防脆断设计,即对重要结构,万一有裂纹存在,则按照线弹性断裂力学或弹塑性断裂力学进行评定,以保证不发生脆性断裂事故。当然可靠性分析与设计也是压力容器设计的必备步骤(见3.1.2节)。

压力容器制造技术的重点在材料、焊接、压延、热处理、安装和检验等环节,而且均受国家质量技术监督检验局颁布的《压力容器安全技术监察规程》的管理。

制造压力容器的材料多种多样,使用最多的是钢材。制造的基本环节是压力加工和焊接。所以容器钢板必须具有良好的塑性、韧性和可焊性。我国压力容器用钢标准由《钢制压力容器》(GB 150—1998)第4章“材料”和附录A“材料的补充规定”以及附录C、F、H的部分内容规范,其中第4章列出了一系列相关标准。对压力容器用钢的基本要求是:

(1) 化学成分。其变化对钢材的力学性能影响较大,对热处理有决定性影响。严格控制化学成分是容器用钢的重要特点。

(2) 力学性能。其指标主要有拉伸强度、塑性、韧性(冲击韧性、塑裂韧性、无塑性转变温度)和疲劳特性,以及高温蠕变等复杂力学性能。

(3) 热处理。

在役检验以射线检验和超声检验为主,辅以磁粉或着色检验以检验表面裂纹。发现裂纹后要进行安全评定,只有缺陷在断裂力学理论分析认定的安全范围内,才可继续使用。

3.4　动力工程与工程热物理学科新的增长点

3.4.1　工业生态学

最先接触和了解工业生态学的是中国工程院院士陆钟武教授及其所在的研究集体。20世纪90年代中叶,陆院士就敏锐地注意到国外工业生态学的兴起并予以密切关注。他对工业生态学基本理论、对工业生态学及其对可持续发展战略实施的重要意义,乃至将这门科学用于解决我国的冶金行业尤其是钢铁生产中的实际问题进行了较深入的研究,发表了多篇论文,多次在东北大学及全国各地的一些大学、研究机构和大型企业举办工业生态学的专题讲座,并于2001年的10月上旬在东北大学召开了工业生态学国际学术研讨会,来自日本以及欧盟一些国家的专家做了工业生态学研究的专题报告。这次会议不仅对于我国乃至对于世界范围内的工业生态学的发展都有其重要的意义和价值。2002年,经国家环保总局批准,他们成立了国内第一个国家环境保护及生态工业重点实验室,并于2005年完成建设,通过了验收。

3.4.1.1　工业生态学的由来

工业生态学是20世纪90年代初形成的一门新兴学科,它是为人类社会的可持续发展服务的。

欧美各国的环境保护工作始于20世纪70年代,当时采用的主要手段是“三废治理”,即末端治理。但在实践中,他们逐步体会到末端治理并不是解决环境问题的良策,因为(1)末端治理实际上不过是污染物的转移而已,并不能真正解决环境问题;(2)末端治理的设备和运行费用很高,企业不堪重负。所以,必须摒弃以末端治理为主的做法,另找出路。这是欧美各国在20多年的环境保护工作中的“沉痛教训”(见苏伦·埃尔克曼著《工业生态学》1999年中文版的序言)。

与此同时,人口不断增长、经济不断发展和资源不断消耗的直接后果是环境遭到了越加严重的破坏(包括资源的不合理使用问题)。如不能妥善解决此类问题,人类社会的可持续发展将不容乐观。于是,人类社会可持续发展问题被提到议事日程上来。因工业生态学正是为可持续发展服务的学科,所以该学科就应运而生了。这就是工业生态学形成的历史背景。

3.4.1.2 工业生态学的中心思想

工业生态学用全新的眼光去看待工业系统与环境和资源之间的关系。它把工业系统看成是与环境和资源紧密相关的生态系统的一个特殊组成部分,并以此为出发点,人们要从根本上去探索和改进工业系统,使之与生物界协调发展,最终达到可持续发展的目的。

工业生态学的基本思路是把物质的整个循环过程(运动和变化过程):天然原料→材料→产品→使用→废弃/回收等各环节都放在视野之中。尽可能优化这个循环系统,使其对环境和资源造成的负荷降到最低程度。运用这个思路,通过精心策划,合理配置,可以做到在经济不断发展的情况下,使环境和资源的负荷维持在所希望的水平上。

3.4.1.3 关于工业系统“进化”的观点

工业生态学认为,现代工业还处于“进化”初期,基本没有摆脱工业革命以来的传统模式,即大量开采→大量生产→大量财富→大量抛弃,导致大规模污染。物质的流动是单向的,基本上不存在物质循环。而从自然界索取的资源,一旦进入经济活动范畴,都迟早会变成被抛弃的废物、垃圾和各种形成的污染物,从而使环境遭到破坏。所以,一个重要的观点是:环境遭到严重破坏的根源,是资源(以及能源)消耗量过大。因此,减轻环境破坏的根本出路是减少资源消耗量。

工业系统“进化”的方向是:最大限度地实现物质的循环。依靠物质的循环,满足大量生产的需求。未来的模式应该是:少量开采→大量生产→大量财富→少量抛弃(并逐步向“完全形成物质的闭路循环,不再从环境中索取任何资源,也不向环境排放任何废物,整个系统靠太阳能运转”的三级生态系统模式靠拢[23])。这样就可以提高自然资源的效率,减轻环境被污染和破坏的程度。其中的核心问题就是物质的充分循环。此外,应尽可能地降低产品在制造(及使用)过程中所消耗的燃料量,并尽可能用可再生能源或后续能源代替矿物燃料。

工业系统“进化”的要点是:(1)生产企业内部的物质循环;(2)社会上的物质循环;(3)物质的减量化(dematerialization);(4)碳的减量化(decarbonization);(5)生命周期评价(life cycle assessment,LCA);(6)建立生态工业园(eco-industrial park);(7)推行“再制造”工程(remanufacturing)以及改变企业的经营模式(如由出售产品转变为出租产品)等。

3.4.1.4 工业生态学的多学科性

工业生态学涉及许多学科,其中包括自然科学(化学、物理、生物科学等)、工业技术(工程学、材料学、管理学等)以及人文科学(经济学、社会学、法学等),见图3-1。各学科分别从各自的角度去研究工业生态问题,是全面推进工业生态学的必要条件。开展工业生态学方面的工作,最好组成跨学科的队伍[23]。

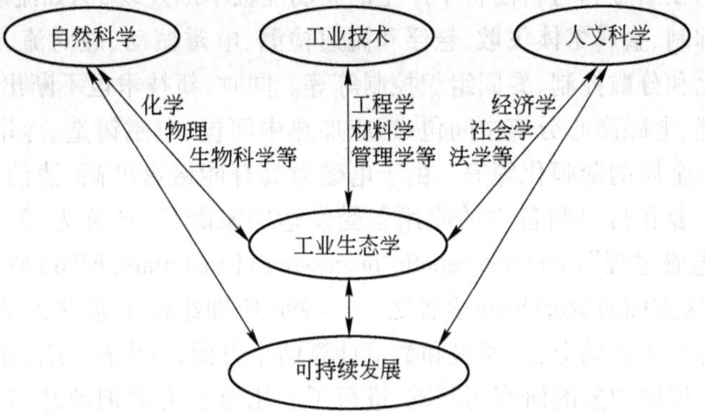

图 3-1　工业生态学的多学科性

3.4.1.5　工业生态学的现状及展望

作为发展中的新兴学科，工业生态学已进入快速发展时期，并已受到广泛重视。许多国家的政府尤其是美国、日本、德国、荷兰、瑞士、瑞典等国的政府，许多跨国大企业如 General Motors、Shell、Xerox、Dow、ABB 等，许多非政府组织如联合国可持续发展委员会以及一些中小企业的联合体，都沿着工业生态学指引的方向，做了许多工作，取得了很好的成绩（环境、利润）。欧美的许多大学已开设了工业生态学这门课程。已有若干专著出版，1997 年起，工业生态学的专业杂志已开始定期发行。

1994 年，由德国的伍珀塔尔（Wuppertal）气候、环境和能源研究所弗里德里希·施米特布来克（Friedrich Schimidt Bleek）发起，国际上十几位著名的科学家、经济学家、政府官员和企业家在法国的卡诺勒斯村聚会，他们自称是“倍数 10 俱乐部（Factor10-Club）”并发表了著名的卡诺勒斯宣言，其中心思想是：要“在一代人的时间内，把能源、资源和其他物质的效率提高 10 倍”。该宣言受到世界的广泛重视。

如果人们能很好地运用工业生态学的观点和方法，那么可以相信，卡诺勒斯宣言中提出的目标是可以实现的。

从系统节能的思想进一步发展，可将工业系统对环境的影响和各个排放指标纳入系统节能分析模型之中，即**视一个冶金企业或一个经济区域为一个线性系统（网络），利用累加法、投入产出法等数学方法，对系统的物质流和能量流进行优化分析和规划，以能源节约和污染物质的少排放或零排放为目标函数，从而提出相应的措施，达到节能和减少环境污染的目的**。目前，位于东北大学的国家环境保护与生态工业重点实验室就采取这样一条技术路线来进行工业生态学和循环经济研究。

3.4.2　电磁流体力学（材料工艺过程中的热物理问题）

按唯象论，冶金过程是在流动、传热、传质及三者相互作用条件下实现特定的物理化学反应的。一旦反应体系确定之后，大量的问题是如何设定、优化和控制反应器内的流动、传热、传质条件，优化反应器设计，以提高反应效率和材料质量。冶金学经历了热力学、动力学等阶段发展至今，利用工程热物理的理论和方法，以模型实验为基础，并通过数值模拟，定量地描述反应器内的现象机理、装置设计与过程控制已经成为可能。特别是对装置庞大、高温、现象复杂的冶金反应器,更具有十分重要的意义。赫冀成教授是我国最早开展这方面研究的学者之一❶。

近年来,电磁力在冶金和材料制备中产生的新功能被不断发现,例如流动控制、流体驱动、搅拌、波动的产生与抑制、金属熔体飞散、悬浮和流速检测、电磁振动、磁对流、形状控制、非接触升温、夹杂物的超净化和分散控制、凝固组织控制等等。同时,新技术也不断出现,例如软接触电磁连铸、各种电磁搅拌、电磁离心分离中间包、感应加热中间包、电磁铸造、冷坩埚、悬浮熔炼、熔融金属喷射成型、熔融金属的薄膜化等等。由于电磁力具有能量密度高、清洁、可精确设计和控制等优点,电磁场在冶金和材料制备中的应用备受发达国家瞩目,被称为"21世纪材料制备新技术",形成了"材料电磁过程"(electromagnetic processing of materials,EPM)研究新领域。在国内,赫冀成教授是开展这方面研究最早的学者之一。1996年即组建了东北大学材料电磁过程研究中心,在电磁流体力学的基础上,从实验和数值计算两个方面,以电磁场作用下导电流体的流动、传热、传质及凝固等传输现象的研究为基础,进行了利用电磁力的钢液超净化、连铸结晶器流体流动控制、复合钢坯连铸、软接触电磁连铸以及各种精炼反应器的电磁搅拌等方面的研究。目前赫冀成研究集体是教育部和辽宁省材料电磁过程重点实验室,并即将成为国家重点实验室。

3.4.3 能源战略与政策研究

战略的含义为:

(1) 军事名词,指对战争全局的筹划和指导。它依据敌对双方军事、政治、经济、地理等因素,照顾战争全局的各方面、各阶段之间的关系,规定军事力量的准备和运用。如武装力量的建设,国防工程设施,军事装备与军需物质的生产、储备,战争动员,基本作战方向的确定,战区的划分,作战方针和作战指导原则的指定等。

(2) 泛指重大的、带全局性或决定全局的谋划。

能源战略是指国家或地方政府根据国际国内和区域的经济发展、政治形势、资源状况、可持续发展要求等等,对能源生产、贸易、消费等做出的全局性的筹划和指导。能源政策是国家或地方政府根据能源战略与形势做出的指导方针和具体措施。能源政策的指导方针也可以称为能源基本政策,我国现时期的能源基本政策是:开发与节约并重,近期要把节约放在优先地位。能源政策的具体措施是指国家或地方政府为实现能源战略目标和执行能源指导方针而采取的法律、行政等强制手段和利率、贴息、税收等市场调控手段。

目前,不仅国家或地方政府研究和制定能源战略与政策,而且相当多的区域经济合作体以及行业、企业也纷纷研究和制定自己的能源战略和对策。动力工程及工程热物理学科的各个分支在科学研究和生产实践中,必然遇到有关能源战略与政策方面的问题,因此,这方面的研究也成为动力工程及工程热物理工作者的任务之一。事实上,电厂热能动力工程学科在确定国家电力建设的主力循环方式时,不仅要考虑热力系统热经济性和技术可行性,还要考虑一次能源结构、区域环境条件、消费模式预期等等,冶金热能工程学科提出的全行业、企业系统节能的思想和方法等等,和前面的工业生态学的探索,都已经进入了能源战略与政策研究的领域。

不同层次的能源战略与政策(对策)之间还可能存在着许多矛盾。在科技部"清洁能源行动的战略与对策研究"中,各个试点城市大都把电热采暖替代燃煤采暖作为清洁能源对策之一。

---

❶ 从1980年出国留学开始,他对高炉、高炉喷煤燃烧、各种竖炉、喷气搅拌钢包、RH精炼装置、底吹电弧炉、连铸中间包、连铸结晶器等重要冶金反应器内的传输现象、数学模型和数值计算进行了较为深入系统的研究。一些研究成果被国内外论文、专著所引用,有的成果在著名国际会议上做了特邀报告。先后完成二十几项国家自然科学基金、国家攻关课题、部省基金等科研课题。通过所发表的论文著作,提出了基于传输理论和数值方法的"计算冶金学"的基本体系。

而对于我们整个国家来说，则要消耗更多的煤来生产采暖用电。由于目前煤电转换效率平均仅为30%（约400gce/(kW·h)），这就意味着，试点城市每替代1 t采暖用煤，国内就需要多消耗3.333 t发电用煤来满足需要，这显然与国家的能源节约与环境保护的总体战略目标相背离。

能源战略包括能源经济战略、能源安全战略、能源的可持续发展战略等等。

3.4.4 生态环境与生命系统中的热物理研究

随着基础研究的不断深入、数值手段和实验手段的持续进步，部分热能与动力工程学科的学者的注意力转向了生态环境与生命科学中的热物理问题[24]。

生态是指在一定空间范围内，由植物、动物、真菌、微生物群落与其非生命环境，通过能量流动和物质循环而形成的相互作用、相互依存的动态复合体；环境是指生态系统所在空间为系统提供的空气、水、光照、营养等等全部要素。在生态环境系统中，存在着极其复杂的热物理现象。生态系统的产生与发展过程就受着热力学规律的支配（见第6.3节），生态环境系统还处处充满了各种尺度、各种层次的流动与传热现象。生态系统中最基本的生物是进行光合作用的植物，它们植根于土壤之中。土壤具有复杂的组织结构，其孔隙可以储存和输运水及水所携带的养分。季节和昼夜的变化、日照和表面气流运动的变化使土壤温度也不断变化，对水的输运、植物的生长带来影响。反过来，动植物的分布也对土壤结构产生重大影响，密布的植物及植物根系可以控制地表径流和地下水分迁移，从而减少和抑制水土流失。地居动物的活动有利于土壤的疏松，透水透气，却通过啮食植物根系而产生危害。蚯蚓和微生物负责分解落叶等有机质。所有这些构成了土壤生态系统。过去的生态学研究主要就种群、群落等之间的关系进行观察、统计、分析，而没有能力对土壤中的输运现象对生态系统的作用进行研究，因此工程热物理学者参与其中的重要性不言而喻。

其他生态系统如湿地、沙漠、森林、盐碱地、草原等均存在大量的流动、传热、传质等输运现象。森林、青纱帐等对风等气象因素的作用还影响着气候的变化。还有污染物在环境中的输运扩散（见第8章）也都与生态系统中的热物理问题有关。

生命系统也是受热力学规律支配的开放系统，其新陈代谢作用必须与周围环境进行能量交换和物质交换。生命体内部也充满了流动与传热以及更为复杂的耦合过程，如动物体内的血液、淋巴液、消化液等的流动，这些液体的复杂性质、输送管道壁面的复杂性，以及中枢神经对这些流动的控制，呈现出比工程传热更为丰富的新内容。显然这些流动过程与动物体的健康状况具有密切的联系。同样植物内部筛管导管内的流动也呈现出特有的复杂性。

随着生命科学研究的深入，不仅要研究参与生命活动的各种物质的化学作用机理，还要研究其动力学作用机理。随着生物医疗工程的快速发展，生物体液在生物医疗工程装置中的流动（如血液透析）、生物医疗工程装置对生物液体流动的影响（如血管支架）、外来物质在生物体液中的流动与扩散（如静脉注射后）乃至未来的可以在人的血管中自主运动的手术机器人等等，都为生命科学热物理提出了越来越多的重大课题。

3.4.5 大气运动与大气的传热传质作用

大气中的冷、热、干、湿、风、云、雨、雪、霜、雾、雷电、光象等各种物理状况和物理现象统称为气象。气象学（也称大气科学）是研究大气的各种物理、化学的性质、现象及其变化规律的科学，是地球科学的一个分支。早期的气象学只包括天气学和气候学，前者研究天气（指瞬时或较短时间内风、云、降水、温度、气压等气象要素综合显示的大气状况，常直观地表达为阴、晴、雨、雪等）形成及其演变规律，后者研究某一地区较长一段时期的天气的特征（即气候）、变化规律及其形成原因,气候是太阳辐射、大气环流和地面性质等因素相互作用的结果。

大气的热力运动和流体流动是天气变化的实质,所以当数学、理论力学、流体力学和热力学发展起来以后,逐步被引入了大气科学,并发展成为大气热力学、大气动力学等大气科学的新分支,而且学科的扩展和分化仍在进行之中。气象学的首要任务是天气预报,由于天气现象的复杂性、即时性和前述数理学科计算上的困难,大气热力学等学科理论一直没能在天气预报中得到切实的应用,很长一个时期天气预报主要依靠经验性的天气学和气候学理论来做出和发布。局部地区特别是山区,气象工作者预报天气的能力甚至赶不上大字不识的农民。计算机 ENIAC 的诞生使得利用大气热力学和大气动力学的方程作为模型,以气象观测数据为初始和边界条件,进行数值天气预报成为可能。这一尝试于 1950 年前后在普林斯顿高等研究所得以实现。

计算机技术始终制约着数值预报科学的进步。1980 年以前,全球只有发达国家的极少数气象台站可以进行短期较大尺度的数值预报。所谓短期,是指两天以内;所谓较大的尺度,是指几百千米至上千千米。至于雷阵雨、冰雹等小尺度的强对流天气,只能给出趋势预报。即使到了 1990 年(已经普遍使用数值预报),按照普通气象台站所拥有的技术手段,如果试图准确预报当地 6 h 以后的一场强雷阵雨,需要计算机连续运算 20 h——比马后炮还马后炮。目前数值预报的准确程度仍不理想,但基本上还是可信的(10 年前不少人开玩笑道:天气预报反着听更准确)。

相对于短期数值预报,中长期数值预报给人们带来更多的困扰,也带来更丰富的回报。所谓中期预报,指 3 ~ 15 天的预报。开始时,人们对中长期数值预报的准确率是容忍的,认为造成数值预报不准确的原因只是模型的简化、初始场的不准确和计算机内存与速度的限制,期望随着数学理论、观测手段和计算机技术的进步而好转,后来才发现问题绝不简单,其后的发展简直是革命性的。一切从 E. N. Lorenz 开始,虽然在他之前已经有不少人感觉到了问题的存在。1965 年,在利用几十年的气象和预报资料对一个数值模型的性能进行研究时,一次偶然的重复计算使他发现,初值不到千分之一的变化(四舍五入引起的)导致了结果的南辕北辙。Lorenz 触倒了第一块骨牌,从此混沌学(Chaos)理论和复杂性研究风靡了全球学术界,至今不衰。

混沌学家们热衷于分叉、倍周期和奇怪吸引子,气象学家则必须脚踏实地地背负自己的使命。他们利用各种方法探索数值天气预报的可预报性,结论是全球大气环流模式的可预报性为两周以内。实际上结果并不那么悲观,数值预报的可预报性因对预报量的要求不同而异。如果要求预报一个月以后某一天的天气几乎是不可能的,而预报那个时段的平均(旬平均、月平均)状态应该是没问题的。如果要求预报一天以后头顶上有几块云、掉几滴雨是不可能的,而如果预报十天半个月后长江中上游的雨量是否会对已经岌岌可危的荆江大堤造成危害则已经做到了(1998 年)。

大气有各种不同规模的运动,其水平范围从几十米到几千千米,各种运动维持的时间、影响因素和物理特性都有很大的差别。支配不同规模大气运动的基本方程是一样的,由状态方程、连续性方程、运动方程(欧拉方程加上地球转动的影响)、能量方程和水汽方程(水汽相变关系)以及对大气湍流的考虑等组成,但是起主要作用的因子不会相同。根据表征某种特定形式运动的各运动要素的特征尺度来分析基本方程组并予以简化,称为尺度分析。一般地,波状运动的水平尺度取四分之一波长,涡旋运动取半径垂直尺度指所研究大气系统的厚度(大都是对流层厚度),时间尺度取从系统发生到消亡的时间。大气运动的特点与水平尺度最密切,水平尺度一确定,其他主要特征量也就随之而定。大气运动按水平尺度粗略分为三类:大尺度运动,水平尺度大于 10^6 m,包括大气长波、气旋、反气旋、副热带高压等等;中尺度运动,水平尺度在 10^5 m 左右,包括热带风暴(台风)、小低涡、飑线、海陆风、雷暴高压等等;小尺度运动,水平尺度小于 10^4 m,包括龙卷、小雷暴、积云等等。

在环境科学的大气污染控制工程中，污染物从污染源排放到大气中的扩散过程（简称大气扩散）是一个重要研究内容。目前环境科学的大气扩散研究仅限于小尺度，而且选取稳定天气状况独立分析，如稳定的各种类型风场、稳定的各种类型温度层结等等。由于污染是长期的、连续的、广泛的，各种尺度的波动和涡旋运动始终存在于大气运动中，所以目前的分析方法不能反映实际状况，应当考虑大气的各个尺度各种类型（波动、涡旋、锋面等）运动在一定时间段内对大气扩散的影响，以及各个污染源大气扩散之间的相互影响，还要考虑污染物在大气中的化学作用。现实中，上述因素都是耦合的，而研究却是割裂的。气象学者加盟环境科学正在逐步使情况有所改变。

长期数值天气预报一直是大气科学的前沿，其实混沌学的产生并不是长期预报的终结，而是一个新的机遇，非线性科学研究的成果极可能是未来彻底改善长期预报的可预报性的最主要出路（不期望得到完全准确的预报，就可以得到精确度相当高而且实用的预报）。采用天气学和气候学的经验的、统计的方法与动力气象学的数学物理方程模型相结合进行长期数值预报，似乎实用性相当不错，困难可能在封闭的数学模型如何有理有力地开放上（方程可能具有未定系数和未知边界条件）。大气科学研究的另一个前沿是在环境领域，首先就是全球气候变化的大气热力学和大气动力学原因、过程和结果，包括周期的、准周期的（厄尔尼诺现象）和长期的变化（全球气候变暖）。然后是区域的气候变化趋势（如冰川退化等）。当然还有前述大气运动、化学作用与污染物大气扩散的耦合机理探索。沙尘暴现象提出了大气运动产生固体颗粒输运之两相流机理研究的课题。大规模风力发电场的出现也对大气学科提出了要求，而防风固沙林建设和沙漠治理也同样需要大气科学的帮助。

3.4.6 火灾科学的理论与实验研究

从古到今，火灾对人类社会造成了巨大的危害。人类文明发展到现代，随着经济的发展，火灾损失与日俱增。我国改革开放初期 1980 ~ 1987 年的七年间火灾损失平均每年递增 24.3%。严酷的事实迫使人们不得不深入研究火灾的机理和规律，把火灾防治建立在对火灾科学认识的基础上。

20 世纪 70 年代，美国哈佛大学 H. W. Emmons 教授将质量守恒、动量守恒、能量守恒和化学反应原理运用到建筑火灾的研究上，开创了火灾科学研究的先河。之后，美、英、日、俄等发达国家把火灾研究从单纯着眼于扑救转变到探讨火灾的机理和规律，相继建立了从事火灾应用基础研究的机构，如美国的 Center for Fire Research、Intermountain Fire Science Laboratory，英国的 Fire Research Station，日本的东京大学和国立消防研究所等等。经过科学家们多年的努力，逐渐形成了火灾科学的基本思想，鉴别了基本的火灾现象，并已经和正在弄清它们的基本特性。1985 年在华盛顿召开了第一届国际火灾科学大会，正式宣告火灾科学的诞生。

火灾科学是建立在燃烧学、流体力学、传热学、工程热力学和化学流体力学等基础上的一门新兴学科。其产生和发展使人类变以往被动地着眼于如何扑救为主动地深入了解火灾的机理，从更高的层次上认识火的发生和行为，用先进的科学技术去进一步减少火灾损失。例如在美国围绕基于能量平衡原理所建立的火灾蔓延模型而开展的扑火战略研究，在对付类似大小的两个火场时，一次采用全面控制战略，扑火耗资 240 万美元，另一次采用限制战略，合理调配扑火力量，只耗资 20 万美元。统计结果表明：火灾科学的兴起促进了火灾研究的发展，推动着防火灭火技术的进步，带来了火灾损失的下降，已经开始显示出极大的社会经济效益。

火灾是复杂的。一方面，火灾的孕育、发生和发展包含着流体湍流流动、相变、传热传质和复杂化学反应等物理化学作用，是一种涉及物质、动量、能量和化学组分在复杂多变的环境条件下相互作用的三维、多相、多尺度、非定常、非线性、非平衡态的动力学过程,表现为火灾各分过程的复杂性行为,例如建筑火灾中的回燃和轰燃现象、矿井火灾中火灾导致的网络系统风流紊乱、森林火灾中阴燃向明火的转化、火旋风、飞火以及高山峡谷林火可能出现的烟气倒灌和淤积等等。另一方面,火灾系统还涉及致灾因素与人、材料、环境及其他干预因素的复杂的相互耦合作用。单次火灾涉及可燃物的本身条件、环境条件、人为因素、地理、生态等多方面因素的相互影响,不同的火灾之间也有或强或弱的关联。比较来看,火灾发生发展的过程与正常的有组织的燃烧有很大的差异,这种差异完全是几何条件、初始条件、边界条件和物性条件的差异造成的。显然火灾的这些条件要比炉内和缸内燃烧复杂得多,这也就带来了火灾科学研究的困难之处。火灾科学比一般的燃烧科学需要更多的实验研究、更深刻的理论分析和更广泛的领域交叉,因此对工程热物理学者们也是更能体现其学术水平的挑战。

随着世界人口的增长,城市规模的扩大,高层建筑的出现,人类与火灾斗争的战线越来越宽,从以建筑火灾为重点,拓展到油品火灾、森林火灾及宇航领域火灾等。人们开始用计算模拟和实验手段探讨火灾问题,并且进一步提出,能否就火灾监测对象提供的种种参数,对它的火灾危险性作出评估,从而了解和掌握监测对象所处的状况,以采取相应的对策和措施。

中国科技大学火灾科学国家重点实验室的研究在国内处于比较领先的地位,他们目前的主要研究方向是火灾动力学演化与模拟仿真、火灾防治技术原理(阻燃、火灾智能识别、清洁灭火、火灾防治关键技术集成)、热-力耦合作用下的火灾安全、火灾安全工程理论及方法学(危险性评估、性能化设计、安全规划、应急预案)。

4 热能直接利用的理论基础

热能是人类使用最广泛的能源形式。几乎所有的一次能源都要转化成热能后供我们使用，或者先转化成热能再转化成其他形式的能量予以利用。所以人们从自然界获得的能源，其主要形式是热能，如图 4–1 所示。

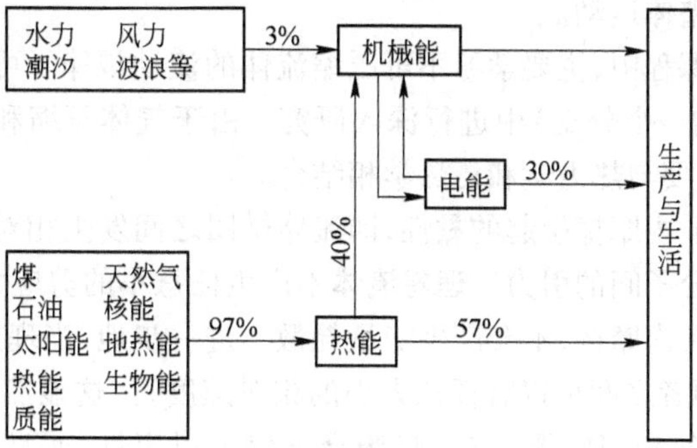

图 4–1 能源的转化

热能的利用也因此分为两种形式：热能的直接利用和间接利用（动力利用）。

热能的直接利用主要用于工农业生产中的工艺加热和各种建筑或设施的供热等。例如机械行业的热处理，冶金行业的烧结、高炉、转炉和轧钢加热炉，建材行业的煅烧、烧成、干燥，化工行业的绝大部分生产工艺，造纸工业的纸浆蒸煮、干燥，印染行业的水洗、定色、干燥、烧毛、整理，食品工业的蒸煮煎炸烘烤和灭菌消毒，以及住宅、办公楼、商场、厂房甚至农业大棚的供热采暖等等。

热能直接利用的设备主要有供热锅炉、工业窑炉、换热器、塔器等等。在热能的直接利用过程中，应当遵循工程热力学、流体力学和传热学等理论的指导。

4.1 流体力学基础

流体力学是研究流体平衡和流体运动规律的科学。

4.1.1 基本概念

在力的作用下一切物质都呈现**变形**。一个给定的力产生确定的变形；若在力撤除后变形立即消失，这种变形称为**弹性变形**；若在力撤除后产生永久变形，则这种变形称为**塑性变形**；若是无论在**多么小**的力的作用下，变形都不断地、无限地增加，这样的变形就称为**流动**。

流体是流动的物质。气体和液体都是流体。气体在任何封闭空间内都会充满整个空间，所以气体是**可压缩流体**。在一定的温度压力下，液体具有确定的体积，当容纳液体的容器容积大于液体体积时，在重力作用下液体将在容器下部，具有它所占据的容器部分的形状，在上部具有一水平自由表面。压力变化时，液体的体积变化很小。大多数情况下，我们可以将液体简化成**不可**

压缩流体。不可压缩流体在数学上显然比可压缩流体容易处理,当压力变化不大时(例如通风过程),我们也把气体简化成不可压缩流体。

流体由众多分子组成,分子间是具有间隙的。但流体力学不研究微观的分子运动,而假定所研究的对象是一个**连续体**,也称为**连续介质假定**。即认为所研究的对象内各点上的压力、温度、密度、速度等都是空间坐标的连续函数。实际上,只要被研究物体的几何尺度远大于分子的平均自由行程,连续体的假定即可成立。当我们谈论流体的极小部分时,称之为**流体微团**(它是一个抽象的概念,代表了按照我们的需要所分割的流体的最小部分,又能保持连续性,因而可以用微积分等数学工具来分析处理。有的同行称之为流体质点)。流体微团的运动不尽相同,微团运动的总和构成了流体的整体运动。

在基本的流体力学课程中,主要学习不可压缩流体的流动规律。可压缩流体的运动规律在气体动力学(流体力学的一个分支)中进行深入研究。由于气体压缩和膨胀涉及热功转换和热量传递,所以其研究也需要与热力学和传热学相结合。

实际流体具有由物质内摩擦引起的黏性,即流体微团之间发生相对滑移时产生切向阻力的性质。内摩擦的本质是分子间的引力。**理想流体**不产生任意小的剪应力(即切向阻力),也就是没有黏性。理想流体没有内摩擦,不会产生能量耗散。进一步地,当理想流体经过固体表面时,也不会产生阻力(于是两者之间可以有任意大小的相对速度)。这显然不符合实际。尽管这样,理想流体流动的研究仍然相当重要,在一些场合不仅可以定性,而且可以定量地得到实用的结果。

当黏性流体与固体表面相接触时,在接触的地方两者的切向速度相同(即两者之间没有相对运动)。这是在实验基础上建立起来的物理特性,即**黏附条件**或**无滑移条件**。而在接触的地方两者的法向速度也相等,无论流体是黏性的还是理想的。

图4-2所示为黏性流体的速度分布。流体在垂直于流动方向上单位尺度的速度增量,称为速度梯度。切向应力与速度梯度成正比,这就是**牛顿内摩擦定律**:

$$\tau = \eta \frac{\partial v}{\partial y} \tag{4-1}$$

式中,τ 为流体的切向应力;η 为流体的动力黏度,kg/(m·s),是物质的物理性质之一;v 为流体的流动速度。流体力学中还常使用动力黏度与密度的比值,称为运动黏度,用 ν 表示,$\nu = \frac{\eta}{\rho}$,单位为 m^2/s。

式(4-1)表明切向应力与速度梯度呈线性关系,这样的流体称为牛顿(型)流体。也有流体的切向应力与速度梯度成非线性关系,被称为非牛顿流体,如沥青、玻璃、油漆、牙膏等等。

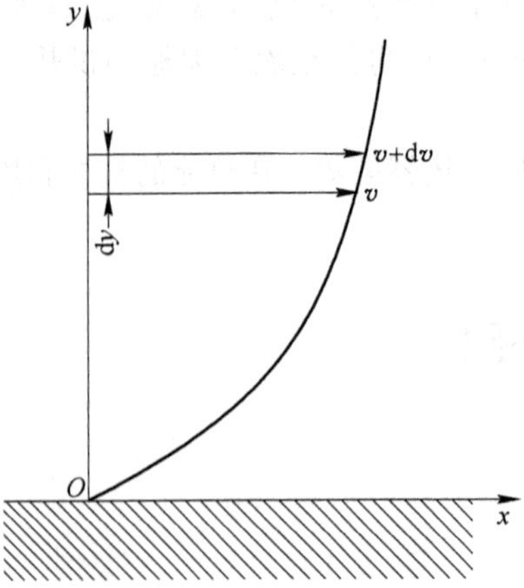

图4-2 黏性流体的速度分布

流体自由表面的分子同时受到液体内部分子和自由表面上方气体分子的吸引力作用,由于两种引力的差异,产生一个指向液体内部的合力。表面分子没有被拉进液体内部,意味着它们必须具有抵抗这种合力的力。当液体的自由表面形成时,液体对表面分子作功,从而给予表面分子一定的能量来形成这个力。能量称为表面自由能,力称为表面张力。

任何系统都趋向于处在势能(自由能)最小的稳定平衡状态。表面自由能也总是趋向于最小,液滴单独存在时必然是球形就是这个道理。液体在固体表面的行为也受这个原理的控制。将一滴液体放在一均匀平滑的固体表面上会产生两种现象,一是液体完全展开覆盖固体表面,另一种情况是液滴与固体表面形成一定角度仍留在表面上。如图 4-3 所示,在固、液、气三相交界处,自固—液界面经过液体内部到气—液界面之间的夹角称为接触角,以 θ 表示。接触角的大小反映了固体对液体表面的润湿情况,接触角越小,润湿得越好,水滴在木板、报纸上就是润湿良好的例子(实际是固体分子对液体分子的引力大于液体分子之间的引力)。接触角越大,润湿越差,露珠在荷叶上滚动、水银在桌面上的滚动都是润湿很差的例子。当细玻璃管插入液体中时,管内的液面与外面容器的液面会形成一个明显的高度差,被称为毛细现象。润湿良好时液面上升,润湿很差时液面下降。

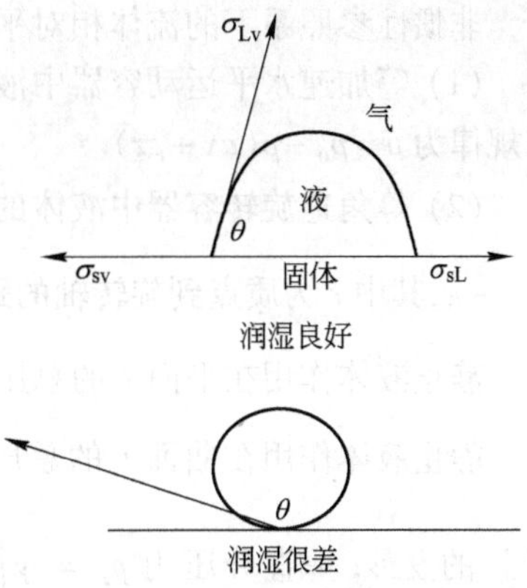

图 4-3 液滴在固体表面

4.1.2 流体静力学

流体静力学研究流体平衡的规律。流体相对于惯性参照系没有运动就被认为处于静止或平衡状态,其压力等参数之间的关系符合流体静力学规律。静止的流体速度梯度为零,黏性流体与理想流体没有区别。

作用在运动的流体上的力可分为表面力和质量力。前者指作用在所选取的分离体表面上的力,如压力、剪力(切向应力)。后者是指某种力场作用在流体的全部质点上产生的力,是和流体的质量与体积成正比的力,也称为体积力、彻体力,如重力、电磁力等等。

静止流体只能承受压力,称为静压力。流体静压力的方向是沿作用面的内法线方向的。静止流体中任一点的流体静压力与其作用面在空间的方位无关,只是该点坐标的函数(即该点的静压力无论来自何方均相等)。

欧拉(Leonard Euler)于 1755 年提出了**流体的平衡微分方程式**,即欧拉平衡方程式:静止流体中,作用于某点的单位质量流体上的质量力与压力的合力相平衡。

$$\begin{cases} f_x - \dfrac{1}{\rho}\dfrac{\partial p}{\partial x} = 0 \\ f_y - \dfrac{1}{\rho}\dfrac{\partial p}{\partial y} = 0 \\ f_z - \dfrac{1}{\rho}\dfrac{\partial p}{\partial z} = 0 \end{cases} \tag{4-2}$$

$$\boldsymbol{f} - \frac{1}{\rho}\mathrm{grad}\ p = 0 \tag{4-2a}$$

流体静力学的基本方程式:在静止的不可压缩均质重力流体中,任意点的单位重量流体的总势能保持不变。

$$z + \frac{p}{\gamma} = C \tag{4-3}$$

式中,z 可称为**位置水头**;$\dfrac{p}{\gamma}$可称为**压力水头**,合在一起称为**静水头**;C 为常数。上式表明,静水头的连线为一平行于基准线的水平线,称为**静水头线**。静止可压缩流体中压力的变化由该流体的状态方程决定(见“工程热力学”的有关内容)。

非惯性参照系下的流体相对平衡：

（1）等加速水平运动容器中液体的相对平衡。质量力为$f_x=-a, f_y=0, f_z=-g$。静压力分布规律为$p=p_0-\rho(ax+gz)$。

（2）等角速旋转容器中液体的相对平衡。质量力为$f_x=\omega^2 r\cos\alpha=\omega^2 x, f_y=\omega^2 r\sin\alpha=\omega^2 y$，$f_z=-g$，其中$r$为质点到旋转轴的距离。静压力分布规律为$p=p_0+\gamma\left(\frac{\omega^2 r^2}{2g}-z\right)$。

静止液体作用在平面上的总压力：$p=(p_0+\gamma y_C\sin\alpha)A=(p_0+\gamma h_C)A$。

静止液体作用在曲面上的总压力：水平分压力$p_x=\gamma\int_A h\mathrm{d}A_x=\gamma h_C A_x$，$A_x$为曲面在$yoz$坐标面上的投影；垂直分压力$p_z=\gamma\int_A h\mathrm{d}A_z=\gamma\times$曲面上方液柱体积。两者合成为总压力：$p=\sqrt{p_x^2+p_z^2}$。

阿基米德原理：液体作用在沉没物体上的总压力方向垂直向上，大小等于沉没物体所排开液体的重量。这个力就是**浮力**。

4.1.3 流体动力学

4.1.3.1 研究流体运动的两种方法

研究流体运动的方法有欧拉方法和拉格朗日方法。

充满运动着的流体的空间称为流场。欧拉方法着眼于整个流场的状态，研究表征流场内流体流动的各种物理量的矢量场和标量场，如速度场、压力场和密度场等等。这些矢量和标量都是空间坐标(x,y,z)和时间坐标τ的函数，欧拉方法研究的一个目的就是试图把这些函数表达出来。

欧拉方法中，流体运动的加速度（速度对时间的导数）为

$$\boldsymbol{a}=\frac{\mathrm{d}\boldsymbol{v}}{\mathrm{d}\tau}=\frac{\partial\boldsymbol{v}}{\partial\tau}+(\boldsymbol{v}\cdot\nabla)\boldsymbol{v} \tag{4-4}$$

可见，加速度由两部分组成：$\frac{\partial\boldsymbol{v}}{\partial\tau}$项表示固定点上流体质点的速度变化率，称为当地加速度（local acceleration）；$(\boldsymbol{v}\cdot\nabla)\boldsymbol{v}$表示由于流体质点所在的空间位置变化而引起的速度变化率，称为迁移加速度（convective acceleration）。

类似地，其他物理量对时间的变化率的通用形式为：

$$\frac{\mathrm{d}}{\mathrm{d}\tau}=\frac{\partial}{\partial\tau}+\boldsymbol{v}\cdot\nabla \tag{4-5}$$

式中，$\frac{\mathrm{d}}{\mathrm{d}\tau}$为全导数；$\frac{\partial}{\partial\tau}$为当地导数；$\boldsymbol{v}\cdot\nabla$为迁移导数[1]。

拉格朗日方法着眼于每个个别流体质点运动的研究，综合所有流体质点的运动，便可以得到整个流体的运动规律。和质点动力学一样，这种方法通过建立流体质点运动方程式来描述所有流体质点的运动特性，如流体质点的运动轨迹、速度和加速度等。

[1] $\nabla=\frac{\partial}{\partial x}\boldsymbol{i}+\frac{\partial}{\partial y}\boldsymbol{j}+\frac{\partial}{\partial z}\boldsymbol{k}$是矢量微分算子。式(4-5)的分量形式为（以式(4-4)为例）：

$$a_x=\frac{\mathrm{d}v_x}{\mathrm{d}\tau}=\frac{\partial v_x}{\partial\tau}+\frac{\partial v_x}{\partial x}\frac{\mathrm{d}x}{\mathrm{d}\tau}+\frac{\partial v_x}{\partial y}\frac{\mathrm{d}y}{\mathrm{d}\tau}+\frac{\partial v_x}{\partial z}\frac{\mathrm{d}z}{\mathrm{d}\tau}$$

拉格朗日(Lagrange)方法首先必须对流场中连续存在的质点进行区别。取某一起始时刻 τ_0 时每个质点的空间坐标(a,b,c)作为该质点的标志,称为拉格朗日变数(拉氏变数)。由于质点在流场中连续存在,所以拉氏变数也在坐标中连续存在。质点的空间位置(x,y,z)是拉氏变数(a,b,c)和时间(τ)的函数。

$$\begin{aligned} x &= f_1(a,b,c,\tau) \\ y &= f_2(a,b,c,\tau) \\ z &= f_3(a,b,c,\tau) \end{aligned} \tag{4-6}$$

质点的运动速度也是(a,b,c)和(τ)的函数(注意 a,b,c 和 τ 无关)。

$$\begin{aligned} v_x &= \frac{\mathrm{d}x}{\mathrm{d}\tau} = \frac{\partial x}{\partial \tau} = f_1'(a,b,c,\tau) \\ v_y &= \frac{\mathrm{d}y}{\mathrm{d}\tau} = \frac{\partial y}{\partial \tau} = f_2'(a,b,c,\tau) \\ v_z &= \frac{\mathrm{d}z}{\mathrm{d}\tau} = \frac{\partial z}{\partial \tau} = f_3'(a,b,c,\tau) \end{aligned} \tag{4-7}$$

同样,质点的加速度也是(a,b,c)和(τ)的函数。

$$\begin{aligned} a_x &= \frac{\partial v_x}{\partial \tau} = \frac{\partial^2 x}{\partial \tau^2} = f_1''(a,b,c,\tau) \\ a_y &= \frac{\partial v_y}{\partial \tau} = \frac{\partial^2 y}{\partial \tau^2} = f_2''(a,b,c,\tau) \\ a_z &= \frac{\partial v_z}{\partial \tau} = \frac{\partial^2 z}{\partial \tau^2} = f_3''(a,b,c,\tau) \end{aligned} \tag{4-8}$$

拉格朗日方法可以研究流体运动的轨迹和轨迹上各流动参数的变化,但用于研究整个流场的特性并不方便,所以较少应用。

欧拉方法和拉格朗日方法可以互相变换❶。它们还可以变换到柱坐标、球坐标以及其他正交坐标系下。

4.1.3.2 流线和迹线

流体质点的运动轨迹称为迹线。通过迹线可以看出流体质点的运动途径在流场中是如何变化的。这是拉格朗日方法研究的内容。对添加了显示剂的流场进行摄像能够给出流场中的迹线。不同的质点形成不同的迹线,与时间无关(拉氏变数 a,b,c 是独立变量)。

流线是适应欧拉方法的、形象地描绘流场内流动状况的概念。流线是这样一条曲线,在某一瞬时,曲线上每一点的速度矢量总是在该点与此曲线相切。对添加了显示剂的流场进行摄影能够给出流场中的流线。流线方程为:

$$\frac{\mathrm{d}x}{v_x(x,y,z,\tau)} = \frac{\mathrm{d}y}{v_y(x,y,z,\tau)} = \frac{\mathrm{d}z}{v_z(x,y,z,\tau)} \tag{4-9}$$

定常流动的流线与时间无关,形状始终不变。任一流体质点必定沿着某一确定流线运动,迹线与流线重合。流场中一个点在某一时刻仅有一条流线,即流线不能相交,除非是驻点(速度等于零的点)或奇点(速度为无穷大的点)。

❶ 描述同一现象的不同物理方法应当是等价的,因而总可以相互变换。

4.1.3.3 理想流体一元流动

一元流动是三元流动的简化，因为工程计算时主要遇到的是一元流动（管流），所以把一元流动的计算方法单独列出。

A 一元流动的连续性方程

$$\rho_1 v_1 A_1 = \rho_2 v_2 A_2 \tag{4-10}$$

式中，v 是流管[1]有效截面上的平均速度；A 为流管有效截面积。

B 欧拉方程——理想流体一元流动的运动微分方程

$$g\frac{\partial z}{\partial s} + \frac{1}{\rho}\frac{\partial p}{\partial s} + \frac{\partial v}{\partial \tau} + v\frac{\partial v}{\partial s} = 0 \tag{4-11}$$

对于定常流动：

$$g\mathrm{d}z + \frac{\mathrm{d}p}{\rho} + v\mathrm{d}v = 0 \tag{4-12}$$

欧拉方程是沿流线的运动微分方程。

C 伯努利方程

将定常流动的欧拉方程积分，即伯努利积分：

$$gz + \int \frac{\mathrm{d}p}{\rho} + \frac{v^2}{2} = C \tag{4-13}$$

对于不可压缩流体，密度 ρ 保持不变，得到伯努利方程（Daniel Bernoulli 于 1738 年）：

$$gz + \frac{p}{\rho} + \frac{v^2}{2} = C \tag{4-14}$$

对于单位质量流体，伯努利方程可写成：

$$z + \frac{p}{\gamma} + \frac{v^2}{2g} = H \tag{4-15}$$

式中，各项依次称为位置水头、压力水头（压头）、速度水头和总水头。

D 理想流体一元定常流动的动量方程和动量矩方程

动量方程

$$\int_{cs} \rho \boldsymbol{v} v_{\mathrm{n}} \mathrm{d}A = \sum \boldsymbol{F} \tag{4-16}$$

动量矩方程

$$\int_{cs} \rho (\boldsymbol{r} \times \boldsymbol{v}) v_{\mathrm{n}} \mathrm{d}A = \sum \boldsymbol{r}_i \times \boldsymbol{F}_i \tag{4-17}$$

4.1.3.4 黏性流体一元流动

A 黏性流体总流的伯努利方程

$$z_1 + \frac{p_1}{\gamma} + \alpha_1 \frac{v_1^2}{2g} = z_2 + \frac{p_2}{\gamma} + \alpha_2 \frac{v_2^2}{2g} + h_{\mathrm{w}} \tag{4-18}$$

式中，$\alpha = \frac{1}{A}\int_A \left(\frac{v}{\bar{v}}\right)^3 \mathrm{d}A$，称为总能修正系数，工业管道 $\alpha = 1.01 \sim 1.10$，湍流流动时近似等于 1；h_{w} 为单位质量流体自截面 1 流到截面 2 所消耗的机械能（即阻力损失）。这就是黏性流体总流的伯努利方程，适用于重力作用下不可压缩黏性流体定常流动的任意两个缓变截面（包括两者之间含有急变流的情形）。

---

[1] 一束流线构成一个流束，流束的外层流线构成流管，流体不能穿过流管进出，因为流动速度矢量总是与流线相切。

B 阻力

沿程阻力
$$h_f=\lambda\frac{l}{d}\frac{v^2}{2g} \tag{4-19}$$

式中，λ 为沿程阻力系数。

局部阻力
$$h_j=\zeta\frac{v^2}{2g} \tag{4-20}$$

式中，ζ 为局部阻力系数。

C 层流与湍流

1883 年 Osborne Reynolds 关于雷诺实验的报告，提出了流体流动分成两种流动状态：层流与湍流。速度较低的层流流场呈现一簇互相平行的流线，流线互不掺混。由于黏性作用，流体微团之间有切向应力存在，见式(4-1)，流速较高时切向应力可以大到足以使流体流线破坏，流体微团之间强烈地无规则迁移、掺混、脉动，动量交换非常剧烈，称为湍流或紊流。

4.1.3.5 理想流体的流动

黏性流体流动的研究十分困难，从理想流体入手在加以校正具有很强的实用意义。许多实际问题中黏性并不起重要作用，此时仅仅分析理想流体既抓住了主要矛盾又使问题得以简化，利于求解。例如在研究叶型绕流、叶栅流动的能量转换关系与压力变化和升力的产生等问题时，理想流体的概念有助于抓住能量转换关系的本质。

A 连续性方程

可压缩流体非定常三元流动的连续性方程为：
$$\frac{\partial(\rho v_x)}{\partial x}+\frac{\partial(\rho v_y)}{\partial y}+\frac{\partial(\rho v_z)}{\partial z}+\frac{\partial\rho}{\partial t}=0 \tag{4-21}$$

矢量形式
$$\mathrm{div}(\rho\boldsymbol{v})+\frac{\partial\rho}{\partial t}=0 \quad 或 \quad \nabla\cdot(\rho\boldsymbol{v})+\frac{\partial\rho}{\partial t}=0 \tag{4-21a}$$

定常流动
$$\frac{\partial(\rho v_x)}{\partial x}+\frac{\partial(\rho v_y)}{\partial y}+\frac{\partial(\rho v_z)}{\partial z}=0 \tag{4-22}$$

或
$$\mathrm{div}(\rho\boldsymbol{v})=0 \tag{4-22a}$$

不可压缩流体
$$\frac{\partial v_x}{\partial x}+\frac{\partial v_y}{\partial y}+\frac{\partial v_z}{\partial z}=0 \tag{4-23}$$

或
$$\mathrm{div}\ \boldsymbol{v}=0 \tag{4-23a}$$

B 流体微团的旋转角速度

理想流体的流动可以分为有旋流动和无旋流动两类，流体微团的旋转角速度不等于零的流动称为有旋流动。流体微团的旋转和变形都产生旋转角速度 $\boldsymbol{\omega}$，由各速度分量表示为：
$$\begin{cases}\omega_x=\dfrac{1}{2}\left(\dfrac{\partial v_z}{\partial y}-\dfrac{\partial v_y}{\partial z}\right)\\ \omega_y=\dfrac{1}{2}\left(\dfrac{\partial v_x}{\partial z}-\dfrac{\partial v_z}{\partial x}\right)\\ \omega_z=\dfrac{1}{2}\left(\dfrac{\partial v_y}{\partial x}-\dfrac{\partial v_x}{\partial y}\right)\end{cases} \tag{4-24a}$$

而
$$\omega=\sqrt{\omega_x^2+\omega_y^2+\omega_z^2} \tag{4-24b}$$

矢量式
$$\boldsymbol{\omega}=\omega_x\boldsymbol{i}+\omega_y\boldsymbol{j}+\omega_z\boldsymbol{k}=\frac{1}{2}\mathrm{curl}\boldsymbol{v}=\frac{1}{2}\nabla\times\boldsymbol{v} \tag{4-24c}$$

显然无旋流动的条件是$\frac{\partial v_z}{\partial y}=\frac{\partial v_y}{\partial z},\frac{\partial v_x}{\partial z}=\frac{\partial v_z}{\partial x},\frac{\partial v_y}{\partial x}=\frac{\partial v_x}{\partial y}$。

C 理想流体的运动微分方程——欧拉运动微分方程

$$\begin{cases}\frac{\mathrm{d}v_x}{\mathrm{d}\tau}=f_x-\frac{1}{\rho}\frac{\partial p}{\partial x}\\ \frac{\mathrm{d}v_y}{\mathrm{d}\tau}=f_y-\frac{1}{\rho}\frac{\partial p}{\partial y}\\ \frac{\mathrm{d}v_z}{\mathrm{d}\tau}=f_z-\frac{1}{\rho}\frac{\partial p}{\partial z}\end{cases} \tag{4-25a}$$

矢量式

$$\frac{\mathrm{d}\boldsymbol{v}}{\mathrm{d}\tau}=\boldsymbol{f}-\frac{1}{\rho}\mathrm{grad}p \tag{4-25b}$$

还可以利用式(4-4)和式(4-5)把式(4-25)展开。将式(4-24)引入欧拉运动微分方程,得到兰姆(H. Lamb)运动微分方程:

$$\begin{cases}\frac{\partial v_x}{\partial \tau}+2(v_z\omega_y-v_y\omega_z)=f_x-\frac{\partial}{\partial x}\left(\frac{v^2}{2}\right)-\frac{1}{\rho}\frac{\partial p}{\partial x}\\ \frac{\partial v_y}{\partial \tau}+2(v_x\omega_z-v_z\omega_x)=f_y-\frac{\partial}{\partial y}\left(\frac{v^2}{2}\right)-\frac{1}{\rho}\frac{\partial p}{\partial y}\\ \frac{\partial v_z}{\partial \tau}+2(v_y\omega_x-v_x\omega_y)=f_z-\frac{\partial}{\partial z}\left(\frac{v^2}{2}\right)-\frac{1}{\rho}\frac{\partial p}{\partial z}\end{cases} \tag{4-26}$$

式(4-26)等价于式(4-25),能直观表示出流动是否有旋(第二项是否为零)。注:$v^2=v_x^2+v_y^2+v_z^2$。

D 速度环量和斯托克斯定理

有旋流动的流场中,流体微团的角速度$\boldsymbol{\omega}(x,y,z,\tau)$分布构成了涡量场(角速度场),类似于速度场中的流线、流管、流束和流量,涡量场中也可以引入涡线、涡管、涡束和旋涡强度。流线方程中的速度分量换成角速度分量就成为涡线方程。涡管的旋涡强度就是通过涡管的速度旋度(二倍角速度)的通量。旋涡强度和流体微团的角速度不能直接测量,但可以推测,旋涡强度与环绕某一核心旋转的流体中的速度分量有关。所以定义,速度在封闭周线切线上的分量沿该封闭周线K的线积分称为速度环量Γ,即:

$$\Gamma=\oint_K \boldsymbol{v}\cdot\mathrm{d}\boldsymbol{s}=\oint_K v\cos\alpha\mathrm{d}s=\oint_K(v_x\mathrm{d}x+v_y\mathrm{d}y+v_z\mathrm{d}z) \tag{4-27}$$

速度环量的正向规定为逆时针方向。

斯托克斯(G. G. Stokes)定理:当封闭周线内有涡束时,沿封闭周线的速度环量等于该封闭周线内所有涡束的旋涡强度之和,即:

$$\Gamma=2\int_A \omega_\mathrm{n}\mathrm{d}A \tag{4-28}$$

关于理想流体有旋流动的理论还有 W. Thomson 定理、H. L. F. Von Helmholtz 三定理。

E 有势流动

无旋流动的条件是使式(4-27)右侧的$v_x\mathrm{d}x+v_y\mathrm{d}y+v_z\mathrm{d}z$成为某个函数$\varphi(x,y,z,\tau)$的全微分的充要条件。将$\tau$当作参量,$\varphi(x,y,z,\tau)$的全微分为$\mathrm{d}\varphi=\frac{\partial\varphi}{\partial x}\mathrm{d}x+\frac{\partial\varphi}{\partial y}\mathrm{d}y+\frac{\partial\varphi}{\partial z}\mathrm{d}z$,于是$v_x=\frac{\partial\varphi}{\partial x},v_y=\frac{\partial\varphi}{\partial y},v_z=\frac{\partial\varphi}{\partial z}$。函数$\varphi(x,y,z,\tau)$称为速度势函数,速度势的梯度就是流场的速度。

无旋流动也称为有势流动。由曲线积分理论,如果速度势是连续的,有势流动的速度环量(式(4-27)的积分结果)等于零。

对于不可压缩流体,由式(4-23)可知,速度势满足拉普拉斯方程:

$$\frac{\partial^2 \varphi}{\partial x^2}+\frac{\partial^2 \varphi}{\partial y^2}+\frac{\partial^2 \varphi}{\partial z^2}=\nabla^2 \varphi=0 \tag{4-29}$$

对于二维的不可压缩流体流动,由式(4-23)和式(4-9)还可以导出流函数 ψ,其全微分表达为 $\mathrm{d}\psi=\frac{\partial \psi}{\partial x}\mathrm{d}x+\frac{\partial \psi}{\partial y}\mathrm{d}y=-v_y\mathrm{d}x+v_x\mathrm{d}y$。流函数的物理意义是:二维流动中两条流线间通过的流体流量等于两条流线上的流函数之差(流线是流函数的等值线)。流函数与速度势正交,等势线与流线构成正交网格,称为流网。

4.1.3.6 黏性流体的流动

A 不可压缩黏性流体的运动微分方程组——纳维-斯托克斯(Navier-Stokes)方程(N-S 方程)

$$\begin{cases}\dfrac{\mathrm{d}v_x}{\mathrm{d}\tau}=f_x-\dfrac{1}{\rho}\dfrac{\partial p}{\partial x}+\nu\left(\dfrac{\partial^2 v_x}{\partial x^2}+\dfrac{\partial^2 v_x}{\partial y^2}+\dfrac{\partial^2 v_x}{\partial z^2}\right)\\ \dfrac{\mathrm{d}v_y}{\mathrm{d}\tau}=f_y-\dfrac{1}{\rho}\dfrac{\partial p}{\partial y}+\nu\left(\dfrac{\partial^2 v_y}{\partial x^2}+\dfrac{\partial^2 v_y}{\partial y^2}+\dfrac{\partial^2 v_y}{\partial z^2}\right)\\ \dfrac{\mathrm{d}v_z}{\mathrm{d}\tau}=f_z-\dfrac{1}{\rho}\dfrac{\partial p}{\partial z}+\nu\left(\dfrac{\partial^2 v_z}{\partial x^2}+\dfrac{\partial^2 v_z}{\partial y^2}+\dfrac{\partial^2 v_z}{\partial z^2}\right)\end{cases} \tag{4-30}$$

式中,ν 为流体的运动黏度,单位为 $\mathrm{m^2/s}$。若流体无黏度,方程就退化为理想流体的欧拉运动微分方程组。

N-S 方程加上连续性方程式(4-23)共四个方程,未知数为 v_x、v_y、v_z 和 p,方程组封闭。但事实上求解极为困难。20 世纪 90 年代末期借助计算机技术已经可以数值求解,但是仍不是 P4 级的 PC 可以胜任的。

B 边界层理论

由于 N-S 方程求解极为困难,流体力学一直不能直接应用于工程实际,工程师们不得不建立一套被称为水力学的经验学科以满足需要。1904 年,德国力学家普朗特(Ludwig Prandtl,1875 ~ 1953 年)提出了边界层理论。他通过实验观察认为,一般的流动中,惯性力远远大于黏性力,可以略去黏性力,而使用理想流体的欧拉运动微分方程组来求解。欧拉方程是一阶的,求解相对容易。但在紧靠固体壁面的一薄层流体的黏度对运动有显著影响,黏性力与惯性力具有相同的数量级,不可忽略。这个薄层就称为边界层,在边界层内,可以适当地对 N-S 方程简化求解,得到了可以应用于工程的结果,并部分地解决了达朗伯佯谬。

由图 4-4 中的速度分布曲线可以看到,边界层上壁面附近的速度值逐渐增加,准确定出流体流速受壁面影响的距离即边界层的厚度并不容易。一般把从壁面起到速度为来流速度的 99% 处的距离定义为边界层厚度 δ。边界层厚度与流动的雷诺数、来流的状态、壁面粗糙度、壁

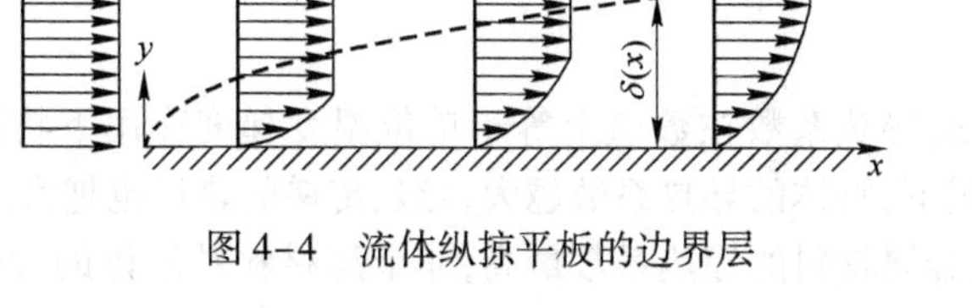

图 4-4 流体纵掠平板的边界层

面形状和延展范围都有关系。

普朗特把 N-S 方程中各项的数量级写出并互相比较,边界层的厚度 δ 与平板的尺寸和沿界面的流速相比小得很多,是个微量,以此为比较基础,判断 N-S 方程中各项的数量级,最后将数量级为 δ^2 以上的项略去,就得到了边界层微分方程。这个方程已然较 N-S 方程大大简化,但因为其非线性,求解仍然十分困难。其主要作用是作为一个基本方法,可以对其他近似算法进行对比校核,来判断近似算法的可靠性。T. Von 卡门于 1921 年提出了边界层动量积分方程,又称卡门积分关系式,是工程上经常使用的近似解法,适用于定常、二维不可压缩层流和湍流(采用平均速度分量)边界层。它是在边界层内取一个控制微元体,用动量定理使在 x 方向的总动量增加率等于单位时间内流出动量与流入动量之差得出的。

4.2 传热学的基本理论

传热学是研究热量传递规律的一门学科。热量传递现象广泛存在于自然界、各种生产工艺过程和人类生活之中。按照物体温度是否随时间变化,热量传递过程可分为稳态过程(又称定常过程)和非稳态过程(又称非定常过程):凡是物体中各点温度不随时间改变的热传递过程均称为稳态热传递过程,反之就是非稳态热传递过程。一般地,物体在连续运行之中处于稳态传热过程。

用高等数学分析传热过程时,也要采取连续介质假定。高真空(分子间距离很远)、微观(如纳米材料)、超高强度(如激光加热)等传热现象则不符合连续体假定的要求。

热量传递有三种基本方式:热传导(导热)、热对流和热辐射。

4.2.1 导热

物体各部分之间不发生相对位移时,依靠分子、原子及自由电子等微观粒子的热运动进行的热量传递称为热传导或导热(heat conduction)。

宏观物体导热过程的基本规律是傅里叶定律:单位时间内通过单位截面积所传递的热量正比于当地垂直于截面方向上(即截面法向上)的温度变化率,即:

$$Q = -\lambda A\left(\frac{\partial t}{\partial n}\right)\boldsymbol{n} \tag{4-31}$$

式中,λ 为比例常数,称为热导率(thermal conductivity,又称导热系数),其大小决定于物体本身的性质,负号表示热量传递的方向与温度梯度的方向相反,即热量必须从高温处向低温处传递。热导率的单位为 W/(m · K)或 W/(m · ℃)。

单位时间内通过某一给定面积的热量称为热流量(rate of heat flow),用 Φ 或 Q 表示,单位为 W。单位时间内通过单位面积的热量称为热流密度(heat flux),用 q 表示,单位为 W/m^2。傅里叶定律用热流密度表示为:

$$q = -\lambda \ \mathrm{grad}\ t = -\lambda\left(\frac{\partial t}{\partial n}\right)\boldsymbol{n} \tag{4-32}$$

4.2.2 导热系数

由傅里叶定律可知,导热系数在数值上等于单位温度梯度作用下物体内产生的热流密度。在相同的温度梯度作用下,物体的导热系数越大,导热传递的热量也越大。导热系数是物体导热本领的标志。一般地,金属材料的导热系数最高,非金属材料及液体的导热系数低一些,气体的导热系数最小。导热系数是物质的物理性质，与物质所处的状况有关。工程材料在使用时表现出来的导热系数还常常与材料内部结构有关，是一种综合导热系数。工程计算用的导热系数都是通过专门的实验测定出来的。部分物质的导热系数如表 4-1 所示。

表 4-1　部分物质的导热系数　　W/(m·K)

物　质	导热系数	物　质	导热系数
银	427(20 ℃)	冰	2.22
铜	398(20 ℃)	干空气	0.0228(-20 ℃)
铁	81.1(20 ℃)		0.0244(0 ℃)
铝	236(20 ℃)		0.0259(20 ℃)
金	315(20 ℃)		0.0393(200 ℃)
碳钢(w(C)≈1.0%)	43.2(20 ℃)		0.0807(1000 ℃)
铝合金(w(Mg)≈8%)	107(20 ℃)	饱和水	0.551(0 ℃)
软木板	0.044~0.079		0.599(20 ℃)
硬泡沫塑料	0.041~0.048		0.683(100 ℃)
红　砖	0.49	玻　璃	0.65~0.71
红砖(营造状态)	0.87	大理石	2.70

4.2.3 导热微分方程式

傅里叶定律表明，导热热流量与导热物体的各点温度梯度有关。物体的各点温度梯度决定于各点的温度分布，它应当是空间坐标和时间的函数，即：

$$t = f(x, y, z, \tau)$$

式中，x、y 和 z 是空间坐标，τ 为时间坐标。该式表明，物体内的温度分布是一个数量场，称为温度场(temperature field)。当温度 t 不随时间 τ 改变时，该式简化为：

$$t = f(x, y, z, \tau)$$

称为稳态温度场。

由傅里叶定律可知，构成导热问题的几个要素是导热系数、物体的几何条件(热流截面面积)和温度梯度，因此求解导热问题的关键是掌握温度梯度或温度场。利用能量守恒定律和傅里叶定律，我们可以推导出适用于一切物体的关于温度的微分方程式，称为导热微分方程式，对于特定物体，该方程式的特解就是该物体温度场的函数表达式。

$$\frac{\partial t}{\partial \tau} = \frac{\lambda}{\rho c}\left(\frac{\partial^2 t}{\partial x^2} + \frac{\partial^2 t}{\partial y^2} + \frac{\partial^2 t}{\partial z^2}\right) + \frac{\dot{\Phi}}{\rho c} \tag{4-33}$$

式中，$\dot{\Phi}$ 为单位体积导热体内热源的热功率，W/m³；ρ 为密度，kg/m³；c 为质量热容，J/(kg·K)。

式(4-33)是导热微分方程式的一般形式，适用于常物性(即忽略物体的物理性质随状态参数如温度等的变化而发生的改变)的各种稳态、非稳态、有无内热源的导热现象。

4.2.4 初始条件及边界条件

求解导热问题，可归结为对导热微分方程式的求解。原则上数学方法可以获得其通解。但解答实际工程问题，不能满足于得出通解，还要求得出既满足导热微分方程式，又满足根据具体问题规定的一些附加条件下的特解。这才是具体导热问题的解答。这些使微分方程式得到特解的附加条件，数学上称之为定解条件。

对导热问题来说，求解对象的几何形状（几何条件）及材料（物理条件）都是已知的。于是一般来说，非稳态导热问题的定解条件有两个方面：给出初始时刻温度分布即初始条件，以及给出物体边界上的温度或换热情况即边界条件。导热微分方程式连同初始条件和边界条件才能够完整地描写一个具体的导热问题。对于稳态导热，没有初始条件，只有边界条件。

导热问题的常见边界条件可归纳为以下三类：

（1）规定了边界上的温度值，称为第一类边界条件。其最简单的典型例证是规定边界温度保持常数，即 $t_w = C$。对于非稳态导热，这类边界条件要求给出以下关系式：

$$\tau > 0 \text{ 时}, t_w = f_1(\tau)$$

（2）规定了边界上的热流密度值，称为第二类边界条件。其最简单的典型例证是规定边界上的热流密度保持常数，即 $q_w = C$。对于非稳态导热，这类边界条件要求给出以下关系式：

$$\tau > 0 \text{ 时}, \; -\lambda\left(\frac{\partial t}{\partial n}\right)_w = f_2(\tau)$$

式中，$\left(\frac{\partial t}{\partial n}\right)_w$ 表示边界上与边界面成法向的温度导数。

（3）规定了边界上物体与周围流体间的表面传热系数 h 及周围流体的温度 t_f，称为第三类边界条件。以物体被冷却为例，第三类边界条件可表示为：

$$-\lambda\left(\frac{\partial t}{\partial n}\right)_w = h(t_w - t_f)$$

在非稳态导热时，式中 h 及 t_f 均可为时间 τ 的函数。

4.2.5　对流和对流换热

对流是指流体各部分之间发生相对位移，冷热流体相互掺混所引起的热量传递方式。对流只能发生在流体中，而且必然伴随着导热。工程上常遇到的不是单纯对流，而是流体流过另一物体表面时流体与表面之间的热量传递，称为对流换热。

对流换热按引起流体流动的不同原因可区分为自然对流与强制对流（强迫对流）两大类。自然对流是由于流体冷、热各部分密度不同而引起的，比如暖气片表面附近热空气的上升。如果流体的流动是由于泵或风机等外来动力推动的，产生的对流换热就是强制对流。沸腾与凝结等相变换热常常伴随流体流动，故也属于对流换热。

对流换热的基本计算式是**牛顿冷却公式**：

$$\begin{aligned} Q &= hA\Delta t \; (\Phi = hA\Delta t) \\ q &= h\Delta t \end{aligned} \qquad (4\text{-}34)$$

式中，Δt 为流体温度与壁面温度之差。h 称为表面传热系数（也称对流换热系数，另外还有放热系数、给热系数等名称），单位为 $W/(m^2 \cdot K)$。

表面传热系数的大小与换热过程中的许多因素有关。它不仅取决于流体的热物理性质（λ、μ、ρ、c_p 等）以及换热表面的几何条件，而且还与流速有密切的关系。表面传热系数的大小决定对流换热的强弱，牛顿冷却公式给出了表面传热系数的定义式，求解表面传热系数有两个基本途径：一是分析解法；一是应用相似原理或量纲分析法，将众多的影响因素归并成几个无量纲准则，再通过实验确定表面传热系数的准则关联式。

4.2.6　对流换热的数学描写

当黏性流体在壁面上流动时，由于黏性的作用，在靠近壁面的地方流速逐渐减小，到了贴壁处流体将被滞止而处于无滑移状态。贴壁处这一极薄的流体层相对于壁面是不流动的,壁面与流体间的热量传递必须穿过这个流体层,在温度不是很高的情况下,热量的穿过过程只能是导热。因此对流换热的热量就等于贴壁处流体层的导热量。将傅里叶定律应用于该流体层,有:

$$q = -\lambda \left.\frac{\partial t}{\partial y}\right|_{y=0} \tag{4-35}$$

式中,$\left.\frac{\partial t}{\partial y}\right|_{y=0}$ 为贴壁处壁面法线方向上的流体温度变化率;λ 为流体的导热系数;将牛顿冷却公式与式(4-35)联立,即得表面传热系数的微分方程式:

$$h = -\frac{\lambda}{\Delta t}\left.\frac{\partial t}{\partial y}\right|_{y=0} \tag{4-36}$$

式(4-36)将对流换热表面传热系数与流体的温度场联系起来,是对流换热微分方程组的组成部分之一。对于不可压缩、常物性、无内热源(且忽略黏性耗散所产生的耗散热)的三维问题,对流换热微分方程组的其他几个组成部分是:

质量守恒方程

$$\frac{\partial v_x}{\partial x} + \frac{\partial v_y}{\partial y} + \frac{\partial v_z}{\partial z} = 0 \tag{4-37}$$

动量守恒方程,即纳维 - 斯托克斯(Navier-Stokes)方程

$$\begin{cases} \dfrac{\mathrm{d}v_x}{\mathrm{d}\tau} = f_x - \dfrac{1}{\rho}\dfrac{\partial p}{\partial x} + \nu\left(\dfrac{\partial^2 v_x}{\partial x^2} + \dfrac{\partial^2 v_x}{\partial y^2} + \dfrac{\partial^2 v_x}{\partial z^2}\right) \\ \dfrac{\mathrm{d}v_y}{\mathrm{d}\tau} = f_y - \dfrac{1}{\rho}\dfrac{\partial p}{\partial y} + \nu\left(\dfrac{\partial^2 v_y}{\partial x^2} + \dfrac{\partial^2 v_y}{\partial y^2} + \dfrac{\partial^2 v_y}{\partial z^2}\right) \\ \dfrac{\mathrm{d}v_z}{\mathrm{d}\tau} = f_z - \dfrac{1}{\rho}\dfrac{\partial p}{\partial z} + \nu\left(\dfrac{\partial^2 v_z}{\partial x^2} + \dfrac{\partial^2 v_z}{\partial y^2} + \dfrac{\partial^2 v_z}{\partial z^2}\right) \end{cases} \tag{4-30}$$

能量守恒方程

$$\frac{\mathrm{d}t}{\mathrm{d}\tau} = \frac{\partial t}{\partial \tau} + v_x\frac{\partial t}{\partial x} + v_y\frac{\partial t}{\partial y} + v_z\frac{\partial t}{\partial z} = \frac{\lambda}{\rho c_p}\left(\frac{\partial^2 t}{\partial x^2} + \frac{\partial^2 t}{\partial y^2} + \frac{\partial^2 t}{\partial z^2}\right) \tag{4-38}$$

定解条件与导热问题一样有初始条件和边界条件,且同样有第一类、第二类边界条件,第三类边界条件比较少见,仅出现在一些特殊问题中。

4.2.7 对流换热的边界层

由于 N-S 方程的复杂性和非线性,除了几种特别简单的情形外,我们无法获得对流换热微分方程组的分析解。德国科学家普朗特在 1904 年提出了边界层的概念,使停滞上百年的流体力学研究有了一个革命性的突破。他认为,在流体掠过固体表面时,黏滞性起作用的区域仅仅是贴近壁面的薄层内。在此薄层以外,由于速度梯度很小,黏性所造成的切应力可以忽略不计,流动可以当作理想流体的无旋流动。薄层内由于顺流方向和垂直于壁面方向流体的速度、速度梯度、压力梯度等有很大差异(1 ~ 2 个数量级以上),因而可以将 N-S 方程中对流动影响小的部分进行简化,得到边界层内流动的微分方程组。E. Pohlhausen 将边界层的概念推广到对流换热问题,提出了热边界层的概念,并建立了边界层内对流换热微分方程组。对于不可压缩、常物性、无内热源(且忽略黏性耗散所产生的耗散热)的二维问题,边界层内对流换热微分方程组为:

$$h = -\frac{\lambda}{\Delta t}\left.\frac{\partial t}{\partial y}\right|_{y=0} \tag{4-36}$$

$$\frac{\partial v_x}{\partial x}+\frac{\partial v_y}{\partial y}=0 \tag{4-39}$$

$$v_x\frac{\partial v_x}{\partial x}+v_y\frac{\partial v_x}{\partial y}=-\frac{1}{\rho}\frac{\partial p}{\partial x}+\nu\frac{\partial^2 v_x}{\partial y^2} \tag{4-40}$$

$$v_x\frac{\partial t}{\partial x}+v_y\frac{\partial t}{\partial y}=\frac{\lambda}{\rho c_p}\frac{\partial^2 t}{\partial y^2}=a\frac{\partial^2 t}{\partial y^2} \tag{4-41}$$

式中，$\frac{\partial p}{\partial x}$可以由边界层外理想流体流动的伯努利方程确定。

上述微分方程组配上定解条件即可求解。相当一部分实际问题可以得到数学解，但对更复杂的情形，一方面得到数学解比较困难，另一方面数学解的表达形式也比较隐晦，不方便使用。

实践是检验真理的唯一标准，实验也是求解对流换热问题的最可靠的方法。由于对流换热的影响因素很多，要找出众多变量间的函数关系，实验次数非常庞大，实际上是无法实现的。相似原理和量纲分析等理论指导研究者在如何更有效地进行对流换热实验研究方面找到了一条卓有成效的途径。他们将方程组的解归结为一系列准则方程式，所谓准则（相似准则）是由对流换热过程中的各个物理量组合成的无量纲参数，代表了实际物理过程中的一些特征，例如雷诺准则代表了流动过程中惯性力和黏性力的比较等等。按照准则方程式的要求组织的实验，次数呈数量级减少，从而通过少量的实验就可以得到丰富的结果。

计算机技术和计算技术的发展，使我们有可能利用数值计算和数值模拟的方法求解上述方程组。现在可以求解几乎所有的问题，也可以任何想得到的方法展示求解结果。

4.2.8 管槽内强制对流湍流换热的实验关联式

多年来，学术界对于对流换热做了大量的实验研究，积累了丰富的成果。我们所经常遇到的各种对流换热现象，现在都有许多研究成果发表。这些成果基本都是按照相似准则方程式来表达的，称为实验关联式。后续的研究也在不断涌现，对以前的成果不断地进行修改、补充，使之更加完善。

对于比较简单的管槽内强制对流湍流换热，一般认为其研究成果已经相当完美，所以同行们大都认可一套实验关联式用于工程实际，这就是 Dittus-Boelter 公式：

$$Nu_f=0.023Re_f^{0.8}Pr_f^n \tag{4-42}$$

式中，Nu 是努塞尔（Nusselt）数；Re 为雷诺（Reynolds）数；Pr 为普朗特（Prandtl）数；下标“f”表示采用流体平均温度 t_f（即管道进、出口两个截面平均温度的算数平均值）为定性温度，取管内径 d 为特征长度。实验验证范围为 $Re_f=10^4\sim1.2\times10^5$，$Pr_f=0.7\sim120$，$l/d\geqslant60$。加热流体时 $n=0.4$，冷却流体时 $n=0.3$。式(4-42)适用于流体与壁面具有中等以下温度差[1]的场合。

如果温度差超过中等程度，可以采用温度修正因子 c_t：气体被加热时，$c_t=\left(\frac{T_f}{T_w}\right)^{0.5}$；气体被冷却时 $c_t=1$；对于液体，$c_t=\left(\frac{\eta_f}{\eta_w}\right)^n$，当液体受热时 $n=0.11$，液体被冷却时 $n=0.25$。对于非圆形截面管道，特征尺寸采用当量直径 de。de 等于四倍的流动截面积（当管内充满流体时即为管道截面积，否则是流体流束的截面积）除以湿周（即润湿周长，流动截面上管道壁与流体接触部分

---

[1] 一般地，对于气体不超过 50 ℃，对于水不超过 20 ~ 30 ℃，对于黏度$\frac{1}{\eta}\left(\frac{d\eta}{dt}\right)$大的油类不超过 10 ℃。

的长度)。对于 $l/d<60$ 的短管,推荐入口效应修正系数 $c_l=1+(d/l)^{0.7}$。

4.2.9 热辐射的概念

由于热的原因而产生的电磁波辐射称为**热辐射**。热辐射的电磁波是物体内部微观粒子的热运动状态改变时激发出来的。一切温度高于绝对零度(0K)的物体都有热运动,所以都向外发出辐射,同时也接收投射到它上面的热辐射,并把吸收的辐射能重新转变成热能。物体之间相互辐射和吸收的总效果(或净效果)称为辐射换热。它是一种动态平衡过程。热辐射的传播速度就是电磁波的传播速度,等于光速。

热辐射与热传导和热对流有两点不同:

(1) 热辐射不需要中间介质,可以在真空中传递,而且是最有效的传递;

(2) 热辐射的发射、传递和吸收过程伴随着能量形式的变化。

热辐射的电磁波波长包括从0到无穷大的范围。任何物体发射的热辐射的电磁波波长均覆盖整个电磁波谱,但大部分波长范围的辐射能量都极小(例如可以认为每个人都有可能发射几个γ射线)。辐射能量主要集中在特定的一小段波谱。工业上有意义的热辐射范围仅为0.38~100 μm(或者1000 μm,各人观点不同)。覆盖的波段有:可见光0.38~0.76 μm;红外线0.76~100 μm,其中25 μm以下为近红外线,25 μm以上为远红外线❶;微波100 μm~1 m,其中在热科学上有意义的仅到毫米波。例如微波炉的微波波长为2450 μm(其他的,1 nm~0.38 μm为紫外线,0.03~1 nm为X射线,$10^{-14}\sim10^{-11}$ m为γ射线)。

物体表面接到的热辐射,无论哪个波段,都与可见光一样,被做了三种方式的处理。一种是吸收 Q_α,一种是反射 Q_ρ,一种是穿透(透射)Q_τ,如图4-5所示。

$$Q=Q_\alpha+Q_\rho+Q_\tau \tag{4-43}$$

令 $\alpha=\dfrac{Q_\alpha}{Q}$,为吸收比(吸收率);$\rho=\dfrac{Q_\rho}{Q}$,为反射比;$\tau=\dfrac{Q_\tau}{Q}$,为穿透比(透射比)。有:

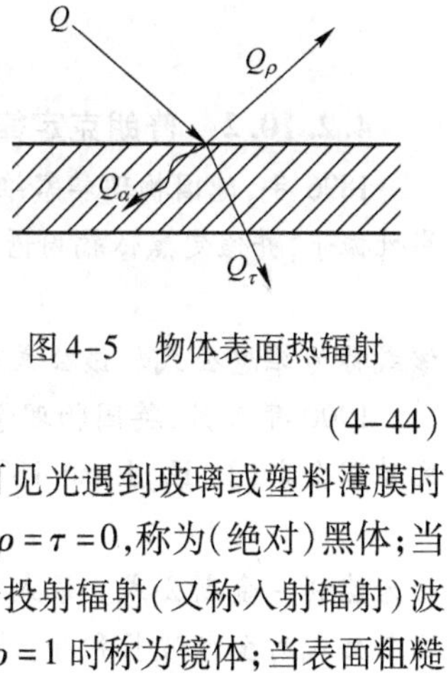

图4-5 物体表面热辐射

$$\alpha+\rho+\tau=1 \tag{4-44}$$

工程上所涉及的固体几乎都被当作不透明体($\tau=0$)处理,只有可见光遇到玻璃或塑料薄膜时才有穿透现象。当 $\tau=1$ 时,$\alpha=\rho=0$,称为(绝对)透明体;当 $\alpha=1$ 时,$\rho=\tau=0$,称为(绝对)黑体;当 $\rho=1$ 时,$\alpha=\tau=0$,称为(绝对)白体或(绝对)镜体:当表面粗糙度小于投射辐射(又称入射辐射)波长时,反射辐射与表面夹角同投射辐射与表面夹角相等,形成镜反射,$\rho=1$ 时称为镜体;当表面粗糙度大于投射辐射波长时,反射辐射与表面夹角什么样都有,形成漫反射,$\rho=1$ 时称为白体。

自然界不存在绝对黑体。我们可以用人工的方法做出非常接近绝对黑体的人工黑体模型:选用穿透比 $\tau=0$ 而吸收比 $\alpha\neq0$ 的材料制造一个空腔,空腔壁上开一个小孔,设法使空腔保持一均匀的温度,这时从外边看小孔的视在面就具有黑体的性质,被称为人工黑体模型(简称人工黑体或黑体模型)。黑体模型视在面的吸收比可以接近于1,且空腔内表面积与小孔视在面积之比越大效果越好。进一步地,在这样的等温空腔内部,辐射是均匀而且各向同性的,空间内表面上的辐射(包括自身辐射和反射辐射)就是同温度下的黑体辐射,而不管腔体内表面的辐射特性如

❶ 这是国际照明委员会的规定。工程上习惯以4~5.6 μm为近远红外线的分界线,这有一定的道理。根据维恩位移公式,25 μm作为最大光谱辐射力的波长,对应的温度为115.9 K,4 μm则对应724.4 K(451.25 ℃),人体辐射(约310 K)的最大光谱辐射力波长为9.35 μm。当我们讨论远红外加热技术时,显然是按照4 μm为界限划分的。

何。人的瞳孔就是典型的黑体模型。

4.2.10 热辐射的基本定律

4.2.10.1 辐射力 E 和光谱辐射力 E_λ

单位时间内物体的单位表面积向半球空间所有方向发射出去的、全部波长(覆盖整个电磁波谱)的辐射能的总量,称为物体的辐射力,用 E 表示。辐射力从整体上代表了物体发射辐射能本领的大小,单位为 W/m^2,如图 4-6 所示。

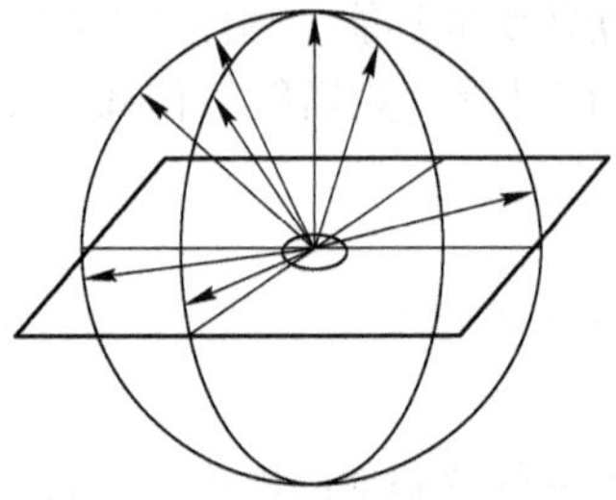

图 4-6 向半球空间所有方向发射辐射

在整个电磁波谱范围内,物体在不同波长下发射的热辐射能是不同的。对特定波长 λ 来说,从波长 λ 到 $\lambda + d\lambda$ 区间在单位时间内物体的单位表面积向半球空间所有方向发射出去的辐射能的总量,可以表示为 $E_\lambda d\lambda$,其中 E_λ 称为物体的光谱辐射力(又称为单色辐射力),单位为 $W/(m^2 \cdot m)$,或直接写为 W/m^3。其中"m^2"代表单位面积,"m"代表单位波长范围。显然有:

$$E = \int_0^\infty E_\lambda d\lambda \tag{4-45}$$

对于黑体,以下标"b"标记,如:

$$E_b = \int_0^\infty E_{b\lambda} d\lambda \tag{4-46}$$

4.2.10.2 普朗克定律

1896 年,德国物理学家维恩(W. Wien,1864~1928 年)把黑体腔壁的分子或原子看做是带电的线性振子,并假定黑体辐射谱与麦克斯韦速率分布率类似,得到如下描述单色辐射力的公式:

$$E_{b\lambda} = C_1 \lambda^{-5} e^{-\frac{C_2}{\lambda T}}$$

该式称为维恩公式。该公式基本上能与实验相符,但在红端偏差较大。

1900 年 6 月,英国物理学家瑞利(Lord Rayleigh,1842~1919 年)提出了一个公式,1905 年天文学家金斯(J. H. Jeans,1877~1946 年)发现并纠正了其中的演算错误,得到:

$$E_{b\lambda} = C\lambda^{-4} T$$

称为瑞利-金斯公式。该式在长波部分与实验相符,但在短波部分的值却变得极大。而且若把这个公式对全部波长积分,结果为:

$$E_b = \int_0^\infty E_{b\lambda} d\lambda = CT\int_0^\infty \lambda^{-4} d\lambda \to \infty$$

P. Ehrenfest(1880~1933 年)称之为"紫外灾难"。

普朗克(M. Planck,1858~1947 年)看到了维恩公式和瑞利公式,意识到如果这两个公式分别是某个公式在长波段和短波段的近似式,就可以用内插法找到这个公式,而且它会与实验符合得很好。1900 年 10 月 19 日在一次柏林的物理学会议上,普朗克提出了我们现在所说的普朗克定律:

$$E_{b\lambda} = \frac{C_1 \lambda^{-5}}{e^{\frac{C_2}{\lambda T}} - 1} \tag{4-47}$$

式中,C_1 为第一辐射常数,$3.742 \times 10^{-16}\ W \cdot m^2$;$C_2$ 为第二辐射常数,$1.4388 \times 10^{-2}\ m \cdot K$。普朗克在解释这个公式时(1900 年 12 月 14 日),不得不提出一个假定:辐射场的每一种模式所具有的能量只能是某个最小能量的整数倍。最小能量与辐射波频率成正比,这个最小能量为:

$$\varepsilon = h\nu$$

式中，$h = 6.6260755 \times 10^{-34}$ J·s，称为普朗克常数，是物理学基本常数之一。

作为量子力学发端的普朗克理论（1900 年 12 月 14 日，普朗克在德国物理学会上宣读了他的论文《关于光谱中能量分布规律的理论》，这个日子也就作为量子力学的诞生日而载入了史册）的创始人，普朗克直到 1918 年才获得了诺贝尔物理学奖。1911 年的诺贝尔物理学奖授予了维恩——因为维恩公式而不是维恩位移公式，尽管维恩位移公式的价值更为重大，这反映出学术界的保守。实际上，普朗克本人也接受不了新观点，他不是因为有了新观点而取得的新成果，而是由于有了新成果才发现需要新观点。他自己评价说，这项成果是侥幸猜中的。他总觉得理论基础不可靠，长期惴惴不安，十四年后仍有意要放弃量子学说。

4.2.10.3 维恩位移定律

维恩位移定律给出了光谱辐射力最大处的波长 λ_m 随温度变化的规律，可通过在一定温度 T 下对普朗克定律求关于 λ 的极值得到。

$$\lambda_m T = 2897.6(\mu\mathrm{m}\cdot\mathrm{K}) = 2.8976\times10^{-3}(\mathrm{m}\cdot\mathrm{K}) \tag{4-48}$$

4.2.10.4 斯忒藩－玻耳兹曼定律（四次方定律）

对普朗克定律积分，可得黑体辐射力：

$$E_b = \int_0^\infty E_{b\lambda}\mathrm{d}\lambda = \int_0^\infty \frac{C_1\lambda^{-5}}{\mathrm{e}^{\frac{C_2}{\lambda T}}-1}\mathrm{d}\lambda = \sigma T^4 \tag{4-49}$$

式中，σ 为黑体辐射常数，又称为斯忒藩－玻耳兹曼常数，等于 5.67×10^{-8} W/(m^2·K^4)。式（4-49）说明黑体辐射力与其热力学温度的四次方成正比。有时为使计算过程中数值不至于太大，常把四次方定律写成：

$$E_b = C_0\left(\frac{T}{100}\right)^4 \tag{4-50}$$

式中，$C_0 = 10^8\sigma$，称为黑体辐射系数，等于 5.67 W/(m^2·K^4)；E_b 单位为 W/m^2。

4.2.10.5 兰贝特定律

立体角 Ω 的量度方法：以立体角的角端为中心作一半径为 r 的半球，将半球表面上被立体角所切割的面积 A_c 除以半径的平方 r^2。

$$\Omega = \frac{A_c}{r^2} \tag{4-51}$$

立体角的单位为 sr（球面度，半球的立体角为 2πsr）。

定向辐射强度 $L(\theta)$：单位时间内，单位可见辐射面积辐射出去的、落在单位立体角内的辐射能量称为定向辐射强度，记为 L，单位为 W/(m^2·sr)，见图 4-7。

兰贝特定律：黑体辐射的定向辐射强度与方向无关，或：在半球空间的各个方向上的定向辐射强度相等。公式表示为：

$$L(\theta) = 常量 \tag{4-52}$$

或

$$\frac{\mathrm{d}\Phi(\theta)}{\mathrm{d}A\mathrm{d}\Omega} = L\cos\theta \tag{4-53}$$

上式表明，单位辐射面积发出的辐射能，落在空间不同方向单位立体角内的能量数值不等，其值正比于该方向与辐射面法线方向夹角的余弦。遵守兰贝特定律的辐射，数值上其辐射力等于定向辐射强度的 π 倍。

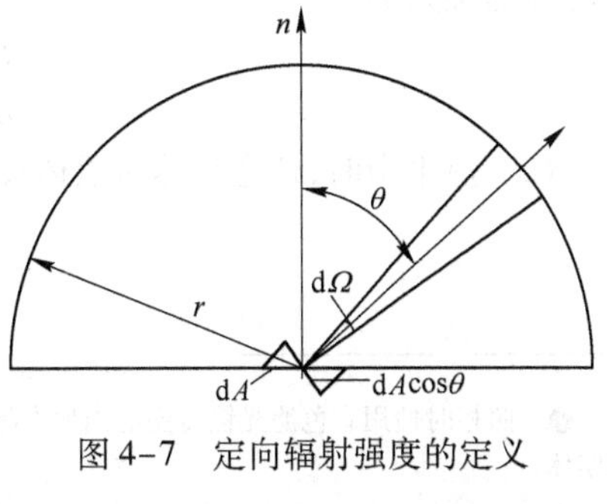

图 4-7 定向辐射强度的定义

4.2.10.6　发射率、光谱发射率

实际物体的辐射力与同温度下黑体辐射力的比值称为实际物体的发射率（习惯上称为黑度），记为ε：

$$\varepsilon=\frac{E}{E_b}=\frac{\int_0^{\infty}\varepsilon(\lambda)E_{b\lambda}\mathrm{d}\lambda}{\sigma T^4} \tag{4-54}$$

式中，$\varepsilon(\lambda)=\frac{E_\lambda}{E_{b\lambda}}$，为实际物体的光谱辐射力与同温度下黑体的光谱辐射力的比值，称为实际物体的光谱发射率（又称为单色黑度）。普朗克定律表明黑体的光谱辐射力随波长连续地变化。实际物体的光谱辐射力虽然总的变化趋势与黑体相同，但细节往往呈现不规则的变化。

根据黑度的定义，四次方定律可以用于实际物体：

$$E=\varepsilon E_b=\varepsilon\sigma T^4=\varepsilon C_0\left(\frac{T}{100}\right)^4 \tag{4-55}$$

4.2.10.7　实际物体的吸收特性

投入辐射G：单位时间内从外界辐射到物体单位表面积上的能量。物体以外，毋论来源。

吸收比α：物体对投入辐射所吸收的百分数。影响实际物体吸收比α的因素有：（1）吸收物体的本身情况（种类、表面温度和表面状况等）；（2）投入辐射的特性（如波长、沿波长的能量分布等）。

光谱吸收比：物体对某一特定波长的辐射能所吸收的百分数，$\alpha(\lambda)$。

选择性吸收：物体的光谱吸收比随波长而异的特性。

灰体：一种理想物体。把光谱吸收比$\alpha(\lambda)$与波长λ无关的物体称为灰体。即$\alpha=\alpha(\lambda)=$常数。

温室原理：玻璃或塑料薄膜对可见光和波长小于2.5 μm的红外线的光谱吸收比很小，光谱穿透比很高，基本上可以认为是透明体❶。而对紫外线和波长大于3 μm的红外线其光谱吸收比又接近于1，表现了几乎不透明的性质。太阳辐射的可见光和较短波长的红外线绝大部分穿过玻璃或塑料薄膜进入温室，而温室内物体在常温下发射出的较长波长的红外线却不能透过玻璃或塑料薄膜到达外部环境。从而保持温室内的温度高于室外。

颜色的由来：“赤橙黄绿青蓝紫，谁持彩练当空舞?”颜色就是由于物体对可见光选择性吸收的结果。当物体对绿色的吸收比很小而对其他波长可见光吸收比很高时，物体就呈现绿色。有些物体在改换角度时发生绚丽的色彩变化，是因为其表面不是漫反射灰体表面，光谱吸收比和光谱反射比随方向角变化而变化。

4.2.10.8　基尔霍夫定律

（1）在热平衡条件下，任何物体的辐射和它对来自黑体辐射的吸收比的比值，恒等于同温度下黑体的辐射力：

$$\frac{E_1}{\alpha_1}=\frac{E_2}{\alpha_2}=\cdots=\frac{E}{\alpha}=E_b \tag{4-56}$$

（2）热平衡时，任意物体对黑体投入辐射的吸收比等于同温度下该物体的发射率：

$$\alpha=\frac{E}{E_b}=\varepsilon \tag{4-57}$$

---

❶ 照相时使用有色滤光镜需要适当加大曝光量，使用UV镜就不需要改变曝光参数。这也佐证了玻璃对可见光是透明体。

对于漫射的灰体表面,可以去掉"热平衡"和"黑体投入辐射"两个条件。即"对于灰体,不论投入辐射是否来自黑体,也不论是否处于热平衡条件,其吸收比恒等于同温度下该物体的发射率(黑度)"。

4.2.11 辐射换热的计算

4.2.11.1 角系数

从表面1发出的落到表面2上的辐射能占从表面1发出的总辐射能的百分数,称为表面1对表面2的角系数,记为 $X_{1,2}$。其中"发出"包括表面1的自身辐射和反射辐射;"落到"则不管表面2是否吸收(从表面2的角度来说就是来自于表面1的投入辐射)。角系数是一个纯粹的几何因子,与表面温度和发射率无关。推导角系数时一般假定辐射表面是漫射表面且表面辐射热流均匀。

角系数的相对性:
$$A_1X_{1,2}=A_2X_{2,1} \tag{4-58}$$

角系数的完整性:
$$X_{1,1}+X_{1,2}+X_{1,3}+\cdots+X_{1,n}=\sum_{j=1}^{n}X_{1,j}=1 \tag{4-59}$$

角系数的可加性:当表面2由 $2a$ 和 $2b$ 两部分组成时,
$$X_{1,2}=X_{1,2a}+X_{1,2b} \tag{4-60}$$

反过来是
$$X_{2,1}=\frac{A_{2a}}{A_2}X_{2a,1}+\frac{A_{2b}}{A_2}X_{2b,1}$$

4.2.11.2 两个表面间的辐射换热

在计算物体之间辐射换热时,必须把由表面向空间各个方向发射出去的全部辐射能考虑在内,也需要把空间各个方向投射到所研究物体表面的所有辐射能包括进来。因此,计算的对象必须是包含所研究表面在内的一个封闭腔,封闭腔的边界可以是实际的,也可以是虚构的。还需要假定,表面之间不存在参与热辐射的介质。

A 两个黑体表面间的辐射换热

$$\begin{aligned}\Phi_{1,2}&=A_1E_{b1}X_{1,2}-A_2E_{b2}X_{2,1}=A_1X_{1,2}(E_{b1}-E_{b2})=A_2X_{2,1}(E_{b1}-E_{b2})\\&=\frac{E_{b1}-E_{b2}}{\dfrac{1}{A_1X_{1,2}}}=\frac{E_{b1}-E_{b2}}{\dfrac{1}{A_2X_{2,1}}}\end{aligned} \tag{4-61}$$

B 有效辐射与投入辐射

如图4-8所示,单位时间内离开表面的单位面积的总辐射能称为有效辐射,以 J 表示。包括自身辐射和反射辐射。单位时间内投射到表面的单位面积上的总辐射能称为投入辐射,以 G 表示。显然,对于一个表面,有:

$$J=E+\rho G=\varepsilon E_b+(1-\alpha)G$$

该表面由于辐射换热而放出的热流密度为 q,则:

$$q=J-G \quad 和 \quad q=E-\alpha G=\varepsilon E_b-\alpha G$$

注意漫灰表面 $\varepsilon=\alpha$,消去 G,有:

$$J=E_b-\frac{1-\varepsilon}{\varepsilon}q=E_b-\frac{1-\alpha}{\alpha}q$$

或
$$q=\frac{E_b-J}{\dfrac{1-\varepsilon}{\varepsilon}}$$

以及
$$\Phi=A\frac{E_b-J}{\dfrac{1-\varepsilon}{\varepsilon}}=\frac{E_b-J}{\dfrac{1-\varepsilon}{\varepsilon A}}$$

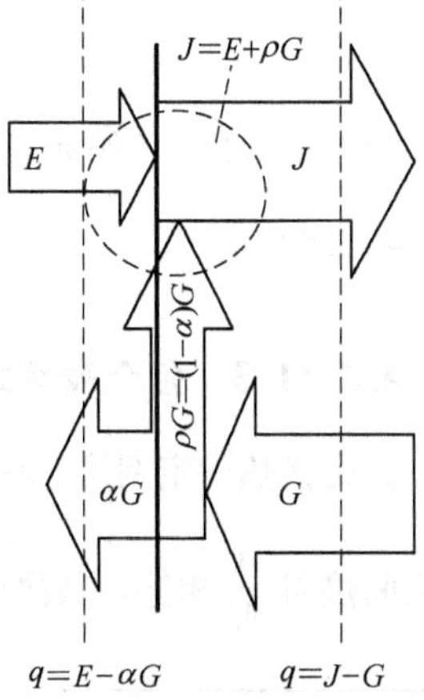

图4-8 有效辐射与投入辐射

对于黑体，$\varepsilon=1$，$J=E_b-\frac{1-\varepsilon}{\varepsilon}q=E_b$，即漫灰表面的 J 相当于黑体表面的 E_b。

C 两个漫灰表面之间的辐射换热（仿照式(4-61)）

$$\begin{aligned}\Phi_{1,2}&=A_1J_1X_{1,2}-A_2J_2X_{2,1}=A_1X_{1,2}(J_1-J_2)\\&=A_2X_{2,1}(J_1-J_2)=\frac{J_1-J_2}{\frac{1}{A_1X_{1,2}}}=\frac{J_1-J_2}{\frac{1}{A_2X_{2,1}}}\end{aligned}\tag{4-62}$$

另外还有：
$$\Phi_1=\frac{E_{b1}-J_1}{\frac{1-\varepsilon_1}{\varepsilon_1A_1}}\quad 和\quad \Phi_2=\frac{E_{b2}-J_2}{\frac{1-\varepsilon_2}{\varepsilon_2A_2}}$$

对于两个表面，分别有： $\Phi_1=\Phi_{1,2}$，$\Phi_2=\Phi_{2,1}$

即
$$\Phi_{1,2}=\frac{E_{b1}-J_1}{\frac{1-\varepsilon_1}{\varepsilon_1A_1}}=\frac{J_1-J_2}{\frac{1}{A_1X_{1,2}}}=\frac{J_2-E_{b2}}{\frac{1-\varepsilon_2}{\varepsilon_2A_2}}=\frac{E_{b1}-E_{b2}}{\frac{1-\varepsilon_1}{\varepsilon_1A_1}+\frac{1}{A_1X_{1,2}}+\frac{1-\varepsilon_2}{\varepsilon_2A_2}}\tag{4-63}$$

$$\begin{aligned}&=\frac{A_1(E_{b1}-E_{b2})}{\frac{1-\varepsilon_1}{\varepsilon_1}+\frac{1}{X_{1,2}}+\frac{A_1}{A_2}\frac{1-\varepsilon_2}{\varepsilon_2}}=\frac{X_{1,2}A_1(E_{b1}-E_{b2})}{X_{1,2}\frac{1-\varepsilon_1}{\varepsilon_1}+\frac{1}{1}+X_{1,2}\frac{A_1}{A_2}\frac{1-\varepsilon_2}{\varepsilon_2}}\\&=\varepsilon_sA_1X_{1,2}(E_{b1}-E_{b2})\end{aligned}\tag{4-64}$$

式中，ε_s 为系统发射率（系统黑度）。

$$\varepsilon_s=\frac{1}{1+X_{1,2}\frac{1-\varepsilon_1}{\varepsilon_1}+X_{1,2}\frac{A_1}{A_2}\frac{1-\varepsilon_2}{\varepsilon_2}}=\frac{1}{1+X_{1,2}\frac{1-\varepsilon_1}{\varepsilon_1}+X_{2,1}\frac{1-\varepsilon_2}{\varepsilon_2}}\tag{4-65}$$

三种特例：

（1）表面之一（例如表面1）为非凹表面，则 $X_{1,2}=1$。

$$\varepsilon_s=\left[\frac{1}{\varepsilon_1}+\frac{A_1}{A_2}\left(\frac{1}{\varepsilon_2}-1\right)\right]^{-1}\tag{4-66}$$

（2）表面之一（例如表面1）为非凹表面，且两表面面积近似相等，则 $\frac{A_1}{A_2}\approx 1$，$X_{1,2}\approx X_{2,1}\approx 1$，此时：

$$\varepsilon_s=\left(\frac{1}{\varepsilon_1}+\frac{1}{\varepsilon_2}-1\right)^{-1}\tag{4-67}$$

（3）表面之一（例如表面1）为非凹表面，且非凹表面面积远小于另一表面面积，则 $\frac{A_1}{A_2}\to 0$，$X_{1,2}=1$，此时：

$$\varepsilon_s=\varepsilon_1\tag{4-68}$$

4.2.11.3 多个表面之间的辐射换热——网络法

首先换热确定网络，每一表面均有热动势 E_b[1]、表面热阻 $\frac{1-\varepsilon}{\varepsilon A}$ 和节点热动势 J，节点之间均有空间热阻 $\frac{1}{AX}$ 相连。其次分析表面状况，黑体表面的表面热阻等于0，$E_b=J$；绝热表面又称重

[1] 比拟电学中的电动势，简称为热势。

辐射表面,其热流为0,故 $E_b = J$,但与黑体表面不同,E_b 未知。再次,根据节点的能量守恒关系,其净热流量为0,从而对各个节点列出方程求出各个节点热动势 J。最后,计算辐射换热的各个热流量。

4.2.11.4 气体辐射的特点

气体辐射的特点有:

(1) 不同气体辐射和吸收的本领不同。单原子气体和分子结构对称的双原子气体的辐射能力较弱,可以认为是热的透明体。多原子气体和分子结构不对称的双原子气体(极性分子),具有较强的辐射能力可参与辐射换热,被称为吸收性介质。

(2) 气体辐射对波长有强烈的选择性。

(3) 气体的辐射和吸收是在整个容积中进行的,与辐射前进方向上遇到的气体的分子数目有关,也就是与密度及容器的形状、容积等有关。

温室效应:气体辐射的特点决定了大气层温室效应的发生。上述气体辐射的特点均指一般的热辐射——红外波段,而在可见光波段,CO_2、H_2O 和空气的其他成分都是透明的。因此,太阳光辐射可以直达地面。另外,地球也在不断地向太空发出较长波的红外辐射。地球的地表平均温度约为16 ℃,因而其主要辐射波长为 $\lambda_m = 2897.6/289 \approx 10\ \mu m$ 左右,可以被大气中的 CO_2、H_2O、CH_4 以及氟利昂等多原子气体吸收而截留,从而使地表保持一个适于生物生存的温度。大气中的 H_2O 大致保持一个动态平衡,多余的 H_2O 会作为雨雪降下,如果其他气体的量保持不变,那么所吸收的辐射量是一定的,大气温度就保持稳定。如果 CO_2 等多原子气体数量增多,那么所吸收的辐射量就要增加,大气温度就会有所上升。

大气这种透可见光、截留红外线的本领与温室的玻璃或塑料薄膜如出一辙,故称为温室效应。同时,CO_2、CH_4 以及氟利昂等多原子气体也被称为温室气体。

4.2.12 传热过程和传热系数

热量从一种流体通过一个壁面传递给另一侧流体的过程称为**传热过程**(有人称之为综合传热过程)。传热过程中,各种传热方式共同存在,构成了传热过程的各个环节。

传热方程式:

$$\Phi = kA(t_{f1} - t_{f2}) \tag{4-69}$$

式中,比例系数 k 称为传热系数,单位是 $W/(m^2 \cdot K)$,是表示传热过程强烈程度的参数。

传热过程中,尤其是稳态传热过程中,可以通过任意一个传热环节来计算确定传热过程的热流量。但确定传热过程的热流量需要知道温度,而流体温度比壁面温度容易较为准确地测量,所以传热过程计算在工程上比单纯的导热、对流等计算更有实用价值。

热阻:热阻概念借鉴了电学中的电阻的概念。将式(4-69)写成:

$$\Phi = \frac{t_{f1} - t_{f2}}{\dfrac{1}{kA}} \tag{4-69a}$$

其中,$R = \dfrac{1}{kA}$,类似于欧姆定律中的电阻,称为热阻。

热阻分析方法物理概念清晰,方法容易掌握,所以很重要。热阻对应于电阻,热流对应于电流,温度对应于电位(电势),温度差对应于电位差(电势差)。而且电阻的串联并联原理同样适用于热阻。

综合的传热过程主要在工程中予以讨论,都是按一维考虑的。工程上对于设备中不同方向的传热首先分别计算，然后加在一起，而且采用平均温度的概念以避免垂直于热流方向出现温度差。二维以上的问题仅仅出现在学术研究中。例如计算炉体散热时，是以炉内平均温度、炉外平均温度以及侧面或顶部的表面积和围护结构厚度等进行计算，而并不分析侧墙等处的温度场。

（1）通过平壁的传热。当热量通过多层平壁从一种流体传向另一种流体时：

$$k = \left(\frac{1}{h_1} + \sum_{i=1}^{n} \frac{\delta_i}{\lambda_i} + \frac{1}{h_2}\right)^{-1} \tag{4-70}$$

式中，n 为平壁层数。

从热阻角度看，有：

$$\frac{1}{k} = \frac{1}{h_1} + \sum_{i=1}^{n} \frac{\delta_i}{\lambda_i} + \frac{1}{h_2} \tag{4-71}$$

（2）通过圆筒壁的传热。当热量从圆筒内流体传向圆筒外流体时：

$$\Phi = \frac{\pi l (t_{fi} - t_{fo})}{\dfrac{1}{h_i d_i} + \dfrac{1}{2\lambda}\ln\dfrac{d_o}{d_i} + \dfrac{1}{h_o d_o}} \tag{4-72}$$

若以外侧表面积为基准（工程上习惯这样），则有：

$$\Phi = kA_o(t_{fi} - t_{fo}) = k\pi d_o l(t_{fi} - t_{fo}) \tag{4-73}$$

k 为以管外侧表面积为基准的传热系数：

$$k = \left(\frac{1}{h_i}\frac{d_o}{d_i} + \frac{d_o}{2\lambda}\ln\frac{d_o}{d_i} + \frac{1}{h_o}\right)^{-1} \tag{4-74}$$

从热阻角度看，有

$$\frac{1}{kA_o} = \frac{1}{h_i A_i} + \frac{1}{2\pi\lambda l}\ln\frac{d_o}{d_i} + \frac{1}{h_o A_o} \tag{4-75}$$

注意：由于管内外表面积不同，通过管内外壁的热流密度也不同，不能像平壁传热那样引用单位面积热阻的概念，而必须使用总面积热阻。

若以内侧表面积为基准，则有：

$$\Phi = k_i A_i(t_{fi} - t_{fo}) = k_i \pi d_i l(t_{fi} - t_{fo}) \tag{4-76}$$

和

$$k_i = \left(\frac{1}{h_i} + \frac{d_i}{2\lambda}\ln\frac{d_o}{d_i} + \frac{1}{h_o}\frac{d_i}{d_o}\right)^{-1} \tag{4-77}$$

当热量通过多层圆筒壁从圆筒内流体传向圆筒外流体时：

$$k = \left(\frac{1}{h_i}\frac{d_o}{d_i} + \frac{d_o}{2}\sum_{j=1}^{n}\frac{1}{\lambda_j}\ln\frac{d_{j+1}}{d_j} + \frac{1}{h_o}\right)^{-1} \tag{4-78}$$

式中，n 为圆筒壁层数，且 $d_{j=0} = d_i$，$d_{n+1} = d_o$。

5 热能的直接利用

5.1 锅　　炉

锅炉是用来安全可靠、经济有效地把燃料的化学能转化成热能，进而将热能传递给水，以生产热水或蒸汽的设备。通常把用于动力、发电方面的锅炉称为动力锅炉或电站锅炉；把用于工业和采暖方面的锅炉，称为工业锅炉或供热锅炉。由于锅炉所加热的水和水蒸气大都在超过大气压力的状态下工作，所以锅炉作为危险性最大的压力容器类型之一，受到强制性国家标准的规范和政府质量技术监督部门的密切控制与严格管理。此外，还有一类以矿物油为介质的导热油炉也归属于锅炉。

锅炉由**锅**（汽锅受热面）和**炉**（燃烧设备）两大部分组成。燃料在炉内燃烧，将化学能转化为热能；燃烧的火焰和产生的高温烟气通过汽锅受热面将热量传递给锅内温度较低的水，水受热后升温、沸腾、汽化，生成蒸汽。

由于燃料有固体、液体和气体等多种形态，即使同样形态的燃料燃烧特性差别也很大。锅炉的容量和参数也有大小高低之分，故锅炉燃烧设备的形式也是多种多样的，可分为三大类：

（1）层燃炉。层燃炉是燃料一层层铺在炉排上进行燃烧的炉子，也叫火床炉，包括原始的手烧炉和各种机械化炉排炉，主要燃用固体燃料，主要作为工业锅炉使用。

（2）室燃炉。室燃炉是燃料直接或随空气流喷入炉室（炉膛）呈悬浮状燃烧的炉子，也称悬燃炉，可燃用各种燃料，燃用固体燃料时需将之磨碎成粉状，因而也称为煤粉炉，主要作为动力锅炉使用。

（3）流化床炉。流化床炉是火床炉在通风速度达到煤粒沉降速度时的临界状态下进行燃烧的炉子。流化床炉分为鼓泡床和循环流化床两类。前者又称为沸腾床，燃烧时燃料并不静置于炉排上，而是不断被助燃空气流从炉排上托起又落下，燃料上下翻腾如沸腾状；后者通风风速大于鼓泡床，大量颗粒被烟气带出炉膛，然后旋风分离，分离出来的颗粒经过返料器再进入炉膛继续燃烧，如此循环进行。流化床燃烧具有可燃烧劣质固体燃料、易于添加脱硫剂和控制 NO_x 的排放、燃烧热强度大（可比煤粉炉大一个数量级）、床内传热能力强等特点。

锅炉按照工作压力可以分为：真空热水锅炉（工作压力小于大气压力）、无压或常压热水锅炉（锅筒与大气连通，表压力为零）、低压锅炉（表压力小于 1.3 MPa）、中压锅炉（表压力在 1.3 ~ 3.9 MPa 之间）、高压锅炉（表压力在 10 MPa 左右）、超高压锅炉（表压力在 13.0 MPa 左右）、亚临界锅炉（表压力在 17.0 MPa 左右）、超临界锅炉（表压力在 25.0 MPa 左右）和超超临界锅炉（表压力在 30.0 ~ 35.0 MPa 以上）。

锅炉功率是表示其容量大小的指标，单位为 MW，习惯上还用万大卡每小时和小时蒸发量做单位。三者的关系是 $0.7\ \mathrm{MW} \approx 60 \times 10^4\ \mathrm{kcal/h} \approx 1\ \mathrm{t}$ 蒸发量。小时蒸发量原意是 1 h 内生产的压力为 1 MPa（$10\ \mathrm{kgf/cm^2}$，(at)）的蒸汽量，现在用来代表锅炉在 1 h 内产生相当于 1 MPa 压力蒸汽量所需热量的能力。

5.1.1 烟管锅炉和水管锅炉

最早的锅炉受热面就是置于炉子上的一个圆筒(18 世纪),这个圆筒就称为锅筒,后随着锅炉容量的增加开始循两个途径扩展受热面(见图 5-1)。

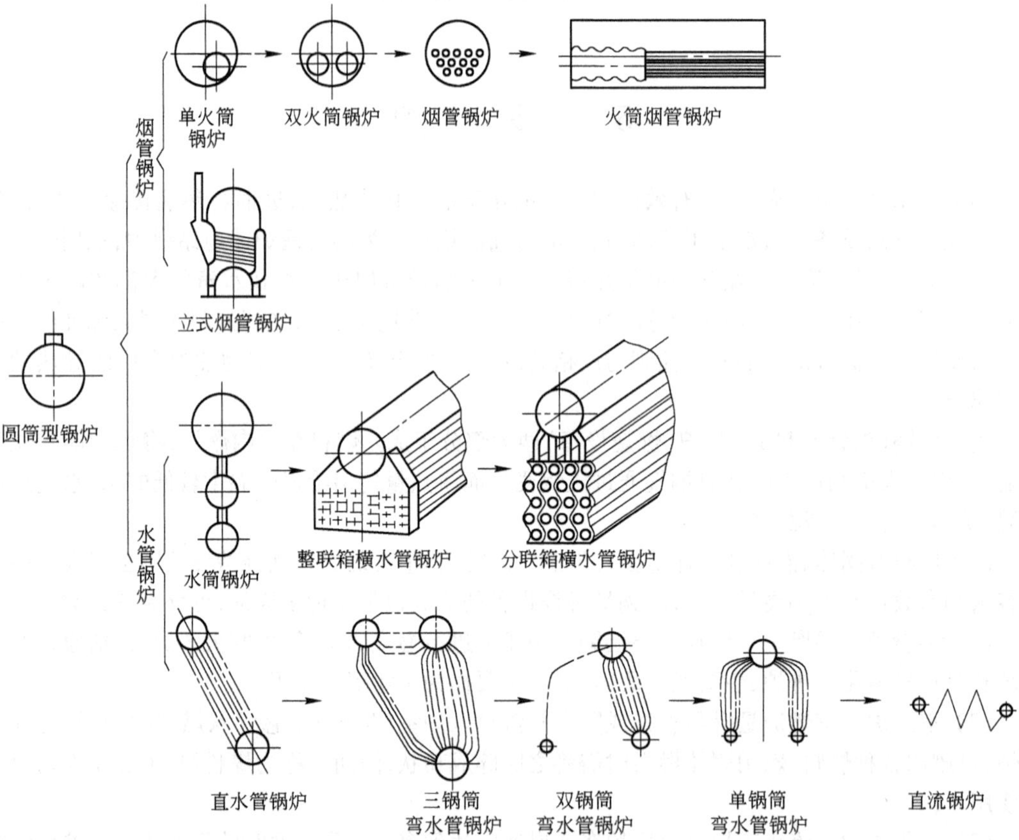

图 5-1 蒸汽锅炉形式的发展和演变[25]

一个途径是在锅筒内部增加受热面,从而形成了烟管锅炉或火管锅炉。起先是一个火筒,称为单火筒锅炉,煤在火筒内燃烧放热。后增加为两个火筒,为双火筒锅炉。火筒多了操作不方便,就增加小直径的烟管,并陆续将燃烧室从锅筒内移出。这种锅炉的锅筒内部布置了大量烟管,导致其直径较大,承压能力有限,炉水主要充装在锅筒中,容量有限,锅筒大小也限制了烟管的数量。这种难以发展成为大容量高参数,目前主要用作低压小容量工业锅炉。

另一个途径是在锅筒外面发展受热面,形成了水管锅炉。它摆脱了锅筒对锅炉参数和容量的限制,在燃烧、传热和流动等方面都可以进行有效的改善,成为目前锅炉的主要形式,容量稍大、压力稍高一点的锅炉全部都是水管锅炉。

5.1.2 层燃炉

链条炉是层燃炉中使用最广泛的机械化炉,我们就以之为例说明层燃炉的基本构造和工作过程。

锅炉的汽锅部分基本构造大致相同，包括锅筒（又称汽包）、对流管束、水冷壁、集箱和下降管等，如果需要过热蒸汽或再热蒸汽，则还有过热器和再热器。层燃炉的燃烧设备包括煤斗、炉排（也就是炉箅❶）、炉膛、除渣板、送风装置等。此外，为了保证锅炉的正常工作和安全，蒸汽锅炉还必须装设安全阀、水位计、高低水位警报器、压力表、主汽阀、排污阀、止回阀等，还有用来消除受热面上积灰以利传热的吹灰器。

如图 5-2 所示，锅炉的炉子设置在汽锅的前下方，燃料在煤斗中下落到炉排面上，电动机通

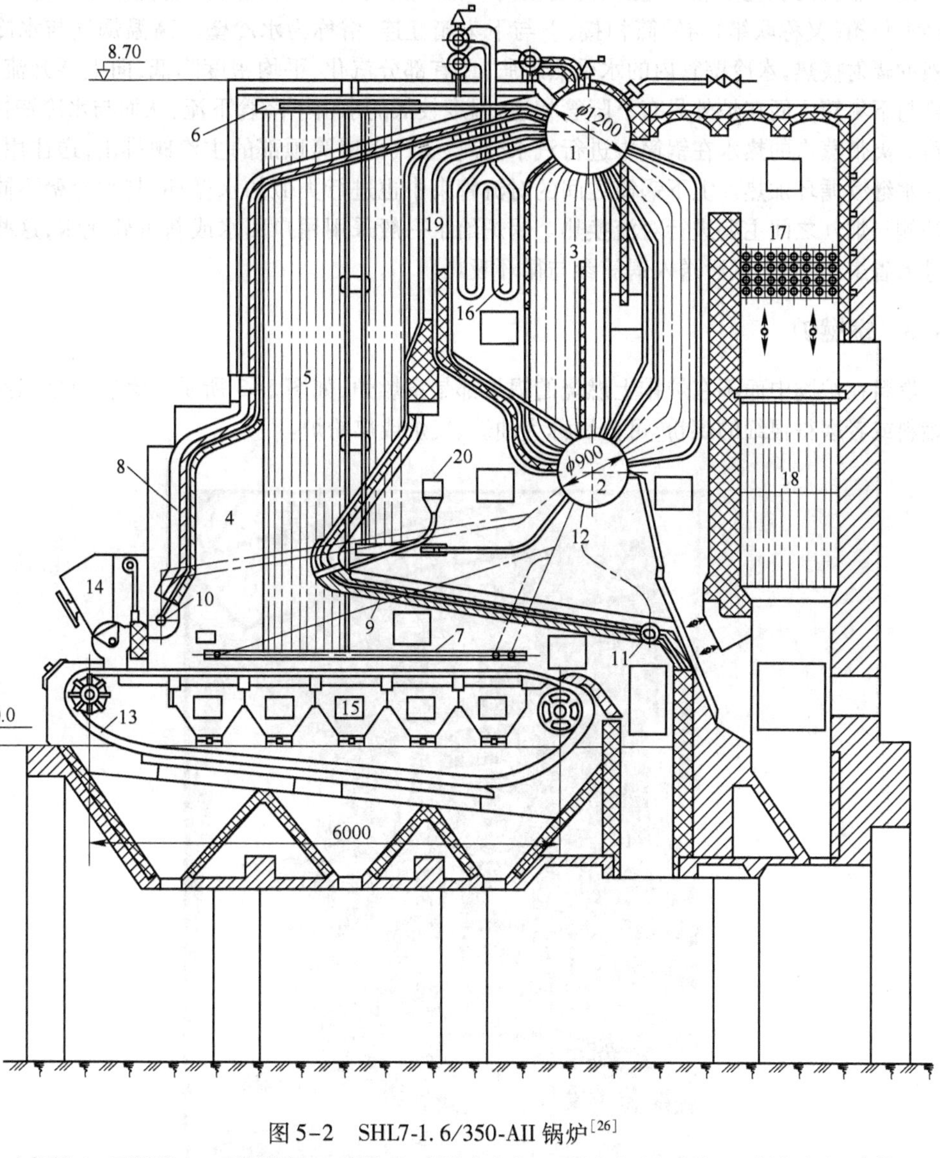

图 5-2 SHL7-1.6/350-AII 锅炉[26]

1—上锅筒；2—下锅筒；3—对流管束；4—炉膛；5—侧墙水冷壁；6—侧水冷壁上集箱；7—侧水冷壁下集箱；8—前墙水冷壁；9—后墙水冷壁；10—前水冷壁下集箱；11—后水冷壁下集箱；12—下降管；13—链条炉排；14—加煤斗；15—风仓；16—蒸汽过热器；17—省煤器；18—空气预热器；19—烟窗及防渣管；20—二次风管

❶ 箅：有空隙而能起间隔作用的片状器物。

过减速机带动链轮牵引链条炉排从炉前向炉后缓慢运动，将燃料带入炉内。燃料经引燃，一面燃烧一面向后移动，最后烧尽成为灰渣，在炉排末端被除渣板（俗称老鹰铁）刮落，掉进灰渣斗后排出。燃烧需要的空气由风机先送入空气预热器预热，再进入炉排腹中风仓，然后向上穿过炉排到达燃料层，进行燃烧。产生的高温烟气先在炉膛辐射放热，再进入对流管束之间反复冲刷对流管束进行对流放热，期间沉降的飞灰通过挡板下落至烟道底部。烟气离开对流管束后，经过省煤器、空气预热器放出剩余的热量，进入烟道和除尘设备，再由引风机抽入烟囱排入大气。

由于燃料的燃烧放热，炉膛内温度很高。在炉膛四周的墙面上，都垂直布置一排水管，水管上经上集箱（又称联箱）与锅筒相接，下与下集箱互连，俗称为**水冷壁**。高温烟气与水冷壁进行强烈的辐射换热，水冷壁管内的水受热膨胀，还有部分汽化，平均密度降低，向上浮升流进锅筒。锅筒与下集箱之间在炉外另有下降管相连，温度较低的水由下降管下流，从而与水冷壁构成循环回路。夹带蒸汽的热水在锅筒中进行汽水分离，蒸汽由锅筒顶部的主汽阀排出，送往用户，留下来的水继续循环加热。上下锅筒之间的对流管束中也进行类似的水循环，与水冷壁不同的是管束外侧与烟气之间主要进行对流换热。锅炉给水一般采用用户回水或新鲜软化水，这些冷水首先进入省煤器预热，然后送入锅筒参与循环吸热。

5.1.3 室燃炉

燃料在炉膛中而不在炉排上燃烧的锅炉都是室燃炉，如图 5-3 所示。室燃炉燃用液体或气体燃料或者磨得很细的煤粉，可分别称为油炉、气炉或煤粉炉。

图 5-3 室燃炉

与层燃炉相比，室燃炉的特点是：

（1）燃料始终处于悬浮燃烧，锅炉容量的提高不再受炉排的制造和布置的限制。

（2）燃料与空气混合较好，空气过剩系数较小，燃烧速度和效率比层燃炉高。

（3）燃料运动速度快，为保证燃料在炉内停留时间，炉膛体积较大。

（4）燃料适应性广。

（5）燃烧调节和运行、管理易于实现机械化和自动化。

室燃炉中国内应用比较多的是燃烧固体燃料的煤粉炉，与前面介绍的链条炉相比，汽锅部分大同小异，大型室燃炉一般采用单锅筒，不设对流管束，对流受热面全部用来布置过热器和再热器，另外空气预热温度和给水预热温度也比较高。室燃炉与链条炉不同之处主要在炉子。但室燃炉的炉子构造并不复杂，以最复杂的煤粉炉为例，主要由制粉设备、燃烧器和炉膛组成。

5.1.4 循环流化床锅炉

层燃炉中燃煤布于炉排上，助燃空气从炉排下面向上流动穿过炉排，大部分参与煤炭燃烧。煤炭相对炉排不发生移动，可称为固定床（床，来自于英文 bed）。若将空气流速逐渐升高，达到一定程度就可使全部煤炭颗粒都刚好悬浮在向上流动的气流中，此时颗粒与气体间的摩擦力与其重力相平衡，颗粒间的垂直方向作用力等于零，通过床层任一截面的压降大致等于该截面上颗粒的重量，称之为处于临界流态化。气流速度再稍许增加，床层就出现很大的不稳定性。超出临界流态化所需的气体大都以气泡形式通过床层，被称为鼓泡流（态）化床（bubbling fluidized bed）。所谓流态化，是指此时固体颗粒的行为像流体。鼓泡流化床好像处于沸腾状态的液体上下翻滚，因而国内许多学者和工程师形象地称之为沸腾床。按鼓泡流化床组织燃烧的锅炉称为鼓泡流化床锅炉或沸腾床锅炉。进一步增加气流速度，翻滚的固体颗粒会被气流携带得更高。当气流速度大到一定程度时，床层的上界面逐渐消失，颗粒被气体带离床层，此时成为气力输送状态。若在炉膛出口用一气固分离器将固体颗粒分离下来，再通过回料装置送回床层之中，形成颗粒的循环，就成为循环流化床（circulating fluidized bed）。这样的锅炉称为循环流化床锅炉。图 5-4 是某型循环流化床锅炉简图。

循环流化床锅炉与沸腾床锅炉统称为流化床锅炉，是介于层燃炉和煤粉炉之间的新型锅炉。它既有炉排，燃烧又在炉膛中进行；燃用破碎成小于 8 mm 的煤颗粒（大了需要太大风速和风量），介于块煤和粉煤之间；沸腾状或不完全的气力输送状流态介于固定床和煤粉那样完全的气力输送之间。流化床锅炉还可以按工作压力分为常压流化床燃烧（AFBC，atmospheric fluidized bed combustion）和增压流化床燃烧（PFBC，pressurized fluidized bed combustion）。PFBC 是在炉内增压（0.6～1.6 MPa）条件下进行燃烧，所形成的高温燃气经补燃后用于驱动燃气轮机。

流化床锅炉的主要特点是：

（1）燃料适应性好，可以燃用常规燃烧方式难以使用的燃料，如高灰分、高水分、低热值、低灰熔点的劣质燃料和因挥发分很低而难于点燃和燃尽的煤。我国早期开发沸腾床锅炉就是为了燃烧煤矸石等劣质燃料。流化床燃烧状况好是由于新燃料与助燃空气、炽热焦炭混合特别充分。

（2）燃烧温度较低（800～950 ℃），床内炭粒还具有还原作用，加上分级燃烧等措施，所以燃烧过程中 NO_x 产生大幅度下降。随燃料向床层中添加石灰石等固硫剂，就能进行炉内脱硫。

（3）燃尽度好。

（4）可实现低负荷稳定燃烧，并保证低负荷时的蒸汽参数，调节速率达每分钟 4%，调节范围可达满负荷的 20%。

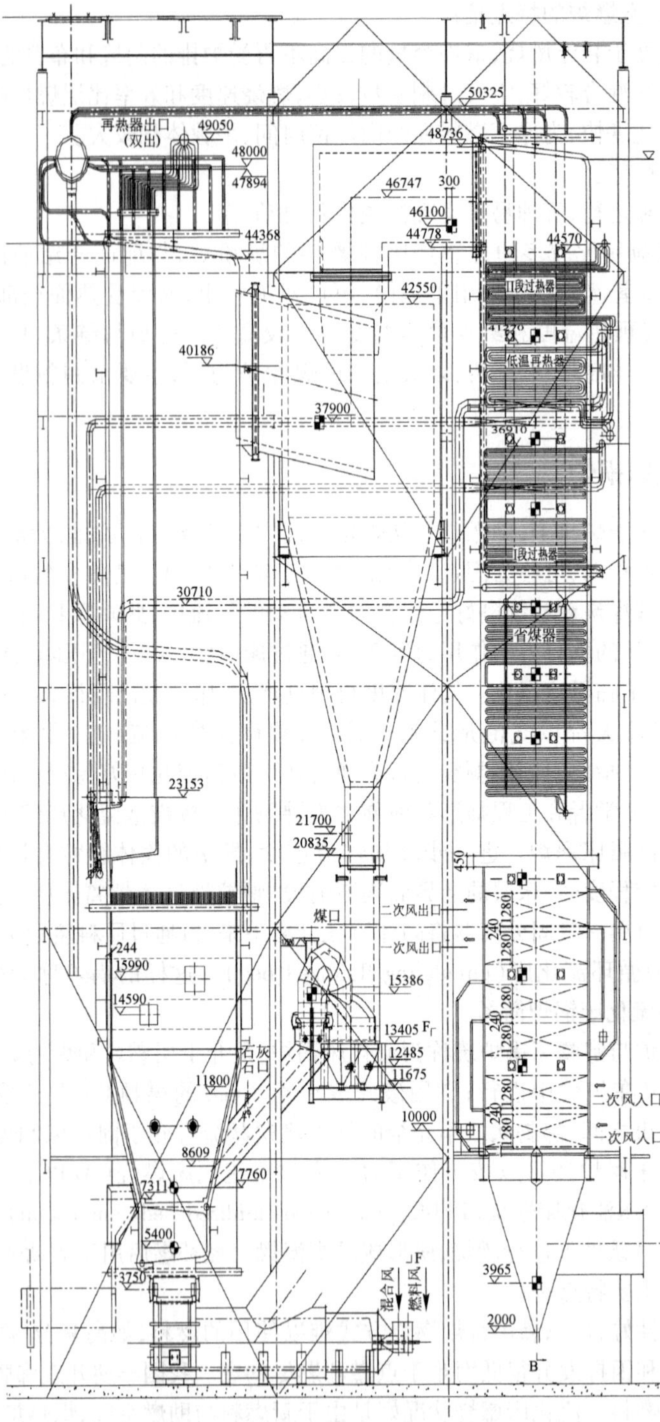

图 5-4 HG-440/13.7-L.HM28 型循环流化床锅炉简图

(5) 低温燃烧的灰渣活性较高,可用做建材原料等,综合利用,变废为宝。

沸腾床的缺点是炉排限制了其大型化,飞灰量大且残碳量高,导致不完全燃烧损失很大;沉浸受热面和炉墙磨损严重,脱硫剂利用率偏低。循环流化床通过飞灰的再循环燃烧达到很高的燃尽度,脱硫剂利用充分,解决了鼓泡床存在的问题,成为目前流化床锅炉发展的主流。并且由于其大型化不受炉排限制,故循环流化床已在火力发电厂得到很大的应用前景。

5.2 换 热 器

将某种流体的热量以一定的传热方式传递给其他流体的设备,称为热交换器或换热器(heat exchanger)。在该设备中,至少有两种温度不同的流体参与传热,高温流体放出热量,低温流体吸收热量。当然也可以有多种流体在其中传热。

在工业生产中,许多工艺都伴随有传热,从广义上讲,它们都是换热器。但作为一类专门设备来研究,对换热器的外延作了严格的限定:直接用于非传热的工艺目的和具有化学反应的换热设备不属于“换热器”的研究和规范范围,例如干燥设备、精馏设备和锅炉等。

换热器是动力、石油、化工、冶金、建筑、机械制造、航空、原子能以及食品、医药、造纸、纺织等等工业部门广泛使用的通用设备,具有重要的地位。在石油化工行业中,它的投资占建厂投资的20%以上,重量占工艺设备总重的40%~70%。

5.2.1 换热器的分类

按照传送热量的方法来分,换热器分为混合式(直接接触式)、间壁式(表面式)和蓄热式三种。

混合式换热器中冷热流体直接接触进行换热,换热端差小,效果好。没有金属受热面,构造简单,投资少。为了使冷热流体充分混合接触,可以采取雾化、筛板、填料等措施。火电厂使用的双曲线壳体循环水冷却塔、制冷空调工程使用的冷却水冷却塔、锅炉给水的热力除氧器、冷热水掺混用的混水阀等等均为混合式换热器。但是在绝大多数情况下,工艺流程不允许冷热流体直接接触,就不能采取这种换热器。

蓄热式换热器利用固体材料的热容蓄放热,使热冷流体交替流过蓄热材料表面,从而间接将热量从热流体传给冷流体。它适用于流量大的气—气换热。由于蓄热体可以采用耐高温、耐腐蚀材料,故它在这方面有较好的应用。锅炉的回转式空气预热器、高炉热风炉等等都是蓄热式换热器。蓄热式换热器分为回转式、阀门切换式、蓄热体颗粒流动式(流化床式)等几种。冶金企业燃用高炉煤气的蓄热式加热炉常采用陶瓷蜂窝体或陶瓷小球作为蓄热体,与采用耐火砖做蓄热体的高炉热风炉都属于阀门切换式。蓄热式换热器的传热过程多了一个环节,而且蓄热体内残余气体可导致冷热流体部分掺混,所以应用范围也有限。

顾名思义,间壁式换热器在冷热流体之间有一固体分隔壁,以避免两种流体掺混,热量通过壁在两种流体之间传递。它是应用最广泛的换热器。仅在一般家庭中,就有暖气散热器、冰箱和空调的冷凝器与蒸发器、暖水袋等等间壁式换热器。在工业生产中几乎想象不出哪个行业不使用间壁式换热器。按其基本结构分类,间壁式换热器可以分为管与板两个大类,其中管、板是指换热器的基本换热元件。管类中的管壳式换热器是换热器家族中的最大家庭,在数量上占有全部换热器总数的70%以上,使用范围也最广。

5.2.2 板类换热器的基本结构

5.2.2.1 螺旋板式换热器

瑞典Rosenblad公司于1930年首先发表了螺旋板式换热器,它是一种高效换热设备(见图5-5),由传热板、定距柱、连接管、头盖及衬垫等部件组成。设备由两张金属板卷制而成,形成

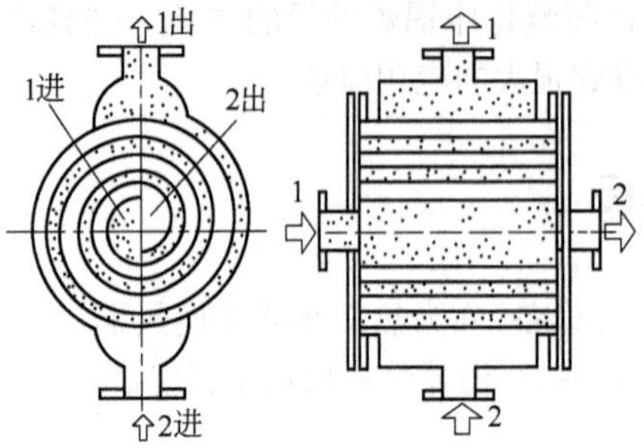

图 5-5 螺旋板式换热器[27]

了两个均匀的同心螺旋形通道，通道宽度由定距柱确定，两种传热介质在金属板两侧可进行全逆流流动，定距柱对流动的扰动、没有死区的狭窄流道、螺旋形流动等使得换热效果较好（传热系数最高可达 3000 W/(m^2 · K)），相对流动阻力却不大，可实现小温差换热（最小 2 ℃）并能严格控温，紧凑度（单位体积内的传热面积）达 40 ~ 100 m^2/m^3。螺旋形结构还可以很好地吸收热胀冷缩。

螺旋板式换热器的结构形式可分为不可拆式(Ⅰ型)及可拆式(Ⅱ型、Ⅲ型)。Ⅰ型的两流体都是螺旋流动，通常冷流体从外周向中心流动，热流体从中心向外缘流动，其端面采用平盖焊接，密封较好，但不可拆卸，只能一次性使用。且因为流通面积相近，冷热流体的流量也必须相差不多。Ⅱ型的一种流体螺旋流动，另一种沿轴向流动。轴向采用锥形封头，法兰连接，而且轴向流通面积很大，可以作为冷凝器等使用。Ⅲ型的一种流体螺旋流动，另一种流体是轴向与螺旋形组合流动。

螺旋板式换热器的缺点是：难以做大，容量较小；加工工艺要求板厚度不能太大，因而承压能力有限；板子一旦泄漏很难修补。

5.2.2.2 板式换热器

板式换热器是一种高效换热设备，其结构如图 5-6 所示。许多平行波纹不锈钢板或钛板（如图 5-7所示）的周边用密封垫垫起，防止流体泄漏并构成板间流动通道，两端用压紧板压紧固定。两种流体分别由上下四个角孔流进流出，板片上密封垫角孔处适当开口，使流体进出板间通道，实现换热。这种换热器紧凑度高，板间流动流向多变，湍流强烈，传热系数最高可达 5000 W/(m^2 · K)。板式换热器的另一个显著优点是拆装检修特别方便，极端的例子是两个小时拆装清洗一次。

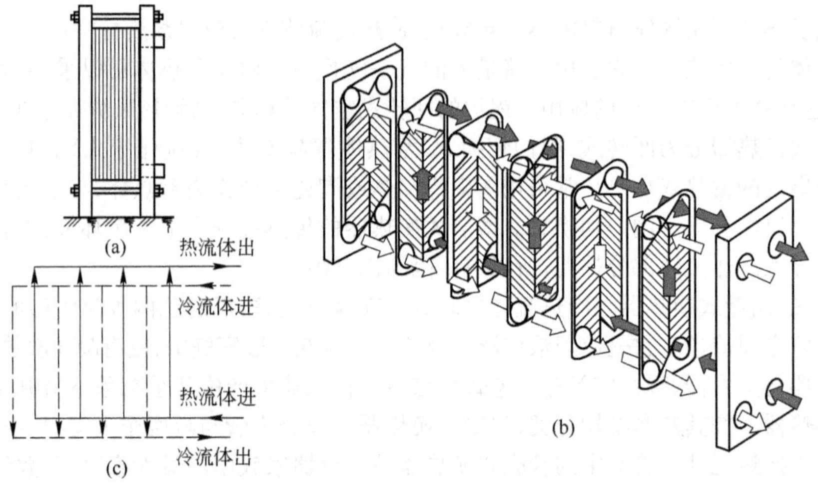

图 5-6 板式换热器[27]

(a) 换热器整体；(b) 结构分解；(c) 流体行程

板式换热器的缺点是：密封线长，容易泄漏；密封垫在耐温、耐压和耐腐蚀方面尚成问题；金属薄板刚性差，承压能力不足。板片造型复杂，生产工艺要求严格，需要万吨级专用压机及相应的精密模具来压制板片。

为解决耐高温、耐腐蚀、承压能力和密封等问题，行业内还发展了一种全焊结构的板式换热器（见图5-8），或称为板壳式换热器，但失去了拆装方便的优点。

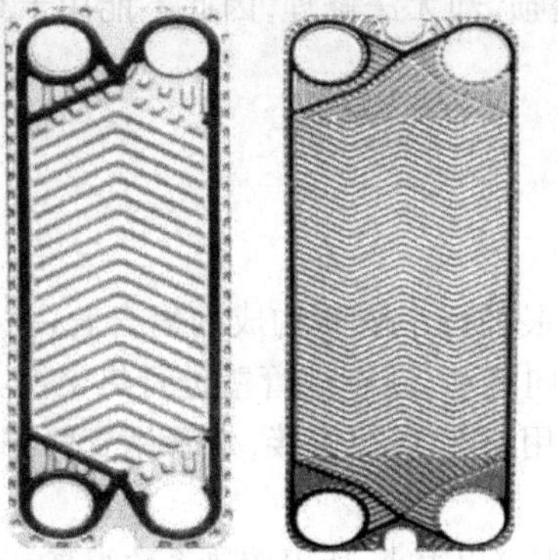

图5-7　波纹金属板片和密封垫

图5-8　全钎焊板式换热器

5.2.2.3　板翅式换热器

在各种换热器中，板翅式换热器最为紧凑、轻巧、高效。它由翅片、隔板和封条三种元件组成一个单元体（见图5-9），多个单元体叠积在一起构成板束，板束配置上导流片、封头和接管就构成了完整的板翅式换热器。

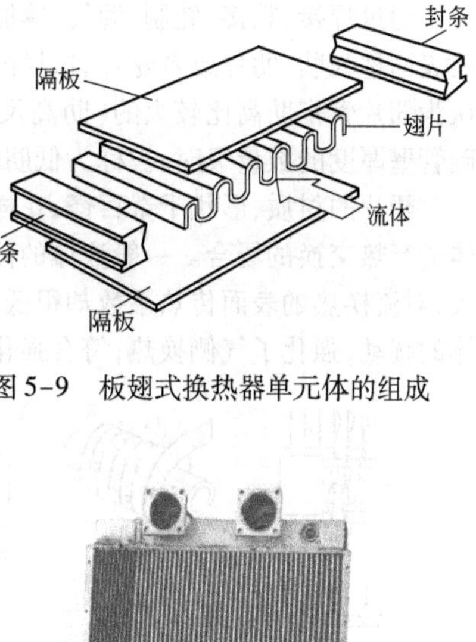

图5-9　板翅式换热器单元体的组成

冷热流体分别流过隔板两侧，热量通过隔板传递，翅片起到支撑隔板并扩展隔板的传热面积（即肋）的作用。隔板与翅片都采用极薄的金属片（一般为导热系数较高的铝片），蜂巢样的结构使它具有较好的刚性或强度。翅片与隔板间需要完善的钎焊，一方面保证稳固连接，另一方面保证接触热阻近乎零。图5-10展示了板翅式换热器单元体组合形式及成品。

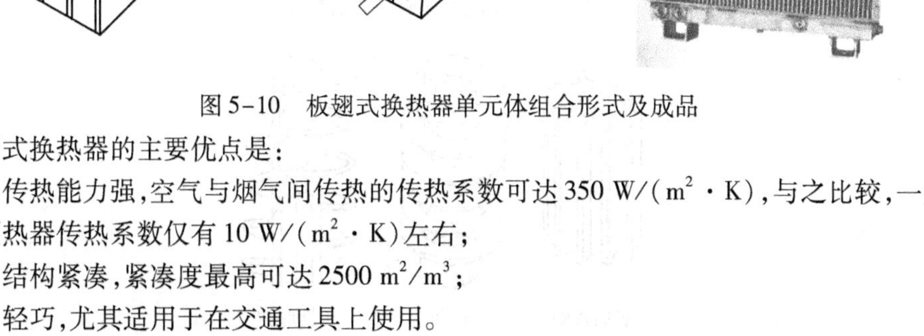

图5-10　板翅式换热器单元体组合形式及成品

板翅式换热器的主要优点是：

（1）传热能力强，空气与烟气间传热的传热系数可达350 W/(m^2·K)，与之比较，一般的管式空气预热器传热系数仅有10 W/(m^2·K)左右；

（2）结构紧凑，紧凑度最高可达2500 m^2/m^3；

（3）轻巧，尤其适用于在交通工具上使用。

板翅式换热器的缺点也很明显：

(1) 钎焊工艺要求高,既要保证所有焊缝密实牢固,不泄漏,又要保证钎料不能堵塞流道或挂在金属壁面上。

(2) 薄板铝材,整体钎焊结构,易于腐蚀、磨损,却无法修理,因此不能用于具有腐蚀性或灰尘较多的场合(所以不能做炉子的空气预热器)。

5.2.3 管类换热器的基本结构

5.2.3.1 套管式换热器

套管式换热器是由一根较粗的壳管内套一根平行小管而构成的复合管,一种流体(一般是热流体)在内管中流动,另一种流体在外管中逆向流动,通过内管壁进行热交换。实用中常将多段复合管连接起来,每一段为一程,各程的内管用U形管相连接,外管用支管相连接,组成蛇形套管固定在支架上。

套管式换热器能实现纯逆流换热,且管间间隙可以很小,所以传热系数很高。该换热器构造简单,拆装方便,随套管长度和程数的增减可灵活布置和调整传热面积。易于采用耐腐蚀的高硅铸铁、陶瓷等材料。缺点是管接头多,结构不紧凑,单位换热面积的金属消耗量大,导致成本增高。

5.2.3.2 翅片管换热器

通过焊接、粘接、轧制、缠绕、镶嵌、铸造、机械加工等方法,在金属管的光滑表面制造出的扩展表面称为肋、肋片或者翅片,这样的管子称为肋管、肋化管、翼片管或翅片管。一般约定俗成地认为翅片管指肋高比较大的(肋高尺度与基础管的半径或直径相当)管子。而肋高仅相当于基础管壁厚度的数量级时,被称为低肋管,常用于管壳式换热器、锅炉以及化工工艺设备中。

翅片的材质、形状千奇百怪,花样繁多,如图5-11、图5-12所示。翅片管常常用于液体与气体进行热交换的场合。一般液体的体积流量小,对流换热的表面传热系数高,而气体的体积流量大,对流换热的表面传热系数却很低。利用翅片管大量扩展了气侧的换热表面,并加强了气侧流体的扰动,强化了气侧换热,符合强化传热的基本原理,可以起到良好的强化传热的效果。

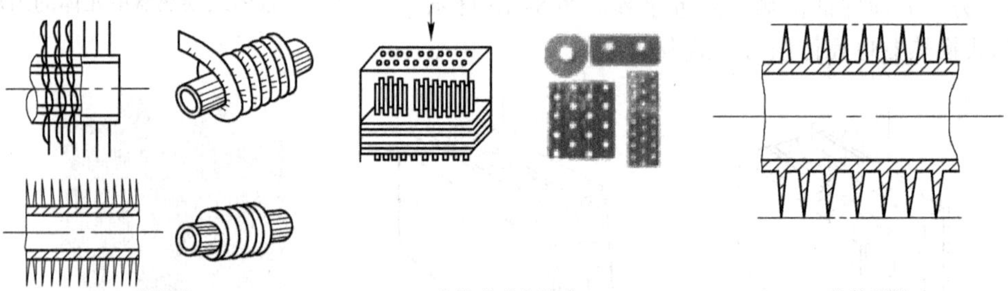

图5-11 部分翅片管的制造方法

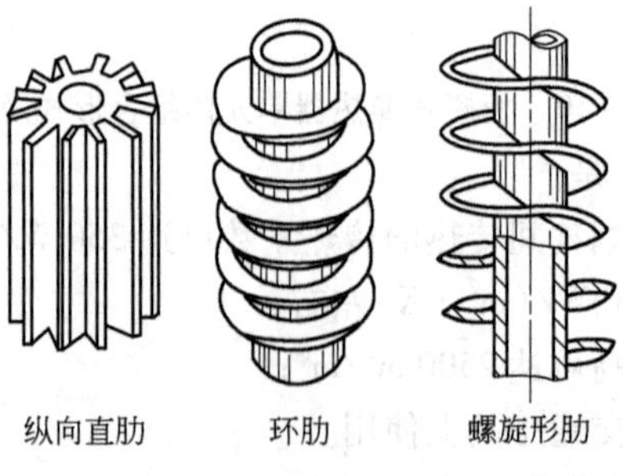

图5-12 翅片形式

常见的翅片管换热器有锅炉的空气预热器和省煤器，窗式、分体式、柜式空调机的冷凝器和蒸发器，建筑物取暖用的散热器等等，如图5-13所示。

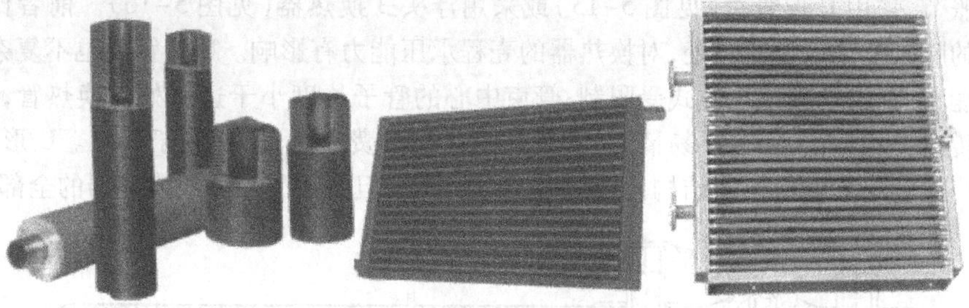

图5-13 翅片管与翅片管换热器

5.2.3.3 沉浸式和喷淋式换热器

将蛇形管或盘香管（螺旋管）浸入盛有一种换热液体的容器中，另一种换热流体流过管内与管外流体进行换热，构成了沉浸式换热器。该种换热器结构简单，制造、修理方便，传热系数低，体积庞大，管外液体量大，温度稳定。

将液体（一般是冷却水）从上向下喷淋到蛇形管或盘香管（螺旋管）表面，来与管内流体换热，构成了喷淋式换热器。它也具有结构简单，制造、修理方便等优点，由于管外液体对管表面的冲击，其传热系数较大。尤其适于做冷却或冷凝器，常常制成蒸发式冷却器或蒸发式冷凝器。

5.2.4 管壳式换热器

在一个圆筒状的壳体内安装许多管子，让一种流体从管内空间流过而另一种流体从管外壳体中间流过，两种流体通过管壁进行热量传递，这样的换热器称为管壳式换热器。管壳式换热器的具体结构主要包括封头、管板、折流板、壳体、管束及接管等（如图5-14所示）。换热管的全体称为管束，一般都采用平行管束，也有采用螺旋管束等其他形式的管束。图中所示的折流板是横向折流板，其作用是使壳程流体延长停留时间和路程，并横向冲刷管束以达到提高表面传热系数的目的。折流板还对管束有支撑作用。还可以平行于换热管安置纵向折流板，其用途是增加壳程流体的往返次数（称为壳程数），以调节壳程流体的流速。管板是用来固定管束并分隔冷热流体的，换热管穿透管板与封头和管箱空间连通。封头和管箱中的隔板将管程分成了多程。

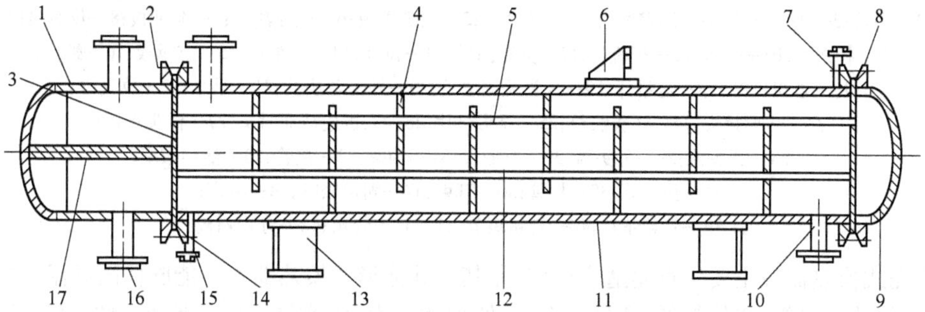

图5-14 固定管板式管壳式换热器

1—管箱；2—螺栓，螺母；3—管板；4—折流板；5—换热管；6—耳架；7—排气口；8—设备法兰；
9—封头；10—壳程接管；11—筒体；12—拉杆；13—支座；14—排液口；
15—垫片；16—管程接管；17—分程隔板

图 5-14 所示的固定管板式管壳式换热器在冷热流体温差较大时会产生严重的热应力(因为换热管与壳体热膨胀程度不同),而且壳程无法检修,所以用途有限。解决的办法有三种:壳体加装膨胀节,采用 U 形管束(见图 5-15)或采用浮头式换热器(见图 5-16)。前者比较简单,但壳体上的膨胀节是承压薄弱处,对换热器的壳程承压能力有影响。U 形管束也不复杂,缺点是管程数只能为偶数,管程组织方式受限制;管束中心的管子长度小于边缘处的换热管,会导致流量不均和传热不均;弯头部分不易清洗;管束中间存在浪费空间,且不利于传热。U 形管换热器应用比较广泛。浮头式换热器结构比较复杂,重量较大,但保留了管壳式换热器的全部优点。

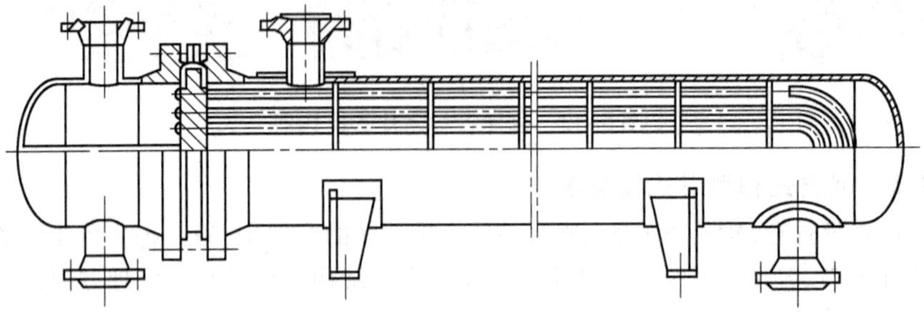

图 5-15 U 形管换热器

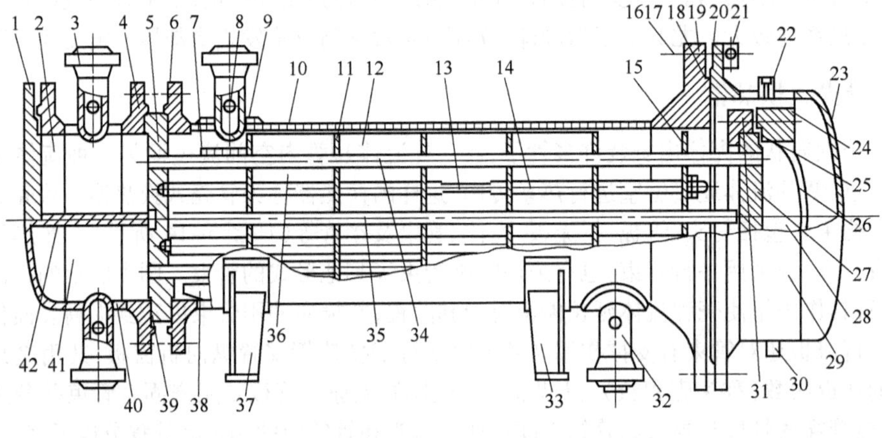

图 5-16 浮头式换热器(摘自 GB151—1999)

1—平盖;2—平盖管箱;3—接管法兰;4—管箱法兰;5—固定管板;6—壳体法兰;7—防冲板;8—仪表接口;9—补强圈;10—壳体;11—折流板;12—旁路挡板;13—拉杆;14—定距管;15—支承板;16—螺栓;17—螺母;18—外头盖垫片;19—外头盖侧法兰;20—外头盖法兰;21—吊耳;22—放气口;23—凸形封头;24—浮头法兰;25—浮头垫片;26—无折边球面封头;27—浮头管板;28—浮头盖;29—外头盖;30—排液口;31—钩圈;32—接管;33—活动鞍座;34—换热管;35—挡管;36—管束;37—固定鞍座;38—滑道;39—管箱垫片;40—管箱短节;41—封头管箱;42—分程隔板

管壳式换热器最主要优点是适应性广,尤其是其他形式换热器均不能胜任的高温高压场合。此外,它的技术成熟,造价较低,选材范围广,处理能力大,耐腐蚀、结垢、堵塞、磨损等的能力强。尽管传热性能比不上各种新型换热器,其在换热器家族中的优势地位仍然不可撼动。国家标准 GB151—1999《钢制管壳式换热器》是强制性标准,详细规定了钢制管壳式换热器从设计、制造到安装、使用的全部细节要求。

管壳式换热器的技术发展一直着重于换热管,目前有波节管、低肋螺纹管、烧结管、来复管等几十种。其中,1992 年东北工学院热工教研室(现东北大学工程热物理研究所)朗逵教授推出的波节管换热器从沈阳迅速向全国普及,十余年间产值数十亿,在供热工程等领域得到了广泛的应用。在壳程技术方面,20 世纪 90 年代初,捷克的 P. Stehlik 和 Kral 等人提出了一种螺旋折流板式管壳式换热器(helical baffles heat exchanger),它使用一系列的扇形平面板(称之为螺旋折流板)代替曲面相间连接,在壳侧形成近似的螺旋面,能避免弓形折流板的曲折的 Z 字形流道所导致的死区和流体返混,如图 5-17 所示。实验研究表明,其传热系数比普通折流板换热器大 30%,而壳程阻力却下降 20% ~30%。尽管其制造工艺比较复杂,性能上的优势仍会使它开始在管壳式换热器市场中占有越来越多的份额。螺旋折流板式管壳式换热器最早由捷克共和国的 VuCHZ 公司设计。而后 ABB Lummus Heat Transfer 公司取得了全球在该领域内的唯一许可,目前 Kral 等人已经进入 ABB Lummus 公司工作,该公司已经制造了数百台这种换热器,并命名为 HELIXCHANGER®[28]。

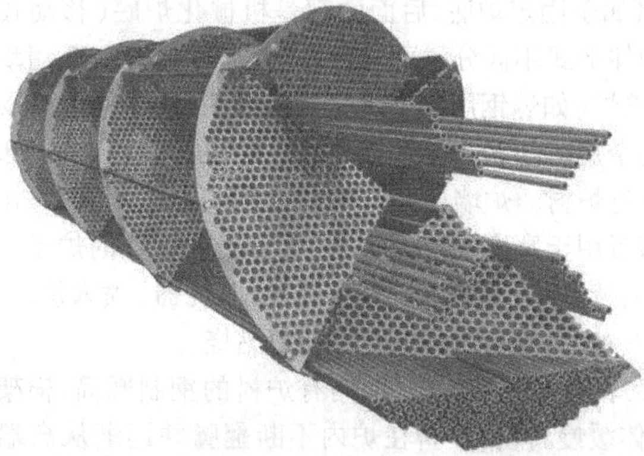

图 5-17　螺旋折流板式管壳式换热器的管束

5.3 工业窑炉

除了锅炉以外,在工业生产中使用的燃烧加热装置统称为火焰炉(或称燃料炉),火焰炉及高温电加热装置(电炉)统称为工业窑炉。其中冶金工业用的多称为炉(furnace),而硅酸盐工业用的多称为窑(kiln),如回转窑、倒焰窑、隧道窑、立窑、环窑、坩埚窑、池窑等等❶,当然这种划分只是习惯,并不绝对。大部分工业窑炉都是常压运行,只有炼铁高炉等具有低正压。

5.3.1 火焰炉

火焰炉主要用于物料(工件)的焙烧、干燥、熔化、熔炼、加热和热处理等工艺环节。在冶金、建材、矿业、轻工、机械等领域有着广泛的应用。它因地制宜,因事制宜,因时制宜,可以采用各种燃料、各种燃烧方式、各种工作温度,在各个工业部门的生产中占有相当重要的地位,对产品的产量、质量、成本和环境污染都有重大影响。

近年来,随着燃烧技术及自动控制的发展,火焰炉也得到了迅速的发展。其中,目前研究的比较多的是高温贫氧燃烧技术、高温蓄热燃烧技术、脉冲燃烧技术等,它们的出现使得工业炉的能耗大大降低,劣质燃料得到高效利用,环境污染大幅度减轻,也使钢铁业的综合能耗大大降低了。自动控制方面,随着智能系统的发展,使得工业炉的加热具有学习能力,具有自我调控能力,从而提高了加热炉的加热质量和降低了工业炉燃耗。炉压的控制由原来的反馈控制发展到现在的前馈反馈

---

❶ 古代名窑烧成的瓷器也简称为窑,如汝窑、成窑、哥窑、柴窑、官窑、私窑等等。

控制系统，彻底解决了加热炉的“前吸后冒”的问题，也减少了从加热炉门辐射出的热量。

火焰炉中火焰或燃烧产物占据炉膛的一部分空间，物料或工件占据另一部分。火焰大都与物料直接接触，但有时（例如为了防止工件氧化）要用隔墙将火焰与物料隔开，热量通过隔墙传给物料❶。火焰炉的四壁敷设有炉衬，炉衬用粒状或粉状耐火材料捣打而成，或者用耐火砖砌成。根据炉内各个部分的不同要求，选用具有相应的物理和化学性质的耐火材料。按所用耐火材料的化学性质，炉衬分为碱性炉衬、酸性炉衬和中性炉衬。炉衬可以反射和重辐射投入辐射，因而在传热过程中也起重要作用。电炉的炉衬也有同样类型的要求和作用。

火焰炉分为膛式炉窑和回转窑两类：

（1）膛式炉窑的工作腔称为炉膛，由炉底、炉墙和炉顶组成。膛式炉窑用做加热炉或热处理炉时，按炉底结构形式不同可分成推料式炉、箱式炉、车底炉、步进炉、辊底炉、链式炉、环形炉（转底式炉）等等，前两者属于固定炉底，后面的都是机械化炉底（移动式炉底）。膛式炉窑用做非金属材料烧制时，按炉体形式不同分类可分为隧道窑、立窑、环窑、坩埚窑、池窑、梭式窑、罩式窑等等。部分熔炼用火焰炉（如炼钢用的平炉——已经淘汰、炼铜用的反射炉等）的炉底是凹下的熔池，用以存放熔融的金属。熔池形状呈长方形、圆形或椭圆形，底部有液体金属的排出口。炉墙大都采用钢结构，内有炉衬。炉墙上开有炉门、窥视孔、进出料口、出渣口、人孔等。炉顶结构有拱顶和吊顶两种，前者用于宽度较小的炉子，后者用于较宽的炉子。液体、气体燃料或煤粉用燃烧器或燃烧机（具备自动点火、自动调节等功能的燃烧器）喷入炉膛燃烧。块状固体燃料或在专用燃烧室中的炉排上燃烧，或与物料混合在一起燃烧。

（2）回转窑的炉体为长数米到数十米的、内有炉衬的钢制圆筒，横架在支座的托轮上，稍倾斜（3°左右）。运行时炉体缓慢转动，炉料在炉内不断翻腾并逐渐从高端向低端移动，移动中温度升高并完成所需要的物理、化学变化。回转窑一般需使用液体、气体燃料或煤粉，燃烧器安置在低端即出料端的固定的炉头端墙上，燃气逆炉料运动方向而上，从进料端排出，经垂直烟道进入排烟系统。回转窑广泛应用于有色金属行业、水泥行业等，近年来又用于铁精矿烧结、菱镁矿煅烧、含油污泥处理等等多种新用途。

5.3.2　电炉

电炉利用电热效应所产生的热来加热物料。根据电能向热能转化的方法不同，电炉分为电阻炉、感应炉、电弧炉、等离子炉、电子束炉、介质（微波等）加热设备等。按电源特点，电炉分为直流电炉、交流（工频、中频和高频）电炉❷[29]。

电炉具有诸多优点。首先是加热功率密度大，可以在较短的时间内把物料加热到所需要的温度，还可以达到火焰炉达不到的高温如氧化镁熔炼就必须用电炉；其次是加热温度易于控制，高温时也可达到 ±1 ℃或更精确的程度；再次是热效率比较高，且无烟气、废渣等污染物排放；最后是易于实现生产过程的自动化。

电阻炉利用电流通过电阻体产生的热量来加热或熔化物料，具有发热部件简单，对炉料种类限制少，炉温控制精度高，容易实现真空或控制气氛加热等优点。电阻炉分为直接加热和间接加

❶ 这种隔焰加热炉常称为马弗炉（muffle furnace），其炉膛为箱式或隧道式结构，也称马弗罩。由于炉膛与发热体隔离，所以易于控制温度与气氛，除工业用外，马弗炉也是实验室的常用设备。

❷ 按照热力学的观点，电能是等同于机械能的高品质能源，热能则是低品质能源，所以电能转换成为热能使用是不合理的。但是工业电炉尤其是冶金用电炉通常工作在 1000 ℃以上的高温状态下，此时热能的品位也相当高，所以电热所造成的不可逆损失不大，而且可以充分发扬电炉控制方便、洁净等优点。电炉还可以达到火焰炉所不能达到的高温，如钨的熔点高达（3390 ±60）℃，只能用电炉熔炼。

热两种，前者使电流直接通过被加热物料，依靠物料自身电阻发热。因为电流直接在物料中放热，所以材料内部温差较小，加热速度快，热损失少。电流通过特设的电热体或导电液发热，再把热量传热给被加热物料，就是间接电热电阻炉。这种电炉采用不同材质的电热体可在炉内达到不同的最高工作温度，采用不同的电热体安装布置方式可在炉内获得各种温度分布并适合各种炉型，控制精度也比直接电热电阻炉高。

电弧炉依靠一个或几个电弧的放电作用，将电能转变成热能，供给加热熔炼物料所需的热。由于电弧温度高，电热转变能力大，特别适合熔炼难熔材料。按加热方式电弧炉分为直接电热式电弧炉、间接电热式电弧炉和矿热炉。直接电热式电弧炉的电弧发生在电极和被熔化的物料之间，炉料直接受电弧的接触加热，包括直流电弧炉和真空自耗炉。由于直流电不存在趋肤效应和邻近效应，电流密度可以取大一些，或石墨电极尺寸可以比交流电弧炉小一些；因为电流方向不变，所以电弧稳定；因为电感电耗几乎为零，所以短网损耗较低。间接电热式电弧炉的电弧发生在两根专用的电极棒之间，炉料受电弧的辐射（间接）加热，如三相炼钢电弧炉。矿热电炉靠电极的埋弧电热和物料的电阻电热来熔炼物料，主要有铁合金炉、冰铜炉、电石炉、黄磷炉等。矿热炉电极埋在料层或炉渣中，端部形成许多微弧，同时炉料或/和炉渣中还产生电阻热。埋弧是指埋在料层中的电弧。它和敞弧的基本规律相同，但受周围料层的限制，导电途径复杂，燃弧斑点容易移动，弧易分散而不稳定。

感应炉利用交流电感应器在炉内产生交变电磁场，炉内的导电性物料中相应产生感应电动势和感应电流，感应电流在物料内流动时克服电阻而产生热（即涡流损耗）。其优点是：加热速度快，设备生产率高，氧化损失少；不仅可以加热全部物料，还可以只加热局部物料（如进行表面热处理）；易实现机械化自动化，无烟尘，劳动条件好。主要缺点是电气设备复杂和感应器效率较低。感应炉按工艺分类可分为感应熔炼和感应加热设备；按电源频率可分为高频、中频和工频感应炉；按结构可分为无心感应炉和铁心感应炉。感应加热的厚度和电流频率成反比，因此要根据加热要求选择频率。

电子束炉的基本原理类似于真空电子管，用容易进行电子发射的钽、铌等金属作阴极，被熔炼金属为阳极。当阴极被加热到2500 ℃左右时，表面发生热电子发射，经电场加速后，高速撞击阳极，其动能转化为热能。电子束炉又称为电子轰击炉，在熔炼铌、钽、铪、钼、钨等难熔金属方面有较大规模的利用。

等离子电热类似于电弧电热，都是气体自激弧光放电，可以认为是电弧电热的改进或强化。主要差异在于，等离子束是用空心电极强制供入工作气体产生的喷流流束，其温度高，刚性好，容易控制气氛，可起到保护物料、改善熔炼效果的作用。工作气体可以是 Ar、He、N_2、H_2、$Ar+N_2$、$Ar+H_2$ 等，其中氩用的较多，因为它是单原子气体，容易电离，而且是惰性气体。

离子氮化是一种新的表面热处理工艺，对提高钢铁零件的耐磨性、耐疲劳强度和耐蚀性有显著效果。离子氮化炉的工作原理是，将被处理工件放在 10 ~ 12 Pa 的真空容器中，并与阴极相连，再充入少量氮、氢混合气体或氨气。在阴极阳极之间加上一定的电压，使气体发生电离，产生辉光放电❶。由此产生的氮正离子在电场作用下轰击工件表面，将其加热到所需温度，同时在工件表面夺取电子与基体金属形成氮化层。

与普通的气体氮化相比，离子氮化的优点是：处理周期短，生产效率高，耗电少；零件变形小，氮化

---

❶ 辉光放电是稀薄气体放电，也是一种自激放电。它和弧光放电的区别是气体稀薄，阴极是冷电极，阴极区压降较大，其余部位压降较小。工作时，阴极被正离子轰击所发射的电子在电场中被加速，碰撞气体分子，激发气体分子电离和发光。由于是阴极冷发射，发射的电子少，放电电流小，所以发热很少。日光灯是辉光放电的实例。

层无脆性,不必在处理后做磨削加工;对材料的适应性较广;劳动条件好,环境污染小。但处理小孔或小槽内壁比较困难。在离子氮化基础上,离子软氮化、离子碳氮共渗和离子渗碳等工艺正在发展之中。

5.3.3 膛式炉窑

膛式炉窑广泛应用于冶金、机械、建材等工业中,而在冶金工业中使用最为广泛,许多人习惯地称之为冶金炉。

现代冶金工业用炉,按热源不同,可分为燃料炉、电炉、自热炉。按工作制度不同,冶金炉分为间歇式炉和连续性炉,前者炉内参数周期性变化,后者炉内各部分的温度基本不变。

燃料炉即火焰炉,以燃料的燃烧热为热源。前面已简略介绍其一般原理,下面分述其有代表性的具体类型。由于炉内的热工特征不同,燃料炉分为箱式炉、隧道式炉(卧式炉)、竖炉、流态化炉和浴炉,卧式炉和流态化炉一般是连续式炉,其他是间歇式炉。

5.3.3.1 箱式炉和卧式炉

箱式炉也称室式炉,炉体呈立方体或长方体,可由火焰直接加热或经隔墙传热,也可用风机驱动炉气加强循环以保证加热均匀。密闭的箱式炉可以控制炉内气氛。钢铁生产的传统模铸工艺中,初轧开坯环节加热钢锭的均热炉就是箱式炉,它建于初轧机操作面以下,也称为均热坑。随着模铸、初轧工艺的淘汰,这种均热炉也被淘汰了。

箱式炉使用最多的是锻造加热炉和热处理炉。前者用于锻造工艺,需要将金属工件加热到较高的、达到一定程度的均匀软化的温度,后者用于金属工件的淬火、退火、回火、正火和表面渗碳、渗铝、渗锌、硬化等热处理工艺,所需温度一般没有锻造加热炉高,但温度控制比较严格。两者的基本结构大致相同,热处理炉的结构更复杂、种类更多一些,例如处理大型工件两者都要使用台车炉。有时热处理炉对加热气氛有特殊要求,则在炉子密封上要求高一些,甚至配备真空系统即进行真空热处理。有时热处理炉对升温、降温速度和保温精度有要求,就需要配备相应的辅助系统。另外热处理炉有相当大一部分采用电加热,而锻造加热炉极少使用。

隧道式炉炉身可以做得很长,最长可达几十米、上百米,物料或工件从炉子一端连续进入,另一端连续送出,能在炉内停留很长时间,得到充分的加热,也称连续式加热炉。根据物料在炉内运动的方法可分为台车炉、推钢炉、步进梁式炉(walking beam,如图 5-18[1] 所示)、步进底炉、辊底炉、链(条)式炉、环形炉等等。目前主要用途是加热钢坯以供应轧机,批量金属材料热处理和连铸连轧之间的热衔接与热缓冲。

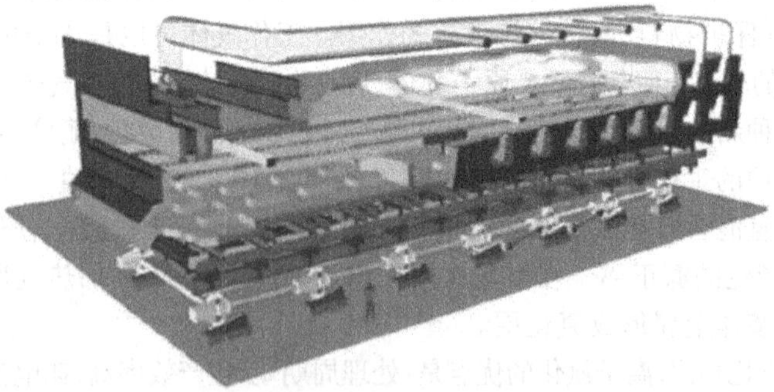

图 5-18 步进梁式加热炉

[1] 摘自上海斯坦因霍特迈克工业炉有限公司的产品宣传单。

隧道式炉较长的炉身提供了从容合理地组织燃烧与加热过程的可能性。从物料加热的角度看，隧道式炉可以分为三段。热处理炉的三段为预热段、加热段和冷却段。工件在预热段与高温烟气逆向流动，吸收烟气热量，提高自身温度，这一段不加热或少量加热；加热段使用大量燃烧设备对工件加热，使之较快地达到工艺要求；冷却段工件按照工艺制度的要求的速度和气氛进行冷却。轧钢加热炉的三段为预热段、加热段和均热段，均热段少量加热或者不加热，目的是使出炉钢坯的截面温度场均匀并控制其温度。连铸连轧的热衔接与热缓冲也称均热炉（或称再加热炉），一般只有一段，其目的是使连铸坯的温度场均匀并控制其温度，只需少量加热，余热采取其他方法予以利用。

5.3.3.2 竖炉

竖炉的特征是炉身直立，大部分空间堆满块状物料，炉气通过料层的孔隙向上流动，与炉料成逆流流动，并进行换热、燃烧或化学反应。

典型的竖炉有炼铁用的高炉、铸造行业熔化铸铁用的冲天炉（化铁炉）、将磁铁矿煅烧成球团矿的球团竖炉等。

高炉（blast furnace），也称鼓风炉，将铁矿石连续冶炼出生铁的竖炉。炉体从下至上由炉缸、炉腹、炉腰、炉身、炉喉、大料钟、小料钟组成，炉缸上有出铁口、出渣口和风口，还有料车、上料斜桥、渣罐车、铁水罐车、煤气导出装置等附属设备。燃烧用的空气经热风炉（hot-blast stove）预热后由风口鼓入炉内。炉料从炉顶下降，先被上升的煤气预热，其中铁矿还原成铁，经渗碳并熔化后同生成的炉渣流入炉缸，分别从出铁口和出渣口放出。现代大型高炉的容积已经超过 5000 m^3。

高炉喷煤不仅可以代替昂贵的焦炭，节约宝贵的炼焦煤资源，降低炼焦所产生的环境污染；同时还可以促进高炉稳定顺行，强化高炉冶炼，是降低生铁能耗和成本最有效的技术措施。炼铁系统的生产过程能产生大量的余热余能。高炉炉顶逸出的气体中含有 20% ~25% 的 CO，称为高炉煤气，其发热量在 2900 ~ 3900 kJ/m^3 之间，具有的能量相当于炼铁总能耗的 20% ~25%。高炉煤气离开炉顶时还具有 0.1 ~0.25 MPa（表压）的压力和 200 ℃左右的温度，回收这部分能量可以选择炉顶余压发电技术（top pressure recovery turbine，TRT）。高炉冷却水也是一项巨大的余热资源，为提高该余热的可用性，汽化冷却技术是一个比较好的选择。

在有色金属工业使用的 blast furnace 直接称为鼓风炉，用于铅烧结矿、铅锌混合精矿的还原熔炼，铜、镍硫化精矿的氧化熔炼，氧化镍矿还原造锍熔炼成冰镍和再生有色金属生产与复杂原料处理。

冲天炉（cupola）是用于熔化生铁的竖炉，炉中分层装入焦炭、熔剂和铁料（生铁、废钢等），用鼓风机送入空气供应焦炭燃烧，铁料熔化后由下部出铁口排出。

球团竖炉是最早用来焙烧铁矿球团的设备，其结构简单，投资少，不需要耐热钢，操作维修方便，不足之处是单炉产量低。生球在炉顶通过布料设备装入炉内后，匀速下降，燃烧室产生的热气体从喷火口进入炉内，自下而上与生球团进行换热。生球团经过干燥、预热进入焙烧区，进行高温固结反应，然后在炉子下部冷却和排料，整个过程在竖炉中一次完成。所以竖炉可按着工艺要求分为五个带：干燥带、预热带、焙烧带、均热带和冷却带。

早期的球团竖炉都是断面形状为矩形的直通式炉，易产生断面气流不均匀、中间料层烧不透的问题，只能维持低产量运行。20 世纪 60 年代济南钢铁公司发明的第二代球团竖炉在炉子中间设置导风墙，顶部增设干燥床，改善了运行状况，一定程度上提高了球团竖炉的单炉生产能力，但仍不能满足高炉大型化的要求。如果球团竖炉大型化，还会发生前述断面焙烧风与冷却风不均匀、导风墙附近料层烧不透的问题，使得它的应用和发展受到限制。最重要的是，实践证明，竖炉球团质量差，不能适应高炉大型化需要，今后球团生产主要依赖煤基链算机回转窑球团生产技术。

竖炉还用于其他方面，包括焙烧、煅烧、干燥、冷却等工艺中，例如镁砂煅烧、锌锡镉等生产用的蒸馏炉和烟化炉。

5.3.3.3 流态化炉

流态化炉是用炽热气体向上通入流化床，床上颗粒状物料呈流态化，以快速实现工艺目的，用于焙烧、煅烧、干燥、冷却与热处理等工艺中，近年来在锅炉行业发展很快。其设备产能高，气—固相间传热传质迅速，反应速度高，床层温度均匀，产品质量好。但是有磨损严重、烟尘率高等缺点。

流态化是介于固定床和悬浮状态之间的一种气固两相共存状态，在有色金属行业中也有采用悬浮状态进行反应的炉子，例如用于熔炼铜、镍的硫化矿精矿，硫化铅精矿及黄铁矿精矿等的闪速炉，具有熔炼过程迅速、产能高等优点。

5.3.3.4 浴炉

浴炉的炉内盛有液体介质（熔盐或熔融金属，前者称盐浴炉），工件浸入液体介质中被加热，主要用于热处理，其热源既有燃料，也有用电的。

5.3.3.5 自热炉

自热炉依靠炉料自身产生的热量维持炉子的正常工作，除了炉料的预热和预熔化外，炉内基本上不需要外加热量（有的甚至还可以输出一部分能量，如现代转炉）。炼钢转炉，铜、镍吹炼转炉，铝热法冶金炉，硫铁矿焙烧炉等都是自热炉。

5.4 工业加热

在各个产业生产中，加热过程非常普遍。前述锅炉、换热器和工业炉窑是主要的加热设备与过程，此外还有一些加热方式也比较常见。

5.4.1 红外加热

根据被加热物料的种类，选择合适的红外线辐射源，使其辐射的能量主要集中在被加热物料的吸收带波长内，可以获得很好的加热效果。这就是红外加热。物体吸收红外线的程度与物体的性质、种类、表面状况及红外线的波长等有关。由于水为强极性分子，其固有频率和转动频率大部分位于红外波段内，所以水吸收红外线的能力比较强，干燥等技术利用红外线加热的效果也就非常好。

红外线以电磁波的形式辐射热能，不需要中间介质，不存在因中间介质而引起的热损失，而且由于周围空气主要由非极性分子组成，不吸收辐射能，所以红外加热的热效率比较高。

红外加热的设备有红外线灯泡、红外辐射板以及红外线涂料等等。最简单的就是在加热室内按一定距离装设红外线灯泡，设备简单，使用方便，但是辐射不均匀，且灯泡容易损坏，设备费用较高。用炽热的金属或耐火材料板（管）作为红外线辐射源就是红外辐射板，可以用电加热、气体燃料加热或高温烟气加热，其价格不高，使用寿命长，辐射均匀。

红外灯及炽热的金属或耐火材料板的辐射波长较短，属于近红外，加热效果不是很好。不少工程材料如有机化合物、高分子材料等对远红外线具有较宽和较强的吸收带。远红外加热也可强化金属材料的低温加热。由于远红外线能透入被加热物体表面一定深度，所以加热速度快，能量消耗少，加热质量高。

一些金属氧化物、碳化物、氮化物、硼化物都具有发生远红外线的特点，可以作为远红外线的辐射元件。如氧化钛、氧化锆、氧化铬、氧化钴、氧化铁、碳化硅、碳化四硼、氮化硼等。目前常常将它们作为涂覆材料。其中碳化硅在整个辐射波段内都具有较大的辐射能力：在波长为 10 μm 以下，其辐射能力相当于 1250 K 时黑体辐射率的 80% ~90%，即其黑度为 0.8 ~0.9。在远红外区，其辐射能力也很强。由于工作温度不高，使用方便，寿命长，碳化硅红外辐射元件得到广泛的应用。锆英石可辐射 5 μm 以上波长的红外线，若在锆英石中加上黑色添加物（氧化锰、氧化镍、氧化铬、氧化钴、氧化铁）以陶瓷生产工艺的方法成型、干燥，并在 1200 ℃以上烧成，则得黑色陶瓷，其黑度接近于黑体(0.96)。

远红外线辐射元件可以制成板、管、灯或特殊情况，当辐射面的温度在 400 ~500 ℃时，效果最好。

微波加热也是利用辐射能进行加热的。用于加热的微波波长为 2450 μm，该波长的微波辐射能量子可以与水分子发生谐振，使水分子剧烈运动并相互摩擦而生热。微波的穿透能力强于红外线，且微波的发生采用磁控管电磁振荡发射而不像红外线那样采用热发射。

5.4.2 蒸汽加热

蒸汽加热是应用比较普遍的加热方式。蒸汽加热具有许多优点：蒸汽凝结放热的潜热很大，可以提供比较高的热流密度。蒸汽的温度易于控制，不易产生超温现象。由于物质发生气液相变的时候，压力与温度一一对应，成为单值函数，所以只要确定了蒸汽的压力，就等于确定了蒸汽的温度。这尤其对需要精确控制加热温度的一些工业领域如精细化工十分重要。这一特征也决定了蒸汽加热的恒温性和均匀性都较好。蒸汽加热的热惰性小，比较适合间歇性操作类工艺。蒸汽相对价格低廉，一般不存在污染、腐蚀或破坏加热对象的问题，甚至还可以兼做溶剂和输送载体。此外，水蒸气不存在环境污染问题，水蒸气发生装置——蒸汽锅炉是人类最成熟的技术之一。目前蒸汽已经商品化，由热电联产企业进行集中供应，这又具有了热电联产的经济和社会效益。但是由于蒸汽凝结放热过程密度变化大以及输送过程存在疏水，所以蒸汽加热较容易发生跑冒滴漏现象。

5.4.2.1 蒸汽加热方式

蒸汽加热方式有直接接触式和间接式两类。直接接触式主要用于造纸、印染等等轻工行业的蒸煮、漂染、清洗等工艺，化学工业中的溶液制取以及木材等干燥的预蒸工艺。直接接触式加热经常产生大量高温污水，如造纸黑液、印染废水等等，是水污染的主要来源之一。目前普遍采用加药化学处理结合生物处理的二级综合处理，但是这类方法不能回收余热资源，又消耗药剂和动力，从热力学的观点来看并不合理[30]。

间接式加热方式应用得也很多。如橡胶硫化、烤漆干燥、织物和纸张干燥等等，织物和纸张干燥常使用滚筒式干燥机，烤漆干燥一般使用干燥房。干燥房干燥时蒸汽在散热器内冷凝散热，为强化散热器的辐射能力，大都在其表面涂敷远红外线涂料。蒸汽在散热器内冷凝时体积急剧缩小，若冷凝空间比较大，蒸汽不能充满，就会有空气积聚停留，从而减低蒸汽的分压力，降低冷凝温度，所以设计合理的冷凝空间很重要。由于低压蒸汽的比体积比空气的大，易占据散热器上部空间，当蒸汽压力足够时，可以驱逐空气通过凝结水出口排出。

蒸汽加热设备属于压力容器，需要按照压力容器监察规则来管理。一般地，蒸汽加热仅限于温度不超过 300 ℃的场合，对应的饱和压力为 8.583 MPa，属于高压蒸汽范围。利用压力低于大气压力的负压蒸汽可以获得较低的加热温度，有利于一些对温度敏感的物质（如生物制品、药品、精细化工品等等）的热加工。

对蒸汽间接加热所产生凝结水的处理应当格外重视。由于这部分水相当于带有大量热能的洁净蒸馏水，所以必须充分回收。但是目前大部分企业都将这部分水排放掉，造成巨大的浪费。企业凝结水回收的难点在于分散、不稳定、易泄漏以及操作管理困难。凝结水收集一般是在加热设备下方放置凝结水阱，阱中集聚的凝结水自流到凝结水汇集罐，在统一用泵送回锅炉。汇集罐采用负压运行，使整个系统压力达到最低点，这样可以不在各凝结水收集点设置小凝结水泵。如果用机械泵做回水泵，汇集罐上还应该安装抽气装置，把集聚的空气抽出排放掉。如果采用蒸汽喷射泵或水喷射泵作为回水泵，可以省去抽气装置而由炉前的排气阀来实施空气排出。同时，喷射泵做回水泵还可以避免汇集罐自生沸腾或机械泵入口汽蚀❶。

采用间歇工作方式的蒸汽加热系统，当停止供汽时，原充满在管路和加热设施中的蒸汽凝结成水，体积缩小到几百分之一，从而使管路和加热设施中产生一定的真空度。此时应主动向系统内充入空气以避免空气从接缝处漏入而产生破坏与腐蚀。

5.4.2.2 蒸汽加热的辅助设备

A 蒸汽蓄热器

当企业内部具有多个蒸汽生产源和多个蒸汽消耗点的时候，采用蓄热器或利用设备的蓄热能力是平衡短时尖峰负荷进行热能供给的方法之一。蒸汽蓄热器是个容积很大的水容器，它能在系统负荷减少时吸收水蒸气，在系统负荷增加时放出蒸汽。常用的变压蓄热器在系统内蒸汽消耗量减少时，把剩余蒸汽引入水箱中，通过喷嘴与箱内的水混合，将蒸汽凝结时的汽化潜热释放于水中，使水的焓上升到引入蒸汽压力对应的饱和水焓。此时水箱水位因蒸汽凝结而升高，压力也相应升高，是为蓄热器的冲充气过程。反过来，当用户的蒸汽用量增加时，管道和蓄热器内的压力下降，因水箱内水温高于降低压力后的对应饱和温度，所以一部分水蒸发汽化成为蒸汽送往用汽点，从而增加了供汽量。水的蒸发使水的焓值降低，水位也降低，是为蓄热器的放热过程。

B 减温减压器

企业的蒸汽发生装置与用汽参数大都有所差异，当两者相差不大时，一般采用调节阀直接调节，而当两者差值较大时，阀门节流产生的损失过大，且节流后的过热度过高，就需要在减压的同时减低温度，因而需要减温减压器。

减温减压器通过节流降低压力，通过喷水降低温度。它由减压阀、节流孔板、混合管、喷嘴、给水分配阀、给水节流装置、截止阀、逆止阀等组成。减温用水一般为锅炉给水或凝结水。

按照喷射泵原理工作的减温减压器可以有效减少节流所带来的不可逆损失，但过去对其可调节性能掌握不够充分，所以很少应用，今后这种现象可望改观。

C 疏水器

疏水器的作用是自动阻止蒸汽逸漏并且迅速排出用汽设备和管道内的凝结水。疏水器同时也能排除系统中积留的空气等不凝结气体。疏水器是蒸汽供热系统中的重要设备，其工作状况对系统运行的可靠性和经济性影响很大。

机械型疏水器利用蒸汽和凝结水的密度不同，形成凝结水液位，以控制凝结水排水孔自动启

---

❶ 由于凝结水都是接近饱和的热水，在压力最低的汇集罐内温度容易超过其饱和温度而发生自生沸腾。机械泵入口强大的吸力会造成局部高真空而使部分水闪蒸汽化，水流经过叶片时压力急剧升高，气泡随即迅速湮灭，水填补气泡湮灭所遗留下的“空穴”时相互撞击，产生振动和冲击，对叶片有强烈的破坏作用。

闭工作。主要有浮筒式、钟形浮子式、自由浮球式、倒吊桶式等等。热动力型疏水器利用蒸汽和凝结水流动特性的不同来工作。主要有圆盘式、脉冲式、孔板或迷宫式等等。热静力型也称为恒温型疏水器,利用蒸汽和凝结水温度不同引起恒温元件膨胀或变形来工作。主要有波纹管事、双金属片式和液体膨胀式等等。

疏水器作为常用的、易消耗的小型辅助设备,不断有新产品出现,但是实用技术性研究与创新多,而深入的理论分析少,所以,疏水器密封面容易漏汽、使用寿命短的问题一直没有真正解决。疏水器性能方面,应该满足在单位压降下的排凝水量较大,漏汽量小(不大于实际排水量的3%),能顺利派出空气,且对凝结水的流量、压力和温度之波动的适应性强等要求。在结构方面,应该是结构简单,活动部件少,便于维修,体积小,金属消耗量少,使用寿命长。

D 喷射器

蒸汽喷射器也称为蒸汽喷射泵,由拉伐尔喷管、吸入室和扩压管组成。高压蒸汽在拉伐尔管中减压增速,以超声速(马赫数可达 3 以上)离开喷嘴进入吸入室。在吸入室内,高速汽流卷吸周围气体进入扩压管,并在扩压管前段完成混合,最后经扩压管减速增压后排出。蒸汽喷射器消耗一定量的高压蒸汽,把一定量的低压蒸汽卷吸升压,输出压力较高的“中压”蒸汽。显然,借助蒸汽喷射器,我们可以充分利用原来在生产中没有用处的低压蒸汽甚至是热污水等闪蒸出来的蒸汽,并且充分利用高压蒸汽富裕的压头。

关于蒸汽喷射器的设计早已有了很完备的方法步骤,而且在厂房空调制冷等方面还有很多的应用[31,32]。但是由于其效率低,噪声大,所以没有得到广泛的利用。蒸汽喷射器效率低下的原因一是在于原有的设计方法仅依据可压缩流体理想运动的基本规律而没有深入分析流体高速流动、混合、增压过程中流场与温度场变化机理,二是低成本生产的喷射器无法制造高精度的喷嘴等部件。在计算机与计算技术高度发展的现在,这些问题都已经获得解决。例如过去的大型制冷用蒸汽喷射器的噪声可达 130 ~ 150 dB,而新型的同功率级别的蒸汽喷射器噪声只有 70 dB 左右。

5.4.3 其他介质加热

蒸汽加热具有潜热大、热流密度高、温度易于控制等许多优点,但是当加热温度在 200 ℃以上时,蒸汽压力太高,需要相当严格的安全性监察,温度超过 300 ℃,蒸汽加热就不合适了。这时我们就可以考虑更换介质。工业生产中还经常用到其他一些加热介质,下面对部分介质简述如下。

5.4.3.1 热水

在不需要精确控制加热温度时,热水加热具有其自身独特的优势,因而广泛用于建筑采暖以及轻工行业等。它与蒸汽供热的应用范围是不一样的。目前我国热水供热分为 70 ~ 95 ℃和 90 ~ 130 ℃两档,前者称为低温水供热,后者是高温水供热。世界上热水供热温度最高可达 170 ℃。

由于蒸汽在直接应用过程中容易被污染,或因工艺原因不能回收,以及容易跑冒滴漏等原因,蒸汽凝结水的回收率大都比较低(所以目前蒸汽凝结水回收仍然是节能技术开发中的一个重要课题)。而蒸汽的产生需要价格相对昂贵的高纯软化水,故其凝结水不能回收不仅导致能量损失,而且还产生很大的经济损失。蒸汽的密度比较小,其供热网络的管径大,且温度较高,相对散热损失就比较大。水网的水容量很大,因而蓄热能力大,在连续供热时温度变化小。热负荷急剧变化时对供热设备的冲击也比较小。

但是热水供热属于显热供热,恒温性不如蒸汽供热,热流密度也明显偏低,所以需要比较大的传热面积,在真正需要蒸汽的场合热水根本就是无所作为。

5.4.3.2 导热油

导热油又称有机热载体或热介质油,是有机类传热介质的统称。根据油品的化学成分及其来源,导热油通常被分为矿物类和合成类两大类别。根据油品的物理性质和使用条件,合成类导热油可被分为液相和气/液两相导热油。

矿物类导热油是在原油炼制过程中通过分馏直接获得的,主要化学成分为直链烃类物质,是多种物质的混合物。受其化学和物理性质限制,矿物类导热油只能在液相条件下作为传热介质使用,不可以使用在300 ℃以上的加热系统和0 ℃以下的冷却系统。由于技术和经济两方面的原因,使用后的矿物油不能通过回收处理的方法重复使用。

合成类导热油是通过人工合成方法获得的,是以苯为基础物质的不同化学合成物,该类导热油的组分包括纯物质、同分异构物质、数种纯物质的混合物或多种合成物质的混合物等几种情况。由于合成导热油的组分可以根据其热稳定性及物性等条件人为加以选择,故该类导热油有多种不同用途的油品,可以满足工业换热中对传热介质的不同需求。大多数合成油在使用过程中品质变化到一定程度后,可以回收处理并重复使用。合成导热油的研制和生产的质量控制按照行业标准 SH/T 0677—1999(标准称之为热传导液)进行。

与传统的传热介质水及水蒸气相比,导热油作为工业传热介质具有以下特点:

(1) 低压条件下,可获得较高的操作温度,进而大大降低加热系统的安全要求,提高了系统和设备的可靠性;

(2) 可以在较宽的温度范围内满足不同温度加热、冷却的工艺需求,或在同一个系统中用同一种导热油同时实现高温加热和低温冷却的工艺要求,从而降低系统和操作的复杂性;

(3) 省略了水处理系统和设备,提高了系统热效率,减少了设备和管线的维护工作量,即可以减少加热系统的初投资和操作费用;

(4) 导热油与明火相遇时有可能发生燃烧,这是导热油系统在安全性方面所存在的问题,因此相关的安全管理必须跟上。

5.4.3.3 联苯及联苯混合物

联苯及联苯混合物是一系列高沸点热载体,它们可在200 ~ 400 ℃或稍高于400 ℃的温度区域实现相变放热,而相应的饱和压力仅有几到十几个大气压。类似的物质还有甘油、含硅有机化合物、乙二醇、喹啉等。

美国道生(Dowtherm)化学公司于20世纪30年代首先提出了联苯混合物系列高温载热体,并给予其商品名称为Dowtherm,中文译成导热姆、道生、导生、道氏热载体等等,有209、A、E、H、L等几种。例如,导热姆A就是由26.5%的联苯和73.5%的联苯醚混合而成的共沸混合物,其沸点258 ℃,熔点12.3 ℃,最高使用温度可达370 ℃。300℃时,其饱和压力为2.33×10^5 Pa,气化潜热为264.0 kJ/kg;400 ℃时,饱和压力为10.43×10^5 Pa,气化潜热为207.0 kJ/kg [33]。

联苯,Diphenyl,化学分子式为$C_6H_5—C_6H_5$,无色晶体,熔点70 ℃,沸点255 ℃。具有良好的热稳定性,可由煤焦油分离得到,也可以使苯蒸气通过赤热铁管而合成。

联苯醚,Diphenyl oxide,也称为二苯醚,分子式为$(C_6H_5)_2O$,是无色结晶体或液体,有类似于天竺葵的气味,熔点27 ℃,沸点259 ℃。

5.4.3.4 熔盐和熔融金属

熔盐(硝酸盐、亚硝酸盐等等以及它们的混合物)和熔融金属(Hg、K、Na、Li等)作为高温传热介质主要用于浴炉。熔盐价格低廉,性质稳定。熔融金属则价格昂贵且易与氧等其他物质发生反应。理论上,熔融金属还可以作为高温相变传热介质,其工作温度范围正好接续导热姆系列,例如熔融金属可在高温热管中使用,但实际工程中比较少见。

6 能源动力转换与热力学基础

大约一半的一次能源需要先转化成热能，然后再转化成机械能或其他形式的能量为我们所利用，这就是热能的间接利用（动力利用），主要是发电和交通运输。在我国，目前石油消费量的70%用于交通运输。

6.1 热力学第一定律和热力学第二定律

热力学第一定律和热力学第二定律指明了能源动力转换条件、数量和限度。热力学第一定律指出：**自然界中一切物质都具有能量，能量不可能被创造，也不可能被消灭；但能量可以从一种形态转变为另一种形态；在能量的转变过程中，一定量的一种形态的能量总是确定地相应于另一种形态的能量，能的总量保持不变。**热力学第二定律的开尔文（Lord Kelvin）－普朗克说法指出：**不可能制造出从单一热源吸热，使之全部转化为功而不留下其他任何变化的热力发动机**（即第**二类永动机**❶**是不可能制造成功的**）。卡诺循环具体地解释了热力学第二定律在能源动力转换中的意义，表明了在热能向机械能转变过程中的条件、数量和限度。

卡诺循环由两个可逆定温过程和两个可逆绝热过程组成。如图6-1所示，工作于高温热源T_1和低温热源T_2之间的卡诺循环$abcda$中，过程$a—b$为可逆定温吸热膨胀过程，过程$b—c$为可逆绝热膨胀过程，过程$c—d$为可逆定温放热过程，过程$d—a$为可逆绝热压缩过程。可以导出，卡诺循环的热效率为：

$$\eta_c = 1 - \frac{T_2}{T_1} \tag{6-1}$$

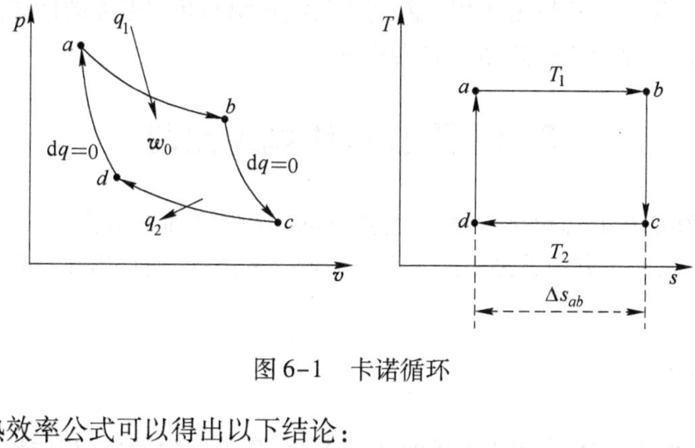

图6-1　卡诺循环

从卡诺循环热效率公式可以得出以下结论：

（1）卡诺循环的热效率只决定于高温热源和低温热源的温度T_1和T_2，与工质的性质和热机的

---

❶　在文献中，有时以PPM-1和PPM-2表示第一类永动机和第二类永动机。在拉丁文中，perpetuum mobile——永动机。

类型等无关。提高高温热源温度 T_1 和降低低温热源的温度 T_2，都可以提高卡诺循环的热效率。

(2) 由于高温热源 T_1 不可能增至无限大，低温热源温度 T_2 也不可能减小至等于零，因而 η_c 不可能等于1，而只能小于1。也就是说，从高温热源吸取的热量不可能全部转换为机械能。

(3) 当 $T_1 = T_2$ 时，即只有一个热源，$\eta_c = 0$。也就是说，利用单一热源而循环作功的热机是不可能存在的。在一个热力循环中，要实现热功转换，必须有两个或两个以上温度不等的热源，这是一切热机工作的必不可少的条件。

卡诺循环在历史上首先奠定了热力学第二定律的基础，具有极为重大的意义。它是一个理想循环，虽然工程上不能付诸实现，但它从理论上确定了循环中实现热变功的条件，指出了提高实际热机热效率的方向和在一定温差范围内热变功的最大限度，它是研究热机性能不可缺少的准绳。

按照卡诺循环相同的过程，但以相反的方向进行的循环，称为**逆向卡诺循环**。它的一切均与卡诺循环相反，因而它消耗外功 W_0，从低温热源吸热 Q_2，向高温热源放热 Q_1。它以消耗外功 W_0 为代价，达到制冷 Q_2 的目的，不违反热力学第二定律(克劳修斯说法：热不可能自发地、不付代价地从低温物体传向高温物体)。评价逆向循环(制冷循环)的指标是**制冷系数**(或性能系数COP, coefficient of performance)，

$$\varepsilon = \frac{|Q_2|}{|W_0|} \tag{6-2}$$

对于逆向卡诺循环：

$$\varepsilon_c = \frac{|Q_2|}{|W_0|} = \frac{|Q_2|}{|Q_1| - |Q_2|} = \frac{T_2}{T_1 - T_2} \tag{6-3}$$

逆向卡诺循环也是逆向循环性能研究的准绳。

根据对卡诺循环的研究，卡诺还提出了卡诺定理。卡诺定理实际是热力学第二定律的自然推论(或者说是另一种表述形式)。

卡诺定理：在相同温度的高温热源和相同温度的低温热源之间工作的一切循环中，没有任何循环的热效率比可逆循环的热效率更高。

这个定理包含两层意思(有的书写做两个推论)，第一层意思是在相同温度的高温热源和相同温度的低温热源之间工作的一切可逆循环，其热效率都相等，与可逆循环的种类无关，与采用哪一种工质也无关。第二层意思是在相同温度的高温热源和相同温度的低温热源之间工作的一切不可逆循环的热效率必小于可逆循环的热效率。

6.2 孤立系统熵增原理

热力学第二定律的核心思想是要说明，自然界的一切过程都具有方向性，都是自发地朝着一个特定的方向进行的，这个方向就是使孤立系统熵增大的方向，而且当孤立系统熵增大到最大值时，过程将停止进行。

6.2.1 熵流与熵产

观察熵的定义式 $dS = \frac{dQ}{T}$，S 作为工质的状态参数，是工质的性质，相应地 dQ 是工质的吸热量。在可逆条件下，工质吸热全部来源于外界通过边界传给系统的传热量。而在不可逆的条件下，系统内的不可逆性将机械能耗散为热能，并由工质吸收，工质吸热时并不分辨热量是由外界传来的还是由机械能耗散的，此时 dQ 作为外界通过边界传给系统的传热量与工质的吸热量不

再相等，于是就有：$dS > \frac{dQ}{T}$。

考虑到不可逆因素使得一部分机械能耗散为热能（各种不可逆因素总可以表示为将机械能耗散为热能，例如温差传热，卡诺说：凡是有温度差的地方都可以产生动力。因此，温差传热使得本可以作出的功没有作出，这就相当于将机械能耗散为热能），用 dQ_L表示这些由机械能耗散成的热能，那么工质吸收的全部热量就可以表示为 $dQ + dQ_L$，于是：

$$dS = \frac{dQ}{T} + \frac{dQ_L}{T} \tag{6-4}$$

对于单位质量工质：

$$ds = \frac{dq}{T} + \frac{dq_L}{T} \tag{6-4a}$$

令 $ds_f = \frac{dq}{T}$，称为熵流，表示由于系统与外界传热而引起的熵的变化（流动，flow）；$ds_g = \frac{dq_L}{T}$，称为熵产，代表由于系统内部不可逆损失而引起的熵的产生（产生，generation）。式(6-4a)可写成：

$$ds = ds_f + ds_g \tag{6-5}$$

式(6-5)称为熵方程，适用于可逆和不可逆过程，其中熵产 ds_g的大小描述了过程的不可逆程度。$ds_g = \frac{dq_L}{T} = 0$，表示不存在机械能的耗散，不存在不可逆因素，即代表可逆过程。

特别地，对于不可逆绝热过程，$dQ = 0$ 或 $dq = 0$，所以有 $ds = ds_f + ds_g = ds_g = \frac{dq_L}{T} > 0$。我们知道，可逆绝热过程是定熵过程，显然不可逆绝热过程熵增加。如果工质进行一个绝热膨胀过程，从 p_1、T_1膨胀到 p_2，那么可逆与不可逆过程的关系如图 6-2 所示。可以看到，不可逆过程终点与可逆过程的终点相比较，温度有所升高，从起点到终点的温差减小，焓差、热力学能差均相应地减小。根据热力学第一定律，$w = q - \Delta u = -\Delta u$ 和 $w_t = q - \Delta h = -\Delta h$，膨胀功和技术功也减小了。膨胀功减小的部分就是被耗散掉的机械能，它转化为热被工质吸收，导致了终点温度的上升。一般的实用热机循环中的作功过程都是绝热过程，都按照图 6-2 中的不可逆过程进行。图 6-2 中用虚线表示不可逆过程，它仅仅代表起点与终点的连接，而不代表实际过程，此虚线下的积分面积也不能代表传热量，相应地，$p-v$ 图上表示不可逆过程的虚线下的积分面积也不能代表作功量。

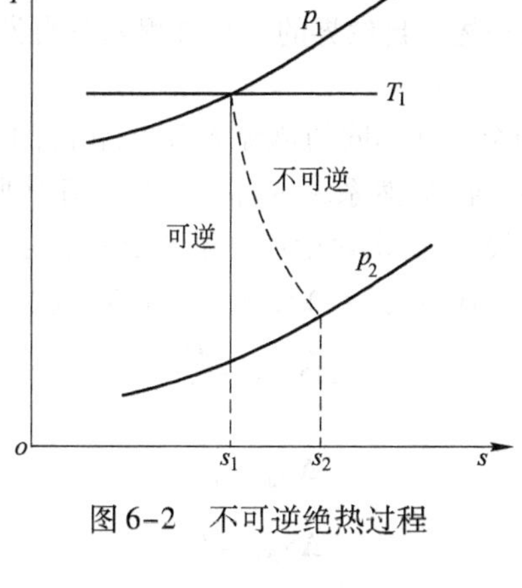

图 6-2 不可逆绝热过程

6.2.2 可用能

热力学第一定律确立了各种热力过程中总能量在数量上的守恒，而热力学第二定律则说明了各种实际热力过程(不可逆过程)中能量在质量上的退化、贬值,可用性降低,可用能减少,作功能力损失。

各种形式的能量并不都具有同样的可用性。机械能和电能等具有完全的可用性,它们全部是可用能❶;而热能则不具有完全的可用性,即使通过理想的可逆循环,也不能全部转变为机械能。热能中可用能所占的比例,既和热能所处的温度高低有关,也和环境的温度有关,由两者之间运行的可逆热机(例如卡诺热机)决定。

卡诺循环明确指出,提高高温热源温度 T_1 和降低低温热源的温度 T_2,都可以提高卡诺循环的热效率。反之,降低高温热源温度则使循环热效率降低。所以热能所处的温度高,可用能所占的比例就大,热能所处的温度低,可用能所占的比例就小。热能降低温度使用,其可用能就减少了。

地球表面的空气和海洋等是天然的环境和巨大的热库,具有基本恒定的温度,容纳着巨量的热能。它们是我们从自然界获得的最低温度,其高低决定着其他热能的可用性的高低。我们可以通过逆向循环得到比环境温度更低的温度,但需要付出代价,结果是得不偿失,顶多是得刚偿失(可逆过程)。空气和海洋的热能是无法转变成动力的,因而都是废热。试图从大气和海洋中提取热量并将之转变为机械能都是徒劳的,违反了热力学的基本原理,都是在制造第二类永动机。

6.2.3　孤立系统熵增原理

ds_g标志系统过程不可逆程度,因此 ds_g必然大于(不可逆)或等于零(可逆),$ds_g \geqslant 0$。如果 $ds_g < 0$,则意味着系统内发生了与不可逆性相反的过程,如热能温度自动升高等等,显然是违反热力学第二定律的。

将熵方程应用于孤立系统,由于孤立系统与外界没有传热,所以熵流 $ds_f = 0$,于是

$$ds_{孤立系} = 0 + ds_g = ds_g \geqslant 0 \tag{6-6}$$

这就是**孤立系统熵增原理**。孤立系统熵增原理也是热力学第二定律的一种表述形式,从表面上看,熵增原理似乎有一定的局限性——仅适用于孤立系统,但是由于在分析任何具体问题时都可以将参与过程的全部物体包括进来而构成孤立系统,所以实际应用该原理时并没有局限性。相反,由于孤立系统的概念撇开了具体对象而成为一种高度概括的抽象,所以孤立系统熵增原理可作为热力学第二定律的概括表述。自然界的一切过程总是自发地、不可逆地朝着使孤立系统的熵增加的方向进行的。

设在温度 T_0的环境中有两个温度不同的热源 A 和 B,相应的温度为 T_A和 T_B,有热量 Q 从 A 传到 B,取 A、B 和环境为孤立系统(显然系统内部与外界无任何联系),温差下传热肯定要导致可用能减少或者说作功能力损失,我们来讨论孤立系统中熵增与作功能力损失之间的关系。

$$\Delta S_{孤立系} = \Delta S_A + \Delta S_B + \Delta S_{环境}$$

A 热源放热　　$\Delta S_A = -\dfrac{Q}{T_A}$

B 热源吸热　　$\Delta S_B = \dfrac{Q}{T_B}$

环境无变化　　$\Delta S_{环境} = 0$

---

❶　所谓可用能,是指能量中可转变为机械能的部分,也称为作功能力,称为㶲(exergy)。㶲的准确定义是热力系统在只与环境(外界、自然界)发生作用的前提下,可逆地变化到环境(或自然界)中存在的状态所能作出的最大有用功。

所以
$$\Delta S_{孤立系} = -\frac{Q}{T_A}+\frac{Q}{T_B}+0 = Q\left(\frac{1}{T_B}-\frac{1}{T_A}\right)>0$$
即孤立系统熵必然增加。

热源 A 的作功能力可按温度 T_A和环境之间的卡诺循环来计算，即：
$$E_{x,A} = Q\left(1-\frac{T_0}{T_A}\right)$$
同样
$$E_{x,B} = Q\left(1-\frac{T_0}{T_B}\right)$$
作功能力损失：$W_L = E_{x,A} - E_{x,B} = Q\left(1-\frac{T_0}{T_A}\right) - Q\left(1-\frac{T_0}{T_B}\right) = Q\left(\frac{1}{T_B}-\frac{1}{T_A}\right)T_0$

即
$$W_L = T_0\Delta S_{孤立系} \tag{6-7}$$

应用类似的方法对摩擦等其他不可逆现象进行分析，仍可得出与式(6-7)相同的结论。摩擦将所消耗的功转变为热，这部分功并未全部损失掉，因为摩擦产生的热被工质吸收后，只要其温度高于环境温度(T_0)，就仍有一定的作功能力，真正损失的部分只是 $W_L = T_0\Delta S_{孤立系}$。

自然界的一切过程总是自发地、不可逆地朝着使孤立系统的熵增加的方向进行的。而过程也不是永远进行下去的，当系统内达到热平衡时，过程就停止了，此时熵也不再增加。例如，一杯热水和一杯冷水混合，热水降温，冷水升温，当两者达到热平衡时，温度不再变化。

1867 年 9 月 23 日，克劳修斯在法兰克福第 41 届自然科学家和医师集会会议上做了演讲《关于热的动力理论的第二原理》，演讲末尾，他把热力学第二定律推广至整个宇宙，得到了宇宙最终将达到热平衡，一切过程也都将停止，整个宇宙不再有任何变化的结论，这就是“热寂说”。热寂说提出后，神学界兴高采烈，认为热寂之日就是最后审判之时，神学得到了科学的证明，无神论者则大为恼火，群起而攻之。另外一些人则试图说明热力学第二定律不适用于宇宙：有人说宇宙是无限大的，永远也不会达到热寂，但现代科学已经得出结论，宇宙是有限无界的；我国和当时苏联的一部分学者则说宇宙太大了，热力学第二定律不适用，这简直是强词夺理。恩格斯在《自然辩证法》中写道：“放射到太空中去的热一定有可能通过某种途径（指明这一途径，将是以后自然科学的课题）转变为另一种运动形式，在这种运动形式中，它能够重新集结和活动起来。”目前已经知道，这一途径就是引力。宇宙学理论研究表明，宇宙与其他事物一样，也有它自己的发生、发展、衰落、灭亡的演化过程，这个过程中，热力学第二定律也起到了它应有的作用。

6.2.4 热能利用的能量梯级利用原理

从上面的论述可知，热能的可用性与所处温度有关。因此在利用热能的时候，必须注意要尽可能使所需要热能的温度与所提供的热能的温度相匹配，甚至使高温用热设备排出的温度较高的废热用于温度较低的用热目的，实现热量的梯级利用，这样才能最大限度地减少热能利用过程中的作功能力损失，真正达到节约能源的目的。下面关于供热的例题充分说明了这一点。

例题：一般供热锅炉炉内温度最高为 1200～1300 ℃，按 1500 K 计；采暖季节室外温度大都处于 −10 ℃左右，按 260 K 计；室内达到 16 ℃即为合格，按 290 K 计。假定建筑供热指标为 50 W/m^2，若供热锅炉产热 6 MW，请问可为多大面积的建筑物供暖？孤立系统熵增是多少？

若采用另外一个系统——热电联产加热泵装置如图 6-3 所示，其中，电厂排热温度取 360 K，热泵排热取 310 K，热泵吸热温度 250 K。电厂效率和热泵供热系数各取相应卡诺值的一半，锅炉产热仍取 6 MW，那么这套系统又可为多大面积的建筑物供暖？

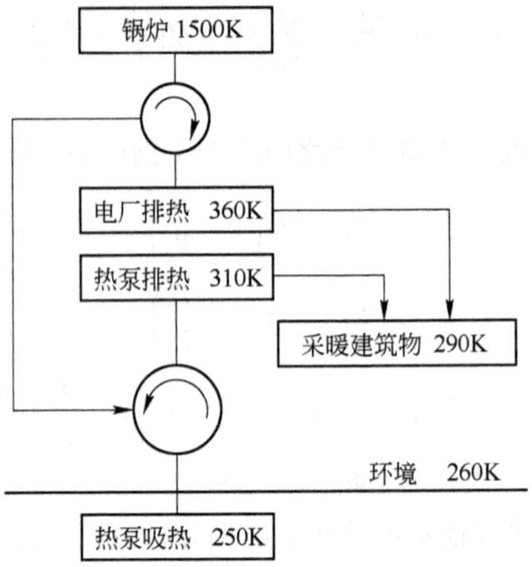

图 6-3 热电联产加热泵装置

如果使用电热设备采暖,那么上述电厂生产的电可以供应多少面积用热?

解:供热锅炉供热面积

$$A = \frac{Q}{q} = \frac{6 \times 10^6}{50} = 120000\ (\mathrm{m}^2)$$

$$\Delta S_{锅炉} = -\frac{6 \times 10^6}{1500} = -4000\ (\mathrm{W/K})$$

$$\Delta S_{室内} = \frac{6 \times 10^6}{290} = 20689.66\ (\mathrm{W/K})$$

孤立系统熵增为:$\Delta S_{孤立系统} = \Delta S_{锅炉} + \Delta S_{室内} = -4000 + 20689.66 = 16689.66\ (\mathrm{W/K})$

电厂效率:

$$\eta_t = \frac{1}{2}\left(1 - \frac{T_{电厂排热}}{T_{锅炉}}\right) = \frac{1}{2}\left(1 - \frac{360}{1500}\right) = 0.38$$

热泵供热系数:

$$\varepsilon_t = \frac{1}{2} \times \frac{T_{热泵排热}}{T_{热泵排热} - T_{热泵吸热}} = \frac{1}{2} \times \frac{310}{310 - 250} = 2.58$$

发电功率: $W = \eta_t \cdot Q = 0.38 \times 6 \times 10^6 = 2280000\ (\mathrm{W})$

发电排热: $Q_{电厂排热} = Q - W = 6000000 - 2280000 = 3720000\ (\mathrm{W})$

热泵排热: $Q_{热泵排热} = W\varepsilon_t = 2280000 \times 2.58 = 5880000\ (\mathrm{W})$

电厂-热泵系统供热面积:$A = \dfrac{Q_{电厂排热} + Q_{热泵排热}}{q} = \dfrac{3720000 + 5880000}{50} = 192000\ (\mathrm{m}^2)$

电热采暖的供热面积:$A = \dfrac{2280000}{50} = 45600\ (\mathrm{m}^2)$

6.2.5 存在物理学与演化物理学

热力学最重要的作用是提供给人们观察自然的一个新视角,使人们树立一种新的世界观。东北大学理学院赵宝华老师为纪念2005世界物理年而在东北大学校报上发表的文章《存在物理学与演化物理学》对此有精彩而深刻的论述[34],全文如下:

物理学是涉及研究对象非常广泛的一门自然科学的基础学科。大量的非常重要的研究成果对推动人类的进步和发展社会生产力起到了独特的、其他学科所不能替代的巨大作用。历史上被大家所公认的许多重要的物理规律都具有时间反演的不变性。存在物理学假定:自然现象是被一些可逆过程的物理规律所支配的。因此,牛顿力学、爱因斯坦的相对论以及量子力学都应归属于存在物理学的范畴,是存在物理学中的重要的基本规律。

演化物理学则是以不可逆性为基础的。事实上自然界的很多物理现象都具有不可逆性。这一特性反映在物理定律中就是描述这种现象的动力学方程不具有上面所述的时间反演不变性。物理学中反映这种不可逆性的最重要的基本规律就是热力学第二定律。显然,不可逆性是演化物理学与存在物理学的重要差别。自然界中变化过程的本质是不可逆的。

随着人类认识自然、了解自然能力的提高,特别是计算机的普遍应用,现代的科学工作者能够对很复杂的系统进行非常细致的研究与模仿,研究工作更加接近于宏观物理系统的真实情况。在一个真实的宏观的物理研究对象中:粒子之间的相互作用一般不但是不可忽略的而且往往是非线性的;这种系统不但不是简单的刚体而且也不是简单的弹性系统,它既可能有弹性形变又可能有范性形变;由于在演化过程中能量与物质在系统内外不断地进行流动,所以其各处的温度、密度、压强等物理量都是空间位置的函数。所有这些都使得对这种系统的研究工作已远远地超出了传统的物理学中力学的范畴。于是一门新的力学的分支就应运而生,它就是"非线性连续介质力学"。传统的热力学定律已经成为这一力学新大厦的重要基础。这样热力学第二定律所反映的不可逆性就进入了传统的力学学科。这就使得传统的建筑在牛顿定律基础上的纯粹属于存在物理学的力学也具有了演化物理学的基本特征。

另一方面热力学的发展,使得人们早已不满足于对平衡态的了解。就是对非平衡态的研究也逐渐地摆脱开"线性"的限制,正在大踏步地进入对远离平衡的系统的研究当中,并于20世纪中叶取得了令人瞩目的成就。在这样的复杂性系统中,其内在的随机性、对初始条件的敏感性、稳定性与耗散结构、熵产生、对称性破缺、分支现象、混沌等等,具有代表性的新词汇已经成为科学家们的日常用语。现在知道,所有这些都是由于系统内部的非线性相互作用和耗散性因素的存在所造成的直接结果。而耗散性本身就会使得宏观运动规律不具备时间反演的不变性。所以,热力学的这一进步也极大地推动了演化物理学的发展。

自然界的本质是演化的、发展的;在生产与生活中所遇到的各种实际问题也都具有演化的特征。所以演化物理学的应用必然是非常广泛的;演化物理学的发展已经使得自然科学的研究跨越了生物与非生物的鸿沟,它对其他各种自然科学的发展也必然具有非常重要的意义。

6.3 地球生物圈、熵与人类活动

热力学第二定律指出:一切的实际过程都是不可逆的,不可逆导致熵不断产生,使得孤立系统的熵一直增加,直至达到最大值,此时系统达到了平衡状态,一切变化和过程全部停止,一切的组织结构均告瓦解,系统内不再有任何差异。

作为热力学理论的发展,耗散结构理论指出:对于一个远离平衡状态的开放系统,通过不断输入能量并将之耗散,再向外界放出,可以维持甚至产生稳定有序的组织结构。单从其结果来看似乎与第二定律的结论不同,然而耗散结构的产生正是热力学第二定律发挥作用的结果。关键在于耗散结构对能量的耗散:这种耗散作用的实质是不断地向系统输入含熵少的高品质能量,同时不断地向系统外排放含熵多的低品质能量(一般为低温废热),即形成一个负熵流,把系统内不断产生的熵排出去,从而维持组织结构的稳定和发展。

地球表面的大气、海洋、土壤和生活在其中的生物组成了生物圈,这个生物圈构成了一个生态系统，经过几亿年的发展，它从简单到复杂，吐故纳新，发展成为一个稳定的耗散系统。太阳辐射给这个耗散系统提供了高品质的能量，生物圈内的各种过程、活动将这些能量耗散成为废热，然后通过长波辐射将废热释放到寒冷的外太空中去。依靠这样一系列能量转化与传递作用，该系统获得了负熵流。负熵流充足时，生物大进化，大发展，并且不断形成各种矿产资源的储藏，如煤炭、石油等等；有时也有各种自然灾害，造成临时或者局部的熵增，就会出现生物的大批死亡甚至灭绝。

自组织理论所论及的系统“开放”是与“孤立”相对应的，而不是严格的热力学定义下的开放系统，它已经包括了热力学意义上的开放系统和封闭系统。作为自组织理论讨论的第一个自组织现象，是著名的 Bérnard 格子。1900 年，法国学者 Henri Bérnard 观察到，如果在一个水平容器中放一薄层液体，然后在底部均匀缓慢地加热，开始没有任何液体的宏观运动。加热到一定程度，液体中突然出现规则的多边形图案（见图 6-4）[35]。这个系统显然是一个封闭系统。

图 6-4　扁圆容器中 Bérnard 格子俯视图

将系统划分为孤立系统、封闭系统和开放系统三类应是物理学中的热力学的概念，它们与力学中的三体系统等等没有什么关系。普利高津的自组织理论发展脉络是平衡的经典热力学→近平衡的不可逆热力学（昂色格倒易关系、普利高津最小熵产生原理）→远离平衡的耗散结构理论或称为自组织理论。许多人是从下面这段叙述中理解耗散结构理论或自组织理论的：“耗散结构是指处在远离平衡态的复杂系统在外界能量流或物质流的维持下，通过自组织形成的一种新的有序结构。耗散结构理论可概括为：一个远离平衡态的非线性的开放系统（不管是物理的、化学的、生物的乃至社会的、经济的系统）通过不断地与外界交换物质和能量，在系统内部某个参量的变化达到一定的阈值时，通过涨落，系统可能发生突变即非平衡相变，由原来的混沌无序状态转变为一种在时间上、空间上或功能上的有序状态。这种在远离平衡的非线性区形成的新的稳定的宏观有序结构，由于需要不断与外界交换物质或能量才能维持，因此称之为‘耗散结构’（dissipative structure）。”当我们把“需要不断与外界交换物质或能量”理解为耗散结构形成的根本原因时，就会产生“与外界没有物质交换的封闭系统”误解。

自组织现象或耗散结构的产生，根本原因是在“不断与外界交换物质或能量”过程中系统内部熵减少了，导致对称破缺，产生有序和结构。进入系统的能量和物质能够带给系统一定的熵，离开系统的能量和物质也能带走一定的熵，当离开系统的熵多于进入系统的熵，就会造成熵的减少。熵可以理解为系统无序程度的量度或者接近完全热力学平衡的程度，所以熵的减少导致差异、有序和结构的产生。因此，凡是可能出现熵减少（也称为负熵流）的系统，无论是封闭的还是开放的,都可能产生自组织现象。即使总熵只能增加的孤立系统,只要它足够大,它的能够发生局部负熵流的子系统也有可能产生自组织现象。

陈之荣[36]充分论述了地球是一个近似封闭的系统。它与外面的仅有的联系是吸收太阳辐射和向外太空发射长波辐射,如图 6-5 所示。太阳辐射和长波辐射都是热辐射,对应的辐射温度分别大约为 5800 K 和 280 K,根据热力学理论,可以计算它们产生的熵传递量。

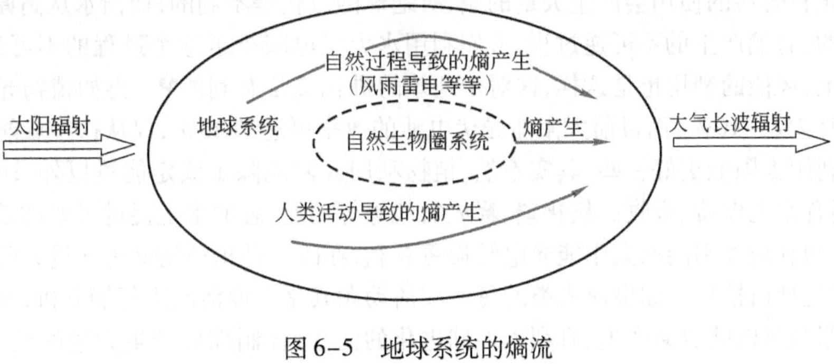

图 6-5 地球系统的熵流

到达地球大气层上界的太阳辐射约为 173×10^{15} W,其中大约 30% 以原来的波长反射掉了,其余部分约 121×10^{15} W 被地球接受。这部分太阳辐射给地球带来的熵流为:

$$S_{\text{solar}} = \frac{121\times10^{15}}{5800} \approx 21\times10^{12}(\text{W/K})$$

地球表面积约为 511×10^{12} m^2,所产生的长波黑体辐射总量为:

$$Q_{\text{earth}} = F\sigma_0 T^4 = 511\times10^{12}\times5.67\times10^{-8}\times280^4 \approx 178\times10^{15}(\text{W})$$

考虑到地球表面并不是黑体(例如南极冰盖相对于太阳辐射几乎等于白体),以及大气对长波辐射的截留,实际辐射总量要小得多。地球处于稳定平衡状况,能量收支基本相等,所以可取长波辐射总量等于地球接受太阳辐射量,此时对应平均黑度约为 70%。长波辐射带出的熵流为:

$$S_{\text{earth}} = \frac{121\times10^{15}}{280} \approx 432\times10^{12}(\text{W/K})$$

因此,地球获得的负熵流为 $S_{\text{earth}} - S_{\text{solar}} = 411\times10^{12}(\text{W/K})$,亦即允许地球系统产生这么多的熵。自然界的一切具有结构的现象包括风雨雷电、海洋洋流、大气环流等等均由此产生,当然也包括生物圈。

自然界中的各种不可逆过程产生的熵耗费了绝大部分的负熵流,只有生物圈依赖极小的一部分负熵流,经过长期进化,发展到今天这种状况。陈之荣否定了杰里米·里夫金等人的地球退化的观点[37],认定地球"演化的总趋势是进化而不是退化"。其实,演化趋势是退化还是进化的根本判据仍然是熵,当地球系统内部的熵产生少于太阳辐射和地球长波辐射所能提供的负熵流时,地球就向有序化、结构复杂化方向发展;反之,当内部熵产生多于负熵流时,地球系统尤其是生物圈系统就会退化。人类的一切活动都是由能源来推动的,从这个意义上讲,环境的污染是与能源的消费成正比的。大自然有能力对污染物质进行自洁净,该过程是在太阳辐射作用下和绿色植物光合作用中进行的,即需要消耗一定的太阳能。按照热力学的观点,无论是人类的生产与生活活动还是大自然的自洁净过程,都会使生物圈系统的熵产增加。为此,地球一方面提高长波辐射强度以加速排熵过程,反映出来的宏观效应就是温室效应;另一方面,以部分生态系统(耗散系统)的崩溃——即荒漠化和物种灭绝等来容纳生物圈系统内部熵的积存。即使我们看不见垃圾遍地、污水横流等表观污染的存在,却仍可以直接领受生物圈系统熵增的全球性后果。

人类活动对于地球系统的进化有弊有利。总体来讲,工业革命以后迄今为止弊大于利。工业化大生产的高消耗促使地球系统内熵产快速增加，从而导致温室效应和局部耗散结构崩溃（荒漠化和物种灭绝等）。目前人类已经意识到这一点，故而提出了环境保护、生态保护和可持续发展的理念。

人类活动在整个地球系统的熵产生与熵流动中起的作用是复杂的。杰里米·里夫金等人对熵理论的理解是片面的。人类在控制地球系统的熵产生、促进其进化方面有可为。例如，火力发电过程由于化石燃料的使用会产生大量的熵，对地球的进化是不利的；而河水从高原流向海洋的过程是自发的、有熵产生的不可逆过程，人们利用水力发电减少了这个过程的不可逆性，从而减少了熵的产生，风能的利用也是这样，这对于地球的进化又是有利的❶。再如植物光合作用固定的太阳能仅有2%～10%，而目前太阳能光伏电池的效率可达到20%，仅从这一点能量分析看似乎光伏电池利用太阳能更好一些，其实不然，植物利用太阳能除了固定能量以外，还产生了植株结构体，并还有水土保持、吸收二氧化碳、释放氧气等等功能，总的来说促进了地球系统的发展和进化，因此植物利用太阳能比太阳能光电转换更有利，在既可种植植物又可建设太阳能接收装置的地方，应优先种植植物。如果对人类的每一项活动尤其是工业活动进行熵分析，我们就可以有选择地加强那些可以减少熵产生、有利于地球进化的活动，控制那些产生大量的熵、导致地球退化的活动，使整个地球系统持续地发展下去。

6.4 动力机械

将自然界的能源（主要指一次能源和热能形式的二次能源）转换成机械能并拖动其他机械进行工作的机械称为动力机械，又称为原动机（也可称为发动机）。动力机械是在完成动力的产生、传递和输出的动力系统中最主要的设备。按照作功物质，动力机械分为蒸汽动力机（汽轮机、蒸汽机）、燃气动力机（汽油机、柴油机、煤气机、燃气轮机、喷气发动机等等）和水动力机（水轮机）三类；按加热方式，动力机械分为内燃动力机（汽油机、柴油机、煤气机等内燃机和喷气发动机，特点是燃烧与热能向机械能转换在同一设备中进行）、外燃动力机（汽轮机、燃气轮机、蒸汽机等等，特征是燃烧在专用燃烧设备中进行，与热能转换机械能的设备分开）和非热力发动机（水轮机、风力机等等）。

广义地，除了原动机以外，还有另外一类动力机械，就是用其他动力机械驱动的发电机、泵和气体压缩机（将机械能转换为电能、液体或气体的压力能的机械），以及将电能转换成机械能的机械（电动机）。这类动力机械可称为二次动力机，它们的作用是实现机械能、电能等高品质二次能源的相互转换。相应地，原动机可称为一次动力机。一般情况下动力机械是指原动机。发电机和电动机归类于电工机械，各种泵（水泵、油泵、液压泵等等）和各种气体压缩机（通风机、鼓风机、压气机等等）归类为流体机械（其中水泵和风机又可称为通用机械）。

将热能转换成为机械能的设备统称为热力发动机，简称热机。平时人们谈起发动机往往专指汽车等交通运输工具所使用的发动机，其实热力发电厂用的发动机占了热机总容量（总功率）的大多数。下面两节仅仅介绍人们最常接触的热力发电厂和汽车用发动机基本原理，其他类型的热机如航空发动机、舰船发动机等等请读者参见第2章的简介或自己查找相关资料。

❶ 这仅仅是从事物的一个方面来看，从水力工程建设过程对局部生态的直接效果来看，可能又是另一个结论，再考虑到远期效应，结果又会发生变化，都江堰和灵渠则是成功的例子，但有些工程是失败的。因此这些工程的最终利弊需要进行深入的研究与评价。

6.5 热力发电厂

热力发电厂是现代电力工业的主力,其发电量占总发电量的90%~95%。热力发电厂不仅包括常见的火力发电厂,而且还包括核电站、地热电站、余热电站等。它们与火力发电厂的区别在于蒸汽发生装置的不同,而热能与机械能转换部分的系统与设备的原理和基本构造都是相同的。

6.5.1 热力发电厂的基本循环

最简单的电厂热力系统就是朗肯循环所对应的热力系统,由一台锅炉、一台汽轮机、一台冷凝器和一台给水泵组成,分别进行定压加热、绝热膨胀(作功)、定压定温放热、绝热压缩等过程(见图6-6和图6-7)。其循环的热效率为:

$$\eta_t = \frac{|w_{net-output}|}{|q_{input}|} = 1 - \frac{|q_{23}|}{|q_{41}|} = 1 - \frac{h_2 - h_3}{h_1 - h_4} \tag{6-8}$$

式中,h 表示各点工质的焓。

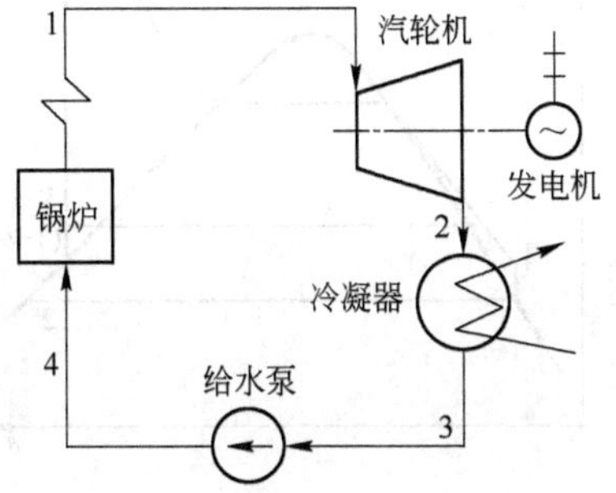

图6-6 最简单的电厂热力系统

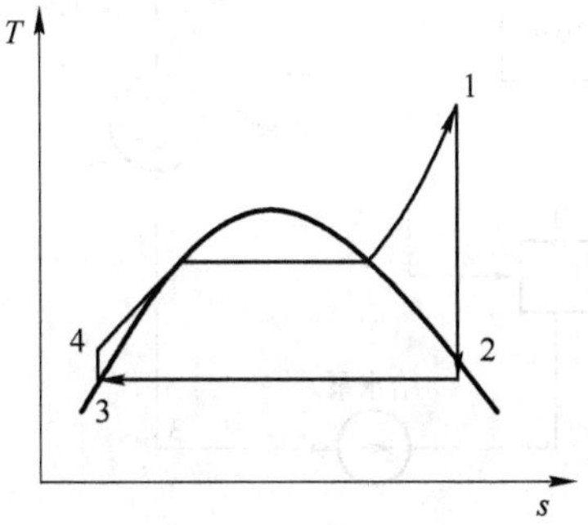

图6-7 朗肯循环

当提高蒸汽初参数 p_1、T_1 或降低乏气参数 p_2、T_2 时,可以提高循环的热效率。但分别受到材料品质和环境条件的限制。

在朗肯循环的基础上进行再热,就构成了再热循环(见图6-8和图6-9)。再热循环增加了工质在较高温度下的吸热量,从而提高了平均吸热温度,导致循环热效率的提高。再热循环的热效率为:

$$\eta_t = \frac{W}{Q} = 1 - \frac{Q_2}{Q_1} = 1 - \frac{h_2 - h_3}{h_1 - h_4 + h_b - h_a} \tag{6-9}$$

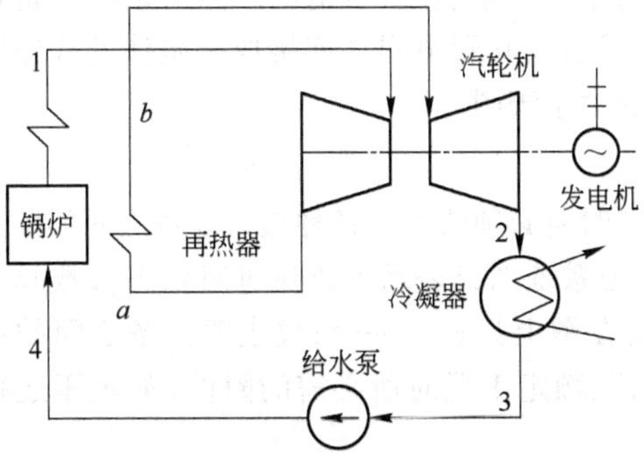

图6-8 再热循环热力系统

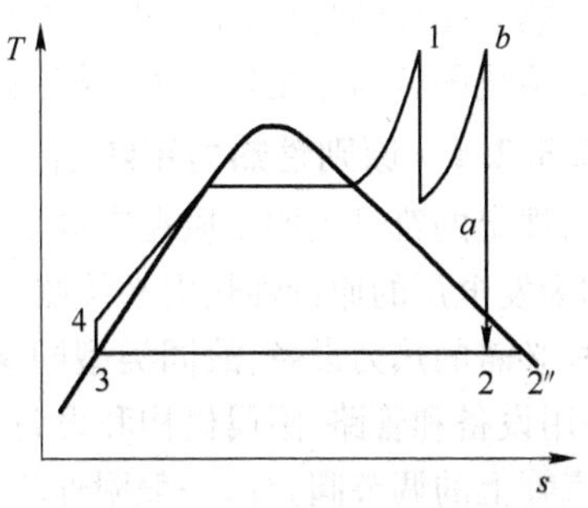

图6-9 再热循环

再热循环不仅可以提高循环热效率，还可以改善汽轮机排汽的干度，从而提高末级叶片运行的安全性。由于再热器和再热管道的投资和运行安全成本较高，所以一般热力发电厂仅仅采用一次再热循环。超临界机组有可能采用二次再热。

回热技术应用于朗肯循环就构成了回热循环。如图 6-10 和图 6-11 所示的一次抽汽回热循环，将汽轮机中部分作了一定功的、压力和温度均较低的蒸汽抽出，用于加热给水，从而减少锅炉内高温烟气对低温水的加热，可降低大温差加热带来的不可逆损失，提高循环热效率。图示一次抽汽回热循环的热效率为：

$$\eta_t = \frac{W}{Q} = 1 - \frac{Q_2}{Q_1} = 1 - \frac{(1-\alpha)(h_2 - h_3)}{h_1 - h_6} \tag{6-10}$$

式中，α 为抽汽率，即抽汽量占总汽量的比率。

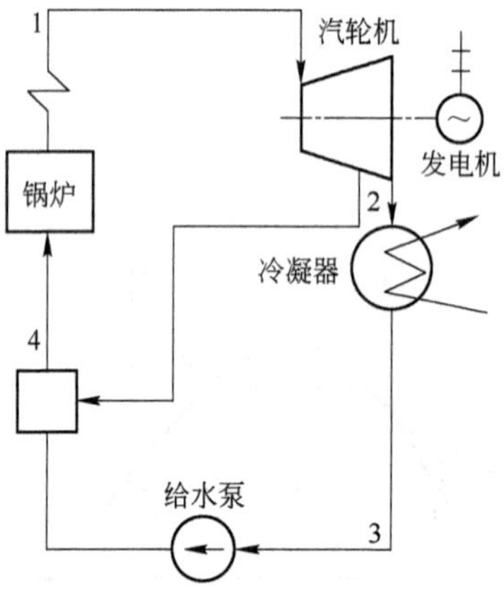

图 6-10　一次抽汽回热的热力系统

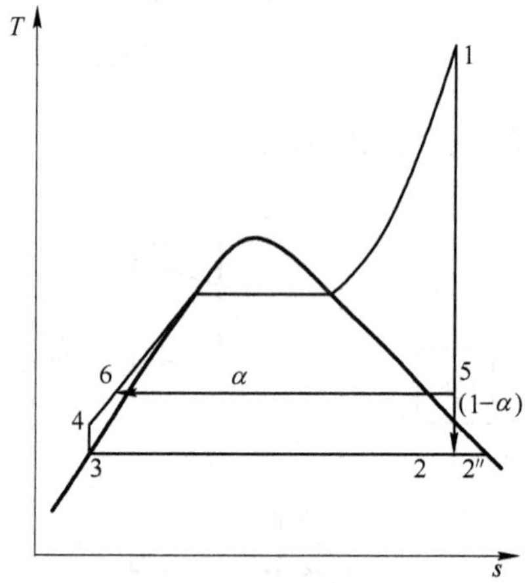

图 6-11　一次抽汽回热循环

一般热力发电厂均采用多级抽汽回热加热技术，回热级数随电厂参数不同从三级到十一二级不等。回热加热器以间壁式（表面式）为主，但至少有一级采用混合式加热器兼做热力除氧器。

6.5.2　实际的热力发电厂热力系统（热力循环）

实际的热力发电厂热力系统是将再热循环和回热循环结合起来，同时考虑到设备制造、系统连接等技术上的可行性、运行调节维护的便利与安全等因素而组成的系统。

工程上常常将电厂热力系统绘制成电厂热力系统图来表示，所谓电厂热力系统图是指根据发电厂热力循环的特征，将发电厂热力部分主辅设备及其管道附件连接成一整体的线路图。电厂热力系统图分为原则性热力系统图和全面性热力系统图。

6.5.2.1　原则性热力系统图

以规定的符号表明工质在完成某种热力循环时所必须流经的各种热力设备之间的联系线路图，称为发电厂的原则性热力系统图。原则性热力系统图只表示工质流过时状态参数起了变化是各种必需的热力设备，故同类型同参数的设备在图上只表示一个；仅表明设备之间的主要联系，备用设备和管路、附属机构和设备都不画出；除额定工况时所必需的附件（如定压运行除氧器进汽管上的调节阀）外，一般附件均不表示。

原则性热力系统图实质上表明了工质的能量转换及热能利用的过程，它反映了发电厂热功能量转换过程的技术完善程度和热经济性。通过发电厂原则性热力系统的计算，可以求得各处的汽水流量、参数和发电厂的热经济指标。

图 6-12 所示为国产 300 MW(30 万千瓦)亚临界一次再热凝汽式发电机组的原则性热力系统(N300 - 16.18(165)/550/550，早期产品)。

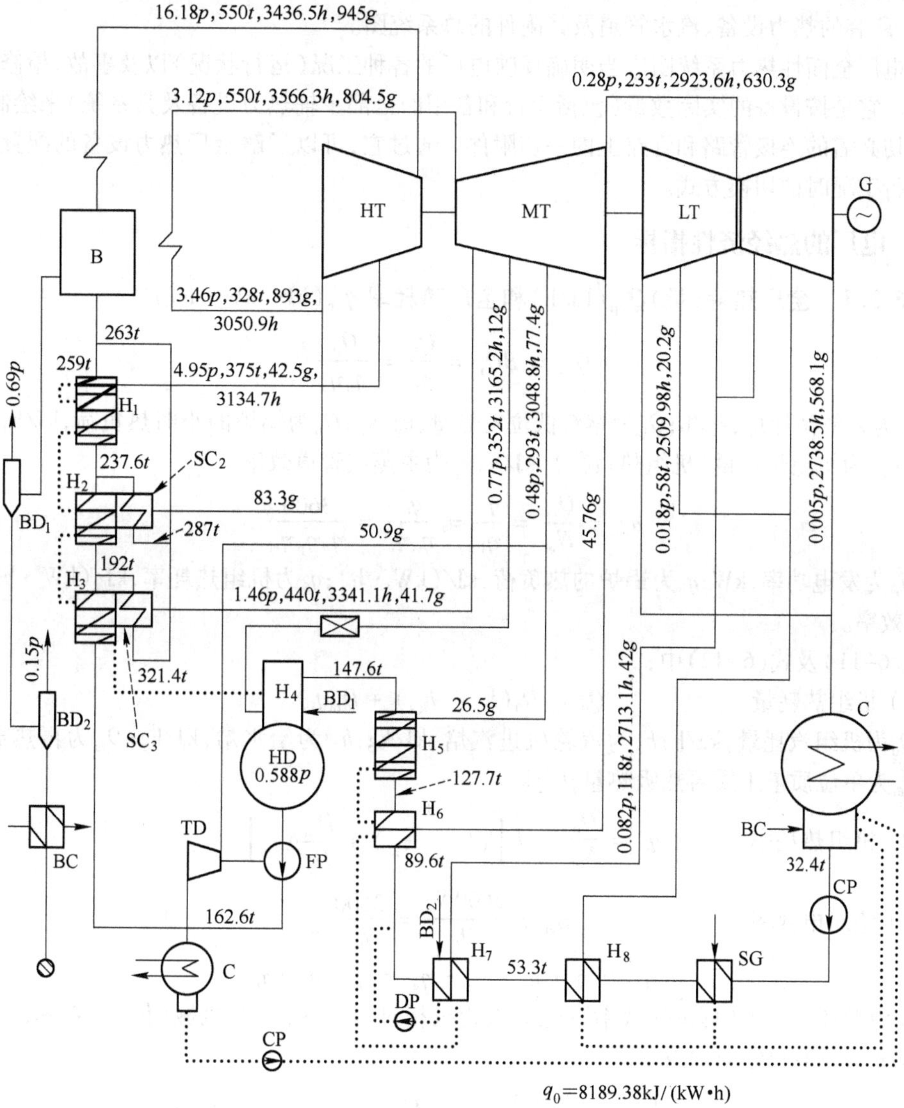

图 6-12　国产一次再热凝汽式机组的发电厂原则性热力系统
(N300 - 16.18(165)/550/550，早期定型)

B—锅炉；HT—汽轮机高压缸；MT—汽轮机中压缸；LT—汽轮机低压缸；G—发电机；C—凝汽器；CP—凝结水泵；SG—轴封冷却器；H—回热加热器；DP—疏水泵；HD—高压除氧器；FP—给水泵；SC—外置式蒸汽冷却器；TD—给水泵驱动汽轮机；BD—连续排污扩容器；BC—排污冷却器

6.5.2.2　全面性热力系统图

发电厂原则性热力系统图只涉及发电厂的能量转换及热能利用的过程，并没有反映电厂的能量转换的详细过程，也不能反映电厂的各种工况（运行状况）以及事故、检修时的运行方式，不能据以对电厂的运行进行实时监控。实际上发电厂能量转换不仅要考虑为了在任一设备或管路检修、事故时，不影响主机乃至整个发电厂的工作而必须装设相应的备用设备与管路，而且还要考虑启动、低负荷运行、变工况、正常工况、事故以及停止运行等各种操作方式。根据这些运行方式变化的需要，还需装设作用不同的各种管道附件。全面性热力系统图是用规定的符号表明全厂性的、所有的热力设备、汽水管道及其附件的总系统图。

发电厂全面性热力系统图应当明确反映电厂的各种工况（运行状况）以及事故、检修时的运行方式。它是按设备的实际数量（包括运行和备用的全部主辅热力设备及其系统）来绘制的，并标明一切必需的连接管路和管路上的一切附件。通过它，可以了解全厂热力设备的配置情况和各种运行工况时的切换方式。

6.5.3 电厂的热经济性指标

6.5.3.1 全厂热耗（量）Q_{cp}（kJ/h）和全厂热耗率 q_{cp}（kJ/（kW·h））

$$Q_{cp} = BQ_L = \frac{Q_b}{\eta_b} = \frac{Q_0}{\eta_b\eta_p} \tag{6-11}$$

式中，B 为燃料消耗量，kg/h；Q_L为燃料低位发热量，kJ/kg；Q_b为锅炉的小时热负荷，kJ/h；η_b为锅炉效率；Q_0为机组热耗量（机组热负荷），kJ/h；η_p为主蒸汽管道效率。

$$q_{cp} = \frac{Q_{cp}}{N_{el}} = \frac{q_b}{\eta_b} = \frac{q_0}{\eta_b\eta_p} = \frac{3600}{\eta_b\eta_p\eta_{el}} \tag{6-12}$$

式中，N_{el}为发电功率，kW；q_b为锅炉的热负荷，kJ/（kW·h）；q_0为机组热耗率，kJ/（kW·h）；η_{el}为绝对电效率。

式（6-11）及式（6-12）中：

（1）机组热耗量 $$Q_0 = D_0(h_0 - h_{fw}) + D_{rh}q_{rh} \tag{6-13}$$

式中，D_0为机组汽耗量，kg/h；h_0为汽轮机进汽焓，kJ/kg；h_{fw}为给水焓，kJ/kg；D_{rh}为再热蒸汽量，kg/h；q_{rh}为单位质量工质再热吸热量，kJ/kg。

（2）机组热耗率 $$q_0 = \frac{Q_0}{N_{el}} = d_0\left[(h_0 - h_{fw}) + \frac{D_{rh}}{D_0}\Delta q_{rh}\right] \tag{6-14}$$

（3）绝对电效率 $$\eta_{el} = \frac{3600N_{el}}{Q_0} = \frac{3600}{q_0} \tag{6-15}$$

$$\eta_{el} = \eta_t \cdot \eta_{oi} \cdot \eta_m \cdot \eta_g = \eta_i \cdot \eta_m \cdot \eta_g \tag{6-16}$$

式中，η_t为循环热效率（理论热效率）；η_{oi}为汽轮机相对内效率；η_m为机械（传动）效率；η_g为发电机效率；η_i为汽轮机绝对内效率。

（4）机组汽耗量 $$D_0 = \left[\frac{3600N_{el}}{(h_0 - h_c + q_{rh})\eta_m\eta_g}\right]\left(\frac{1}{1 - \sum\alpha_j Y_j}\right) = D_{c0}\beta \tag{6-17}$$

式中，h_0为进入汽轮机的新蒸汽焓，kJ/kg；h_c为汽轮机排汽焓，kJ/kg；α_j为回热抽汽系数；D_{c0}为机组纯凝汽（无回热抽汽）运行时的汽耗量，kg/h；β 为由于有回热抽汽而增大的汽耗系数；Y_j为高压缸和中压缸因为回热抽汽而导致的作功不足系数，其中：

高压缸 $$Y_j = \frac{h_j - h_c + q_{rh}}{h_0 - h_c + q_{rh}}$$

中压缸 $$Y_j = \frac{h_j - h_c}{h_0 - h_c + q_{rh}}$$

式中，h_j为回热抽汽焓，kJ/kg。

(5) 机组汽耗率 d_0(kg/(kW·h)) $d_0=\frac{D_0}{N_{el}}=\frac{3600}{(h_0-h_c+q_{rh})\eta_m\eta_g}\beta=d_{c0}\beta$ (6-18)

(6) 锅炉效率 $\eta_b=\frac{Q_b}{Q_{cp}}=\frac{Q_b}{BQ_L}=\frac{D_0(h_0-h_{fw})+D_{rh}q_{rh}}{BQ_L}$ (6-19)

6.5.3.2 全厂效率

发电效率（全厂毛效率）为：$\eta_{cp}=\frac{3600N_{el}}{BQ_L}=\left(\frac{Q_b}{BQ_L}\right)\left(\frac{Q_0}{Q_b}\right)\left(\frac{3600N_{el}}{Q_0}\right)=\frac{3600}{q_{cp}}$ (6-20)

或者 $\eta_{cp}=\eta_b\cdot\eta_p\cdot\eta_{el}=\eta_b\cdot\eta_p\cdot\eta_t\cdot\eta_{oi}\cdot\eta_m\cdot\eta_g$ (6-21)

供电效率（全厂净效率），即扣除厂用电功率后的电厂效率为：

$$\eta_{cp}^n=\frac{3600(N_{el}-N_{ap})}{BQ_L}=\frac{3600N_{el}}{Q_{cp}}(1-\xi_{ap}) \quad (6-22)$$

式中，N_{ap}为厂用电功率，kW；ξ_{ap}为厂用电率，$\xi_{ap}=\frac{N_{ap}}{N_{el}}$。

6.5.3.3 燃料消耗

我国的火力发电厂能源消费以煤为主，故仅讨论煤耗量和煤耗率。

煤耗量(kg/h) $B=\frac{Q_{cp}}{Q_L}=\frac{Q_b}{Q_L\eta_b}=\frac{Q_0}{Q_L\eta_b\eta_p}$ (6-23)

煤耗率(kg/(kW·h)) $b=\frac{B}{N_{el}}=\frac{q_0}{Q_L\eta_b\eta_p}=\frac{3600}{Q_L\eta_b\eta_p\eta_{el}}$ (6-24)

标准煤耗率(kg/(kW·h)) $b^s=\frac{3600}{29310\eta_{cp}}\approx\frac{0.123}{\eta_{cp}}$ (6-25)

2008 年全国 6000 kW 及以上电厂供电标准煤耗为 345 g/(kW·h)。

6.5.4 热力发电厂的技术发展方向

以火力发电为主的热力发电厂一直是沿着不断提高蒸汽初参数、增大装机容量的技术方向发展的。我国的热力发电厂参数系列如表 6-1 所示，其中前三类参数较低的机组已经开始逐步淘汰，在建机组以亚临界参数为主，少量引进超临界机组。目前国产化超临界技术、超超临界技术在国内已有应用。由于进一步提高机组的参数受到材料科学技术水平的限制，而各种复杂循环和复合循环技术日渐成熟，所以在能源利用、环境保护和可持续发展等各个方面都具有优势的燃气轮机－蒸汽轮机联合循环、MHD 技术、热电联合生产等等多种循环复合技术、多联产能源技术、分散式能源供应系统、多种能源综合供应技术，也是当前及未来热力发电厂的技术发展方向。核电在热力发电厂的一次能源构成中的比重越来越大，是化石燃料资源枯竭之后、大规模利用太阳能（太空利用）之前的主要能源。如果材料技术能有所突破，也将在热力发电工业领域引起连锁的技术发展和突破。由于人类活动中二氧化碳排放量最大、最集中的行业就是火力发电业，所以 CO_2减排技术也是热力发电厂的重要技术发展方向之一。

表 6-1 我国的热力发电厂参数系列

电厂类型	新蒸汽压力/MPa		新蒸汽温度/℃		电厂装机容量/MW	机组容量的大致范围/MW
	锅炉	汽轮机	锅炉	汽轮机		
低温低压电厂	1.4	1.3	350	340	10	1.5～3
中温中压电厂	4.0	3.5	450	435	10～200	6～50

续表 6-1

电厂类型	新蒸汽压力/MPa		新蒸汽温度/℃		电厂装机容量/MW	机组容量的大致范围/MW
	锅炉	汽轮机	锅炉	汽轮机		
高温高压电厂	10.0	9.0	540	535	100～600	25～100
超高压电厂	14.0	13.5	550	535	250～	125～200
亚临界压力电厂	17.0	16.7	550	538	600～	300～600
超临界压力电厂	25.0	24.5	570	565	1200～	600～800
超超临界压力电厂	35.0	34.5	655	649	1200～	600～1000

6.6 汽车发动机

汽车最常用的动力机是内燃机，但是随着技术的进步、环境保护标准的提高与石油天然气资源紧缺，使用蓄电池、燃料电池或太阳能电池的电动汽车已经呼之欲出。这里主要讨论内燃机。

内燃机具有结构紧凑、体积小、移动灵活、热效率高和操作方便等特点，广泛用于交通运输、工程机械、农业机械和小型发电设备等领域。它是仿照蒸汽机的结构发明的，最初使用煤气作为燃料。随着石油工业的发展，内燃机获得了更合适的燃料——汽油和柴油。德国人奥托（Nicolaus A. Otto）首先于 1877 年制成了实用的点燃式四冲程内燃机，狄塞尔（Rudoff Diesel）随后于 1897 年制成了压燃式内燃机。20 世纪 30 年代出现的增压技术，使内燃机性能得到大幅度提高。目前内燃机在经济性能（主要指燃料和润滑油消耗）、动力性能（主要指功率、转矩、转速）、运转性能（主要指冷启动性能、噪声和排气质量）和耐久可靠性能等方面均有了长足的进步。

6.6.1 四冲程内燃机的工作原理

四冲程内燃机（见图 6-13）是指由进气、压缩、作功和排气等四个冲程组成一个工作循环的往复式内燃发动机，其工作原理如图 6-14 所示。

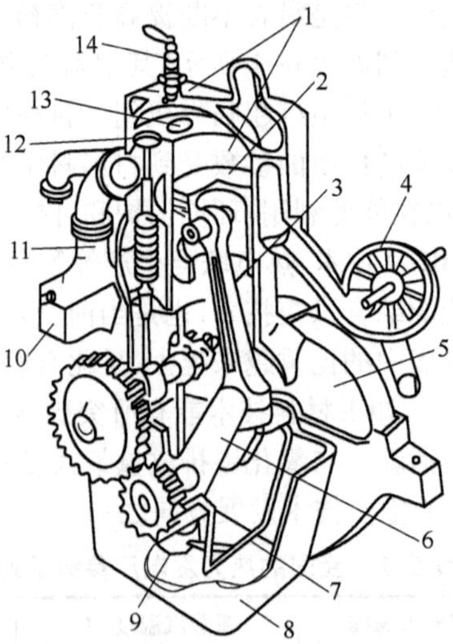

图 6-13 单缸四冲程内燃机结构

1—气缸盖和气缸体；2—活塞；3—连杆；4—水泵；5—飞轮；6—曲轴；7—润滑油管；8—油底壳；9—润滑油泵；10—化油器；11—进气管；12—进气门；13—排气门；14—火花塞

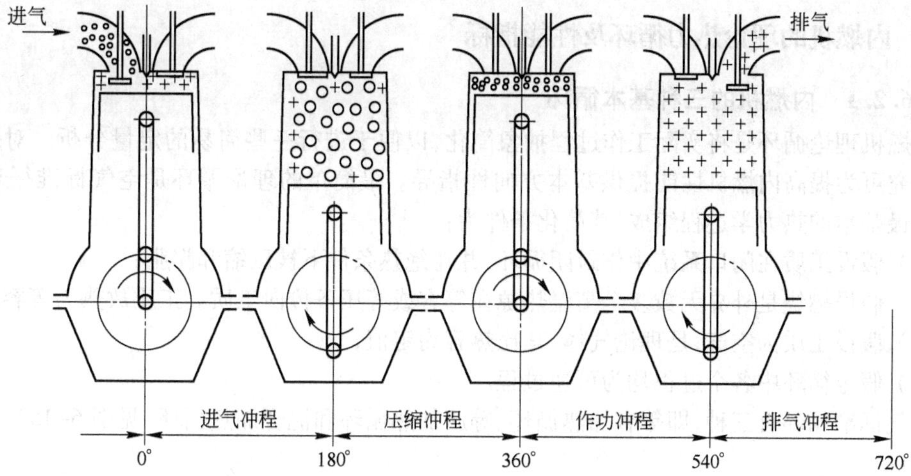

图6-14 四冲程内燃机工作原理

(1) 进气冲程。这是内燃机工作循环的第一个冲程。开始时进气门打开,曲轴旋转180°,活塞由上止点运动到下止点,新鲜空气被吸入气缸。

(2) 压缩冲程。进、排气门全部关闭,气缸形成封闭系统,曲轴旋转180°,活塞由下止点运动到上止点,将气缸内的充量压缩。

(3) 作功(膨胀)冲程。气缸内高温、高压气体膨胀作功,推动活塞由上止点运动到下止点,曲轴旋转180°,对外作功。

(4) 排气冲程。膨胀冲程结束后,排气门打开,曲轴旋转180°,推动活塞由下止点运动到上止点,将燃烧后的废气经排气门排出气缸。

四冲程内燃机经历上述工作循环,曲轴共旋转720°。四个冲程中仅有作功冲程是活塞对外作功,其他三个冲程都需要外界驱动活塞运动。四冲程柴油机和汽油机的工作过程都包括上述四个冲程,两者在工作原理上的区别是:柴油机压缩的是单一气体(空气),当活塞到达上止点附近时,缸内空气的压力温度很高,适时地喷入柴油,在缸内形成可燃混合气并自行着火燃烧,所以称为压燃式内燃机;汽油机则是在气缸外形成可燃混合气,然后充入气缸,压缩终了时靠火花塞打火点燃(其压缩终了时压力温度比压燃式内燃机低得多),所以称为点燃式内燃机❶。

显然活塞的往复运动必然产生很大的振动,所以单缸内燃机需要一个又重又大的飞轮来减轻振动对曲轴及轴端输出功产生的冲击并提供活塞在进气、压缩和排气冲程的动力。实际上,单缸内燃机仅用于为小型设备提供动力,如手扶拖拉机、应急用的小型柴油发电机等等。汽车一般采用多缸内燃机,将各缸的作功冲程均匀错开,就可以将振动抵消或降到最低程度,也相互提供了进气、压缩和排气冲程的动力。最初天津产的夏利车用的是三缸发动机,而最高级的豪华车则采用八缸发动机。

---

❶ 汽油机里被压缩的是燃料和空气的混合物,受混合气体自燃温度的限制,不能采用大压缩比,不然混合气体就会"爆燃",使发动机不能正常工作。实际汽油机的压缩比大都在5~12的范围内。柴油机压缩的仅仅是空气,不存在爆燃的问题,其压缩比多在14~20的范围内。这是由汽油和柴油的燃烧特性所决定的,汽油燃烧速度比柴油快得多,压力越高,密度越大,火焰传播越快(正常点燃时,火焰传播速度为30~70 m/s,而爆燃时可达800~1000 m/s)。如果汽油机也像柴油机一样先压缩空气再喷油自燃,依然会出现爆燃。

6.6.2　内燃机的理论热力循环及性能指标

6.6.2.1　内燃机的三种基本循环

内燃机理论循环是将实际工作过程抽象简化,以便于进行一些简易的定量分析。对理论循环的研究可为提高内燃机性能提供基本方向性指导。最简单的理论循环是空气标准循环❶,它由几个最基本的热力学过程组成,其简化条件为:

(1) 假设工质在闭口系统中作封闭循环,并在绝热条件下被压缩和膨胀;

(2) 假设燃烧是外界无数多个高温热源在等容或等压下传向工质。工质放热为等容放热;

(3) 假设工质为空气,是理论气体,其比热容为定值;

(4) 假定循环中各个过程均为可逆过程。

空气标准循环有三种,即等容加热循环、等压加热循环和混合加热循环(见图6-15)。

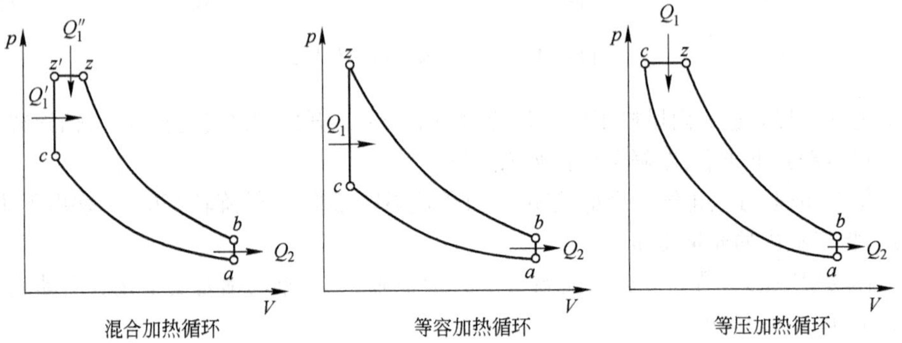

图6-15　内燃机理论循环

汽油机混合气燃烧迅速,简化为等容加热循环;高增压和低速大型柴油机由于受到燃烧最高压力的限制,大部分燃料在上止点以后燃烧,燃烧时气缸压力变化不显著,可简化为等压加热循环;高速柴油机介于两者之间,其燃烧过程可视为等容、等压加热的组合,简化为混合加热循环。理论循环的优劣常用循环热效率 η_t 和循环平均压力 p_m 来评价。

6.6.2.2　循环热效率

循环热效率用以评定理论循环的经济性,它是工质所作循环功 W 与循环加热量 Q_1 之比,即:

$$\eta_t = \frac{|W_{net-output}|}{|Q_{input}|} = 1 - \frac{|Q_2|}{|Q_1|} \tag{6-26}$$

按上述定义,由工程热力学知识可导出混合加热循环热效率为:

$$\eta_{tm} = 1 - \frac{1}{\varepsilon_c^{k-1}} \frac{\lambda_p \rho^k - 1}{(\lambda_p - 1) + k\lambda_p(\rho - 1)} \tag{6-27}$$

式中,ε_c 为压缩比;k 为等熵指数;λ_p 为增压比;ρ 为预胀比。

等容加热循环($\rho = 1$)热效率为:

$$\eta_{tv} = 1 - \frac{1}{\varepsilon_c^{k-1}} \tag{6-28}$$

等压加热循环($\lambda_p = 1$)热效率为:

---

❶ 实际气体动力循环在简化抽象为理论循环时,一般采用"空气标准"假设:假定工作流体是一种理想气体;假设它具有与空气相同的热力性质;将排气过程和燃烧过程用向低温热源的放热过程和自高温热源的吸热过程来取代[38]。

$$\eta_{tp} = 1 - \frac{1}{\varepsilon_c^{k-1}} \frac{\rho^k - 1}{k(\rho - 1)} \tag{6-29}$$

6.6.2.3 循环平均压力

循环平均压力 p_m 定义为单位气缸工作容积(排量)所作的循环功,用来评价循环的对外作功能力。由工程热力学知识可导出混合加热循环平均压力为:

$$p_{mm} = \frac{\varepsilon_c^k}{\varepsilon_c - 1} \frac{p_a}{k - 1} \left[(\lambda_p - 1) + k\lambda_p(\rho - 1) \right] \eta_t \tag{6-30}$$

式中,p_a 为压缩起始点压力,kPa。

等容加热平均压力为:

$$p_{mv} = \frac{\varepsilon_c^k}{\varepsilon_c - 1} \frac{p_a}{k - 1} (\lambda_p - 1) \eta_t \tag{6-31}$$

等压加热平均压力为:

$$p_{mp} = \frac{\varepsilon_c^k}{\varepsilon_c - 1} \frac{p_a}{k - 1} k(\rho - 1) \eta_t \tag{6-32}$$

6.6.2.4 三种理论循环的比较

图 6-16 给出了加热量 Q_1 相同时三种理论循环的比较。

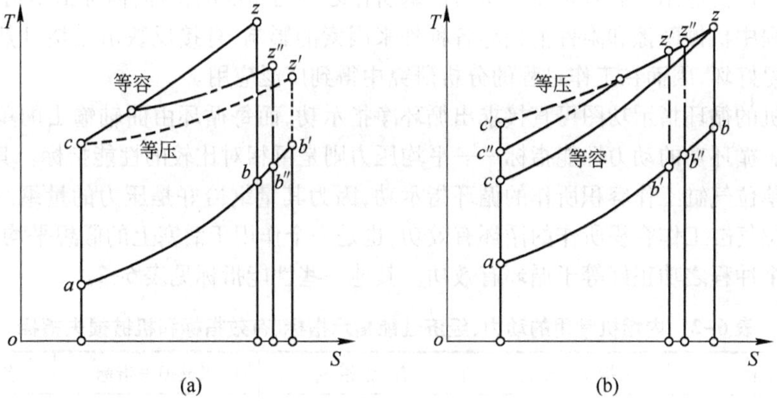

图 6-16 三种理论循环的比较

(a) 压缩比 ε_c 相同;(b) 最高压力 p_z 相同

$aczb$—等容加热循环;$ac'z'b'$—等压加热循环;$ac''z''b''$—混合加热循环

从图 6-16(a)中可以看出,各循环的 Q_1 和 ε_c 相同时,三种循环各自的放热量为:

$$Q_{2p} > Q_{2m} > Q_{2v}$$

则

$$\eta_{tv} > \eta_{tm} > \eta_{tp}$$

所以此时欲提高混合加热循环热效率,应当增加等容部分加热量。但由于柴油机和汽油机的压缩比相差很大,这种比较意义不大。

从图 6-16(b)中可以看出,各循环的 Q_1 和 p_z 相同时,三种循环各自的放热量为:

$$Q_{2v} > Q_{2m} > Q_{2p}$$

则

$$\eta_{tp} > \eta_{tm} > \eta_{tv}$$

所以对于高增压等一类受机件强度限制、循环最高压力不能过大的情况,提高 ε_c,同时增大等压部分加热量对提高循环热效率有利。

柴油机的压缩比远高于汽油机，其限制因素主要就是循环最高压力。由上述分析可以推知，柴油机的效率一般高于汽油机，所以柴油车要比汽油车省油。

6.6.3 汽车发动机的动力经济性能指标

提高和改善动力经济性能始终是发动机产品持续发展的主要技术关键。汽车发动机产品质量的优劣，是由一系列工作性能指标来综合评定的。这些指标有：

（1）发动机在整个运转范围内的动力性能指标，主要指各个工况的功率、转矩和运行速度（活塞平均速度或转速）。实用时，常用典型工况（如标定工况、最大转矩工况）的指标或实际使用运行工况的指标的加权平均数值来表示。

（2）发动机在整个运转范围内的燃料消耗率（有时考虑润滑油消耗率）的经济性能指标。

（3）除了动力、经济性外的其他运转性能，如有害排放量、噪声和冷起动等性能指标。

（4）可靠性、耐久性、维修方便性等使用指标。

上述中，前三类与发动机的工作过程有关。

汽车发动机的动力经济性能指标分有效性能指标和指示性能指标。前者是以曲轴输出功为计算基准的指标，简称有效指标，这类指标用于直接评定发动机实际工作性能的优劣，因而在生产实践中获得广泛应用。后者是以工质对活塞所作之功为基准的指标，简称指示指标，它们不受动力输出过程中机械摩擦和附件消耗等各种外来因素的影响，直接反映由燃烧到热功转换的工作循环进行得好坏，因而在工作过程的分析研究中得到广泛应用。

由发动机的循环指示功图可直接求出循环净指示功，而每循环由曲轴输出的单缸功量则是循环有效功。循环功的动力性能指标——平均压力则是可相对比较的性能指标。其中平均指示压力定义为单位气缸工作容积所作的循环指示功，因为其量纲恰好是压力的量纲。平均有效压力定义为单位气缸工作容积所作的循环有效功，也是一个作用于活塞上的假想平均压力，此力作用于活塞一个冲程之功正好等于循环有效功。其他一些性能指标见表 6-2。

表 6-2 内燃机常用的动力、经济性能指示指标、有效指标和机械损失指标

指标名称	指示指标	有效指标	机械损失指标	各指标间关系
循环功（单缸）/kJ	W_i	W_e	W_m	$W_e = W_i - W_m$
平均压力/MPa	$p_{mi} = W_i/V_s$（平均指示压力）	$p_{me} = W_e/V_s$（平均有效压力）	$p_{mm} = W_m/V_s$（平均机械损失压力）	$p_{me} = p_{mi} - p_{mm}$
功率/kW	P_i	P_e	P_m	$P_e = P_i - P_m$
转矩/N·m		T_{tq}		
升功率（单位排量发出功率）/kW·L^{-1}		$P_L = P_e/(V_s \cdot I)$		
比质量（单位有效功率所占质量）/kg·kW^{-1}		$m_e = m/P_e$		
比体积（单位有效功率所占体积）/m^3·kW^{-1}		$V_e = V/P_e$		
能量转换效率	$\eta_{it} = \dfrac{W_i^{①}}{g_b H_u}$	$\eta_{et} = \dfrac{W_e}{g_b H_u}$	$\eta_m = \dfrac{W_e}{W_i}$	$\eta_{et} = \eta_{it}\eta_m$

续表 6-2

指标名称	指示指标	有效指标	机械损失指标	各指标间关系
单位功率燃油消耗率（每千瓦小时功所消耗的燃料量）/g·(kW·h)$^{-1}$	$b_i = \frac{B}{P_i} \times 10^3$	$b_e = \frac{B}{P_e} \times 10^3$		$b_i = \eta_m b_e$

注：i为发动机缸数；m为发动机干质量，kg；V为发动机所占体积（长×宽×高），m^3；g_b为单缸每循环燃料消耗量，kg；H_u为燃料低热值，kJ/kg；B为整机燃油消耗率，kg/h；V_s为单缸排量，L。

① 对自然吸气机型，泵气损失归入机械损失后，W_i应为动力过程功。对于增压机型，若仍将泵气损失归入机械损失，则W_i应为总指示功——动力过程功与理论泵气功之和。

6.6.4 内燃机的排气净化

内燃机在燃烧过程中产生的有害成分主要为CO、NO_x、HC（碳氢化合物，包括含氧碳氢化合物）、SO_x、炭烟、铅化物、微粒（柴油机排出的炭粒及其表面吸附物）等，这些排气污染物均由排气管排入大气，造成污染。此外还有因曲轴箱窜气和燃油系统油气挥发等原因排向大气的非排气污染物。目前法规限制CO、NO_x、HC和微粒的排放，而对甲醛、乙醛、苯、乙酰甲醛、丁二烯和柴油机排气臭味等尚未限制。CO_2作为温室气体，虽对人体健康无直接危害，但对大气环境有严重影响。

6.6.4.1 有害排放的生成机理

A NO_x的生成

内燃机中NO的体积分数占总NO_x的90%以上。NO遇到大气中的氧时，能形成NO_2和其他氮氧化物。影响内燃机燃烧而生产NO_x的主要因素有：

(1) 温度。高温时NO的平衡浓度高，生成速度也快。氧气充足时，温度是生成NO的主要因素。

(2) 氧的浓度。氧的存在是生成NO的必要条件。在氧不足的情况下，即使有高温条件，NO的生成也会被抑制。

(3) 滞留时间。由于NO的生成反应比燃烧反应慢，即使在高温和氧气充足的条件下，如果滞留时间短，NO生成量也受到限制。

B HC的生成

内燃机排气中碳氢化合物有200种以上，它们是由原来的烃燃料分子、不完全燃烧产物、燃烧过程中被分解的产物和再化合的新化合物构成的。内燃机中HC生成的原因有：

(1) 不完全燃烧。过浓或过稀的区域均会造成不完全燃烧，二冲程汽油机扫气使部分混合气未经燃烧就直接进入排气管，曲轴箱通风和供油系统蒸发产生未燃烃等从而造成HC排放增加。

(2) 室壁淬熄。当火焰向燃烧室壁面传播时，低温壁面的激冷作用使火焰熄灭，造成燃烧室壁面附近形成未燃烧的碳氢化合物高浓度区。

(3) 缝隙效应。燃烧室中的缝隙（主要是第一道活塞环上面的间隙）处于双壁冷却，火焰无法传入，造成一定量的未燃烃。

C CO的生成

一氧化碳的生成主要取决于燃料与空气的混合质量和当量比，其生成机理主要有两个：

(1) 燃料缺氧不完全氧化。CO是烃类燃料燃烧的中间产物，当混合气中空气不足时，必有一部分燃料不能完全燃烧而生成CO。

(2) CO_2和H_2O的高温分解。烃类燃料燃烧的最终产物是CO_2和H_2O,但在高温下CO_2和H_2O又会分解,甚至可以导致在富氧、稀薄而均匀的混合气中仍会产生CO。

6.6.4.2 排放法规

检验出的内燃机有害排放量不仅和内燃机的结构参数有关,还与试验时采取的取样方法及分析仪器有关。排放标准所规定的具体限值都是同特定的排放试验方法相联系的。

美国、欧盟、日本等均制定了严格的内燃机排放限制法规和相应的试验方法。由于各国的政治和经济原因,标准限值存在很大差异。

我国现行国家标准是2005年4月15日颁布并于2007年7月1日开始实施的《轻型汽车污染物排放限值及测量方法(中国Ⅲ、Ⅳ阶段)》(GB18352.3—2005),与所谓的欧Ⅲ、欧Ⅳ排放标准和测试规范基本等效,其中第Ⅳ阶段为预告性要求,在标准规定的执行日期前两年,环境保护部将予以确认。对于其他重型内燃机,如工程机械、地下矿车、机车、船舶等,也有相应的国家标准(《汽车综合性能检测站能力的通用要求》(GB 17691—2005)和《车用压燃式发动机和压燃式发动机汽车排气烟度排放限值及测量方法》(GB 3847—2005))对其排气污染物进行限制。

必须注意,减少排气污染必须从内燃机技术上进行改进,但法规的制定和严格执行是一切先进技术推广和应用的保证。只有严格执行有关国家标准,禁止超标排放车辆上路,才能促进生产厂家和用户主动使用减少排气污染物的新技术和新产品,达到保护环境的目的。

6.6.4.3 排气净化措施

(1) 汽油机排气净化措施。

1) 汽油机结构的改进。适当减小压缩比,推迟点火时间,可以降低最高燃烧温度,减少NO_x的排放量,同时提高排气温度,降低HC的排放量;采用曲轴箱强制通风系统,防止曲轴箱中未燃HC逸出;提高怠速转速,减少CO和HC的排放量;采用先进的燃烧系统,如电控汽油喷射、分层燃烧等。

2) 机外净化措施。采用排气再循环使进气中残余废气系数增加,使最高燃烧压力降低,从而降低排气中NO_x的含量;向排气门出口处喷入新鲜空气,减少CO和HC的排放量;附加净化消声器,利用化学方法对净化进行后处理,同时起到净化和消声的效果;采用无铅汽油,减少排气中铅化物的含量。

(2) 柴油机排气净化措施。与汽油机相比,柴油机排气中CO和HC的含量少得多。

1) 前处理。对燃料和空气在进入气缸燃烧前进行预处理,改变充量性质,以改变缸内的燃烧过程,从而降低有害排放。如改进燃料、在柴油中加入消烟添加剂、柴油掺水乳化、排气再循环、进气管喷水、增压等。

2) 机内净化。对燃烧过程本身进行改进,以减少有害气体的产生,如推迟喷油、提高喷油速率(高压喷射)、加强进气涡流、采用分隔燃烧室等。

3) 后处理。用各种除尘滤清器净化装置、催化反应装置对排气进行最后处理,可以进一步降低有害排放。

应当注意到,由于各种排气污染成分的生产机理不同,很难用一种方法同时减少所有的排放污染物。全面降低内燃机排气污染,必须采取综合措施。试验研究表明,对汽油机同时采用多种净化措施,可使CO降低97.7%,HC降低93.4%,NO_x降低82%。但这些措施往往对内燃机的经济性、动力性和寿命带来不利影响。所以,彻底的净化措施必须在强有力的法规保证下才可能实现普遍推广应用。

6.6.5 车用内燃机的技术进展

稀薄燃烧及缸内直喷 常规汽油机(化油器式和大部分进气道喷射式)的空燃比为12.6~17,空燃比大于17即可看作稀薄燃烧。其中均质稀燃和分层稀燃的空燃比小于25,而缸内直喷(gasoline direct injection,GDI)式稀燃可在空燃比为25~50时稳定工作。这种工作方式可以不用节气门调节,进气阻力(泵气损失)大幅度减小;不易产生爆震,可以采用高压缩比;最高燃烧温度较低,给氧充分,有害排放包括NO_x的排放都比较少。缸内直喷式稀燃汽油机的燃油耗率较常规汽油机可改善30%以上。其缺点是设计制造难度增大、无法采用成熟的传统三效催化剂和HC排放较高。

柴油机的预混合燃烧 炭烟和微粒是柴油机扩散燃烧方式的固有产物,而预混合燃烧就不易出现这种污染物。一般称柴油机的这种新燃烧方法为均质充量压燃燃烧(homogeneous charge compression ignition,HCCI)。丰田、日产等已经开始进行有益的探索并推出了相应的发动机产品。

电控燃油喷射系统和电控点火系统 汽油机多点电控燃油喷射系统和电控点火系统以及柴油机电控燃油喷射系统取代汽油机的化油器、柴油机的机械式燃油喷射装置是当前内燃机技术的一大趋势。具有减少进气阻力损失、保证各缸工作的均匀性、降低燃油消耗、易于配合三效催化转化器达到优良的排放控制性能。

增压 增压技术是强化发动机最有效的手段,是发动机技术发展的一个主要方向。当前发达国家车用柴油机大都采用了增压技术,其在汽油机中的应用也日益增多。增压大幅度增加了汽缸进气压力,提高进气密度,从而燃烧更多的燃油,发出更强大的功率。废气涡轮增压在车用发动机中最常用。气波增压系统巧妙地利用管道中压力波特性,使废气与新气接触,在相互不混合的前提下,直接将废气能量传给低压空气,并提高其压力而实现增压。

复合式发动机 采用废气涡轮增压时由于增压幅度不能无限制加大,有时没有充分利用废气的余能(当然也有不够的时候),所以可以利用动力涡轮回收这部分机械能并将之馈送给曲轴。动力涡轮可以与增压涡轮共用一个,也可以使用单独的涡轮机。如果有意识地加大并优化动力涡轮作功量,就可形成内燃机—燃气轮机联合循环。

低散热发动机 20世纪70年代起,国外一些机构进行了研制低散热柴油机(最初称绝热发动机)的努力。其初衷是想利用陶瓷材料使燃烧时及排气系周边高度隔热,减少冷却损失而提高发动机热效率。但由于陶瓷器件达不到发动机工作所要求的高可靠性,以及隔热后燃烧室内温度大幅度升高对现有发动机中经过精心组织的各个工作过程带来的影响,那些机构纷纷放弃了。其实缸内温度升高不利于功率的增大,而且排气的温度也会相应增大,因此目前认为,低散热发动机与废气涡轮增压或复合式发动机相结合会是一种很好的选择。

7 制冷与热泵

制冷技术是为了适应人们对低温条件的需要而产生和发展的[1]。制冷消耗机械能而将热能从低温处转移到高温处。制冷循环是动力循环的逆循环。在第6章中已经指出:评价逆向循环(制冷循环)的指标是制冷系数(或性能系数COP,coefficient of performance),逆向循环性能研究的准绳是逆向卡诺循环。

7.1 制冷机与热泵

用人工的方法在一定时间和一定空间内将特定物体或流体的温度降到环境温度以下,并保持这个低温,是为制冷。专门用于制冷的全套设备就是制冷机(refrigerator)。

按照所达到的温度范围,制冷分为:普通制冷(普冷),120 K以上;深度制冷(深冷),120～20 K;低温制冷,20～0.3 K;超低温制冷,0.3 K以下。

制冷就是将热量从低温处(如电冰箱的冷冻室)向高温处(如电冰箱外边的空气——环境)传递的过程。如果将热量从温度较低的环境(如冬季的室外)向温度较高的用热处(如冬季的室内)传递,显然完全可以采用与制冷同样的方法。这时人们需要的是“热”,而不是“冷”,于是就称之为热泵(heat pump)。评价热泵性能的经济性指标是**热泵系数**(供热系数,也称为性能系数COP):

$$\varepsilon_t = \frac{|Q_1|}{|W_0|} \tag{7-1}$$

制冷和热泵的基本热力学原理是按照热力学第二定律的克劳修斯说法,付出代价将热量从低温物体传向高温物体。制冷和热泵的具体工作原理则有好几种,分别执行不同的逆向循环,所有这些逆向循环的性能系数都小于逆向卡诺循环。它们包括蒸汽压缩制冷循环、空气压缩制冷循环、蒸汽喷射式制冷循环、吸收式制冷循环、吸附式制冷循环、热电式制冷循环、涡流管制冷循环、绝热去磁制冷循环等等(虽称制冷循环,均可作为热泵循环。下面以讲制冷为主,暂不提热泵)。

制冷装置的制冷量在工程上有时以“冷吨”表示,1冷吨定义为1000 kg 0 ℃的饱和水在24 h时内冷冻为0 ℃的冰所需要的制冷量,约等于3.86 kJ/s(美国特殊,1冷吨=3.517 kJ/s)。在目前国内购买空调时常使用“匹”做制冷量的单位,是指空调机输入功率的马力数,由于设备性能和使用环境的不同,所对应的实际制冷量大概在(2000±300) W。

---

[1] 在沈阳故宫,陈列着一台古老的冰箱,它实际是个带有夹套的金属箱,使用时将冰放在夹层中,被冷却物体放入箱内。至于冰,是三九天在浑河凿取的,储存在地下挖的冰窖里。——这种方法显然很笨拙,不如现代家家户户都有的电冰箱方便。但是,在日益重视资源节约、生态平衡、环境保护和可持续发展的今天,这种充分利用自然冷源(也是一种资源)的思想重新被学术界关注起来。

7.2 蒸气压缩制冷循环

7.2.1 蒸气压缩制冷循环

目前应用最普遍的是蒸气压缩制冷(the vapor-compression refrigeration cycles)。它采用低沸点工质[1]作为制冷剂,经过蒸发、压缩、冷凝和膨胀四个过程,实现制冷(见图7-1)。

(1) 蒸发。较低温度和压力的液体制冷剂在蒸发器中吸热蒸发汽化,蒸发器放置在制冷空间内或者让被制冷流体流过蒸发器。

(2) 压缩。低温低压制冷剂气体进入压缩机被绝热压缩,气体被压缩后温度和压力均升高(用打气筒给自行车打气时,可以发现打气筒底部变热了。两者的道理是一样的)。当气体温度升高到所需要的温度(高于环境温度,用作热泵向室内供热时则需要高于室内温度)时,气体从压缩机排向冷凝器。

(3) 冷凝。高温高压制冷剂气体在冷凝器里凝结成液体同时放热。热量被环境中的空气或水带走(制冷机),或者传递给室内空气(采暖用热泵)。

(4) 膨胀。离开冷凝器的制冷剂压力温度仍然较高,但已经是液态,将之在膨胀机构中绝热膨胀(这个过程与压缩过程相反),其温度和压力就都会降低到蒸发开始前的状态,再进入蒸发器继续新一轮循环。膨胀机构可以是膨胀机或者膨胀阀,前者目前技术上还存在一定的困难,所以都采用后者。但膨胀阀会产生较大的节流损失。

蒸气压缩制冷循环是朗肯循环的逆循环(见图7-2)。有差异的是 $a43b$ 改为 $a \to b$ 直接节流,其好处是免去 $a4$ 段降温放热,使 $1a$ 段放热温度整体下移,降低了循环最高压力和最高温度,提高了循环的经济性(COP)。该循环的制冷系数为:

$$\varepsilon = \frac{|Q_2|}{|W_0|} = \frac{h_2 - h_b}{h_1 - h_2} = \frac{h_2 - h_a}{h_1 - h_2} \tag{7-2}$$

式中,h 为各状态点的焓。上式使用了关系式 $h_a = h_b$,这是节流过程的特征公式。

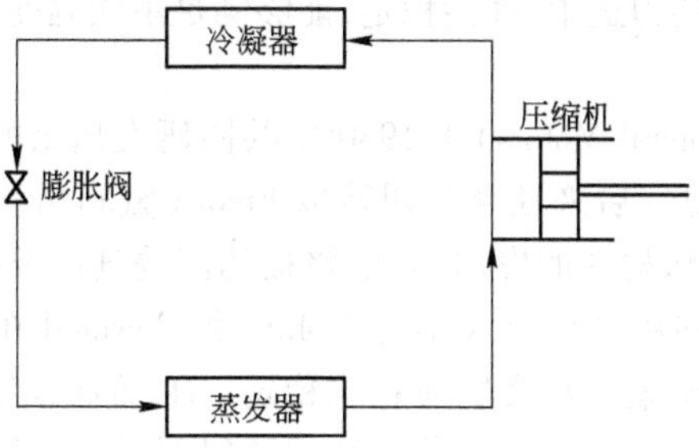

图7-1 蒸气压缩制冷

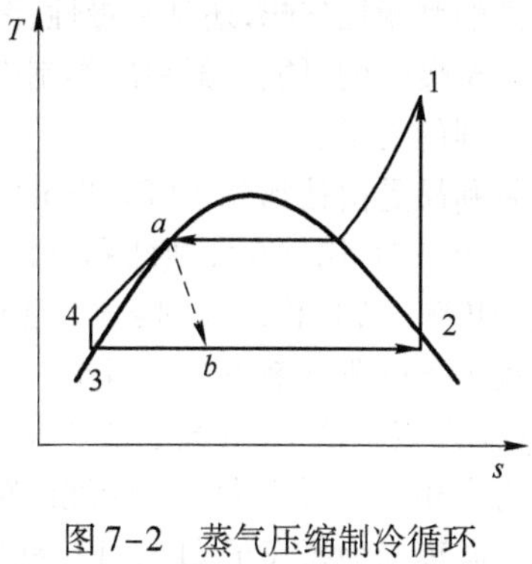

图7-2 蒸气压缩制冷循环

蒸气压缩制冷循环利用气液相变潜热吸放热,具有单位质量工质制冷能力大的特点。相变过程是等温过程,有效地控制了循环的最高温度和最低温度,从而使循环具有较大的制冷系数。另外,由于低沸点介质种类繁多,可以针对各种制冷或热泵工况选择工质,因而具有较大的灵活

---

[1] 指沸点(一个大气压力下沸腾的温度点)与水相比比较低的工质。它们在制冷机的工作温度范围内不会凝结成固体,工作压力在0.1~2.5 MPa上下,既不会出现高真空,也不会出现超高压。

性和适应性。

制冷机的膨胀过程从饱和液体状态开始,膨胀终了状态是大部分为液体的气液两相混合物。涡轮机适用于气体工质的膨胀,水轮机适用于纯液体工质的膨胀,用于气液两相流动膨胀会发生水击、气蚀等问题,所以目前仍采用膨胀阀的节流膨胀,相应也产生了很大的节流损失。人们一直没有放弃制造适用于气液两相流动的膨胀机,按螺杆压缩机逆运行方式开发的螺杆膨胀机可能具有良好的前景,值得关注。

7.2.2 制冷剂

制冷剂(refrigerant)作为蒸气压缩式制冷机的工质,其性质与装置的运行和性能密切相关。近些年来由于大气臭氧层空洞问题和温室效应问题,对制冷剂的热力性质和环境友好性不断提出了更高的要求。对制冷剂的热力性质的主要要求是:

(1) 对应于装置的工作温度(蒸发温度和冷凝温度),要有适中的压力。若蒸发压力过低,即使密封要求很高,也还容易漏进空气;冷凝压力过高,要求冷凝系统材料的耐压强度提高,增加了成本,并对焊接等工艺提出了更高的标准。最好蒸发压力略大于大气压力,冷凝压力低于1 MPa。

(2) 在工作温度下汽化潜热要大,使单位质量工质具备较大的制冷能力。

(3) 临界温度要高于环境温度,使冷凝过程能更多地利用相变定温放热。

(4) 制冷剂在 T-s 图上的上、下界限要陡峭,以便使冷凝过程更加接近定温过程,并可减少节流引起的制冷能力下降。

(5) 工质的三相点温度要低于制冷循环的下限温度,以免凝固阻塞。

(6) 蒸气的比体积要小,工质的传热特性要好,以使装置更紧凑。

此外,还要求制冷剂溶(润滑)油性好,化学性质稳定,与金属材料及压缩机中密封材料等有良好的相容性,安全无毒,价格低廉等等。

常用的制冷剂有氨(NH_3)、氟利昂(卤代饱和烃)、丁烷等等。氨是一种热力性能良好的制冷剂,其在工作温度内的运行压力适中,单位容积制冷量大,价格便宜,对环境破坏小。但是氨具有强烈的刺激性气味,还具有毒性,溶油性不好,对铜及铜合金有腐蚀性,化学性质不够稳定,有着火甚至爆炸的可能。氟利昂类制冷剂汽化时吸热能力适中,性能稳定,能够满足不同温度范围对制冷剂的要求。

氟利昂是由杜邦公司(Du Pont)和通用汽车(General Motors)于1930年共同研发出来的,用作安全冷冻剂,代替有腐蚀性和毒性的二氧化硫和氨。后来杜邦公司冠以Freon(氟利昂)商标进行销售❶。除用作冷冻剂之外,氟利昂还可用作泡沫材料的发泡剂、电路板的清洗剂以及喷雾器和灭火器的驱动剂等等。但是,1974年9月美国加利福尼亚大学的Molina和Rowland在《自然》杂志发表了论文《环境中的氟氢烃》,并指出,由于氟利昂类物质相当稳定(R12的稳定性和毒性与水相等),进入大气后能逐渐穿越对流层而进入同温层。在紫外线的照射下,氟利昂中的氯元素游离成为氯离子 Cl^-,可与臭氧(O_3)发生连锁反应,促使臭氧转变成普通氧(O_2),导致臭氧浓度急剧减少。同温层中的臭氧阻挡和吸收了太阳辐射中大部分对生物体有害的高能紫外线,它的减少给人类及其他生命的生存带来极大的威胁。同时,氟利昂还属于温室气体,在高空的积聚可以加剧温室效应,因此,1987年在Montreal召开的联合国环境计划会议签署了"关于臭

---

❶ 氟利昂,英文为Freon:[F(LUORINE)+RE(FRIGERANT)+ -ON] a trademark for any of a series of gaseous or low-boiling, inert, nonflammable derivatives of methane or ethane[39].

氧层衰减物质的蒙特利尔协定”，其后协定各方陆续又举行了一系列会议来具体落实协定，规定要禁止或逐步淘汰这类化合物（例如规定发达国家1995年停止使用R12,2029年停止使用R22等等）。我国于1992年8月签署了该协定，并承诺2010年以前禁止生产与使用CFC类物质❶。

7.2.3 制冷剂命名

目前的制冷剂命名方法来源于美国的ASHRAE—67标准。

该标准规定用Refrigerant的第一个字母R表示制冷剂，用一些数字按一定规则排列来表示具体物质，排列规则以卤代饱和烃（即氟利昂）为基础。

卤代饱和烃（氟利昂）的化学分子式可写成$C_mH_nF_xCl_yBr_z$，其中$2m+2=n+x+y+z$。氟利昂的代号可以规定为，$R(100m+10n+x-90)Bz$，即把碳的原子数作为百位数，氢的原子数作为十位数，氟的原子数作为个位数构成一个数字再减去90，氯不予以表示，溴以B加上其原子数。例如，R12表示CF_2Cl_2，按上述规则，$m=1,n=0,x=2$，有$102-90=12$。氟乙烷（CF_3CH_2F），代号为R134a。最后的字母a表示同素异构体。

饱和烃也按上述规则表示。但丁烷特别表示为R600，异丁烷为R600a。

环状化合物在R后面再加字母C表示，如八二氯环丁烷表示为RC318。

非饱和烃及其卤族元素衍生物在R后面先写上1，再按上述规则编制，如乙烯表示为R1150，三氟一氯乙烯表示为R1113。

无机物除空气外，在R后面先写上7，接着写上相对分子质量的整数部分，如水为R718。

共沸混合工质在R后面先加上5，其后用两位数按应用的先后顺序表示（具体怎么编由国际同行商量）。

新开发的无公害混合工质在R后面先加上个4，其后用两位数按应用的先后顺序表示（具体怎么编由国际同行商量。这一条不是ASHRAE—67的内容，而是近年来随着无公害混合工质的发展而设立的，丁烷改号码也源于此）。

为了明确表示卤代烃的性质，现在更喜欢用所含元素符号的第一个字母组成代号。如R12含氯氟元素，记为CFC12，R134a含氢氟元素，记为HFC134a，R22（CHF_2Cl）含氯氟氢元素，记为HCFC22。

7.2.4 制冷压缩机

制冷压缩机是蒸气压缩制冷装置最主要的部件之一，相当于它的“心脏”。

制冷压缩机按照工作原理可分为容积式和动力式（也称速度式）两类。容积式压缩机直接对一可变容积中的气体进行压缩，使该部分气体体积缩小、压力提高。其特点是具有容积可周期变化的工作腔。动力式压缩机首先使气体流动速度提高，即增加气体分子的动能；然后使气流速度有序降低，使动能转化为压力能，与此同时气体容积也相应减少。其特点是具有驱使气体获得

❶ 关于臭氧层破坏的问题，笔者从20世纪90年代起就有一个观点，认为造成这个后果的“元凶”不止氟利昂一个，氟利昂甚至算不上最大的“元凶”。制冷设备的充液量为零点几到几十千克，一台品质良好的制冷设备可以使用十年以上，因此每年进入大气的氟利昂实在有限。然而，各种军用和民用飞行器越来越多，其中大部分都在同温层飞行，例如美国的B-29就号称“同温层堡垒（stratofortress）”。一架波音飞机一次起降耗油六七十吨，飞机发动机燃烧完全程度还赶不上汽车，所以飞机尾气中会有大量的CO、HC等污染物质，它们排放在同温层中，会立即与氧化能力最强的臭氧发生反应并被降解。全世界每天有数十万架次飞机起降，迄今无人过问其破坏环境的问题。应当注意到，几乎所有的飞机都是发达国家制造的，而制冷设备从20世纪80年代起几乎全部转移到发展中国家生产，我们无法确定，这中间是否有什么联系。

流动速度的叶轮。

气体压缩机按照排气压力分为通风机、鼓风机和压缩机，如表7-1所示。

表7-1 气体压缩机分类（按排气压力）

类 型	名 称	排气压力（表压）
风 机	通风机	<15 kPa
	鼓风机	0.015～0.2 MPa
压缩机	低压压缩机	0.2～1.0 MPa
	中压压缩机	1.0～10 MPa
	高压压缩机	10～100 MPa
	超高压压缩机	>100 MPa

注：上述分类要求进气压力为大气压力，最多不大于0.2 MPa。否则特称为增压压缩机。

按照压缩机的级数，有单级、双级和多级压缩机；按照密封方式，有开启式、半封闭式和全封闭式压缩机；按气缸数目，有单缸、双缸和多缸压缩机；按气缸排列方式，有单列、M形、H形、V形、L形、W形、扇形、星形压缩机。

动力式压缩机分成离心式、轴流式、旋涡式和喷射式，前三者都是回转式，也称透平式压缩机或叶轮式压缩机，它们与透平（turbine，即涡轮机）的工作原理正好相反。离心式气流流向与机轴垂直，压头高，流量小；轴流式气流流向与机轴平行，压头低，流量大。风机几乎都是透平式的。

容积式压缩机有往复式（活塞式）和回转式两类，与动力式相比，其特点是压头高，流量小。其中往复式压缩机具体有活塞式、柱塞式、摆动活塞式、滑管与滑块式、斜盘与斜轴式、电磁与气液力驱动式和隔膜式等，回转式压缩机有滚动活塞式、摆动转子式、滑片式、液环式、三角转子式、涡旋式、罗茨式、螺旋叶片式、双螺杆式和单螺杆式等形式。

7.2.5 制冷压缩机的技术发展趋势

制冷压缩机是制冷系统的“心脏”，其热力性能与可靠性，在很大程度上决定了制冷系统的热力性能和可靠性。为了适应用户的需要和激烈的市场竞争，研究与开发一直在广泛而深入地进行着。目前，科学与社会发展对制冷压缩机提出了许多要求：

（1）制冷剂替代的要求。制冷剂替代对制冷压缩机的研究、设计和制造提出了许多新的要求，如根据各种制冷剂的热物理性质开发新的压缩机，为减少制冷剂泄漏而提高压缩机的密封性和可靠性等等。非共沸混合工质依靠其变温相变的特点可以与变温热源相匹配而使传热不可逆损失最小化，甚至通过改变单位容积制冷量不同的循环工质组成来改变系统的制冷量，从而实现系统负荷的连续调节。这对压缩机及辅机的研究开发提出了不小的挑战。

（2）应用领域拓展的要求。制冷与热泵技术的新的应用领域的不断开拓，也在推动着制冷压缩机技术的进步。中高温余热资源回收利用需要高温热泵工质以及与该工质相匹配的压缩机；大型电子设备的芯片和板卡冷却需要高功率微型制冷装备；农林牧产品、水产品、食品加工等生产、储存、运输、销售各个环节构成的冷链技术，医疗卫生事业的生物活体和疫苗的冷链技术，则对制冷压缩机提出了多种类型的需求。以空调为例，近十年空调以异乎寻常的速度进入了普通百姓之家，由于我国地域辽阔，东西南北差异极大，对空调的性能要求也有所不同，所以压缩机也要适应这种差异。

（3）高效节能降噪的要求。节能降耗是装备制造业永恒的主题，也是环境保护的迫切要求。目前制冷压缩机的实际效率较理论值尚有相当大的差距。可以确认，压缩机较理论上多消耗的能量一方面导致COP下降，另一方面为噪声等污染和机械磨损提供了能源，给环境带来各种破坏作用。例如大型制冷低温工程使用的透平式压缩机目前的相对内效率仅有70%左右,噪声却达130 dB以上,如果其相对内效率能够提高到85%以上,则剩余能量所能产生的噪声不会超过100 dB。

(4) 新材料、新结构、新工艺、新设计的要求。科学技术的全面进步为制冷压缩机的发展打开了广阔的空间。材料方面,聚醚醚酮(PEEK)、聚苯胺酯(PBH)等非金属、高分子材料,Nd-Te-B等永磁材料,记忆合金等材料的工业化,使压缩机制造获得更多的选择,也对压缩机研究提出了更多的要求。激光表面加工与热处理、精密铸造、数控加工以及计算机集成制造等新工艺的发展也是如此。新结构方面,新的发明创造不断涌现,例如 Visteon Automotive Systems 的复叠滚动活塞压缩机,四川奥神公司的复合轮齿式压缩机,西安交通大学郁永章教授的高强度全平衡转子压缩机(也称为内啮合转子压缩机)等等[6]。

制冷压缩机种类繁多,当前技术进步主要集中在下列类型上:

(1) 往复式制冷压缩机。往复式制冷压缩机的历史最长,其技术已经十分成熟。其优点是,适应的压力和制冷量范围广,输出压力不随输气量的变化而改变;热效率高,尤其是变工况运行时。其局限性也很明显:结构复杂,零部件多;转速不能太高,变频特性不如回转式;不能连续输气,且有压力脉动。

往复式制冷压缩机所用的制冷剂已经发展到R404A、R407c、R134a、6290、R600a、CO_2 等等。变频调节技术得到了广泛的应用。在往复运动机构上,普遍采用了十字滑块机构以取代曲柄连杆机构,具有振动小、噪声低、机械效率高、转速范围大、适于变频调节、排气气流脉动小、结构紧凑等特点。

谷轮(Copeland)公司推出的蝶阀结构半封闭压缩机对排气结构做了重大改进,排气阀采用耐高温聚合物制成的外圈呈锥形的阀体,在环形板簧片的作用下,锥面紧贴在阀板的相应锥座上,确保了阀体座面和中心导向销间的气密性。锥形阀体底面与阀板底面平齐,只有在排气阀开启时,才在阀板上让出排气通道,从而使余隙容积大为减少。布里斯托(Bristol)推出的 Inertia 系列为顺流式吸排气通道设计,吸气阀装在活塞顶部,吸排气阀均采用蝶阀,相对余隙容积比双片阀减少20%。

大型往复式压缩机方面,英格索-兰德公司推出的 VIP 压缩机在对动式结构的双作用气缸里,用两个外径与气缸内径相同的进气阀配置于气缸两端,两个排气阀配置于活塞上(实际上活塞就是由两个排气阀组成的),排气接管设置于气缸中部,其优点是两端均为直流形式,余隙容积小[20]。

(2) 滚动转子压缩机。滚动转子压缩机的技术进步体现在压缩机效率的提高、采用变频技术、增大压缩机容量、优质材料的使用与可靠性的提高、压缩机噪声的降低和替代工质用装备的研制等方面。

效率的提高具体落实在压缩机电动机和压缩机本体工作效率的提高。在压缩机设计方面,采用计算机模拟与优化技术分析影响压缩机工作性能的各种因素,如制冷剂与润滑油的泄漏、吸气过热、余隙影响及运动部件摩擦等等;在制造方面,提高加工与装配精度,控制和保证各个关键部件接触部分的间隙。

(3) 涡旋压缩机。涡旋压缩机商品化于20世纪80年代,90年代得到了迅速的推广与应用。其优点为,多个压缩腔同时工作,相邻压缩腔之间的气体压差小,因而泄漏量小,容积效率高达90% ~98%;力矩变化小、振动小、噪声低;零部件少,无吸排气阀,易损件少,重量轻;抗杂质和液击能力强,可靠性高;可高速运转,变速性好;气流脉动小。

涡旋压缩机的研究目前首先集中于涡旋型线。这是涡旋压缩机的基本问题,关系到设备的效率、运转平稳性、加工特性、调节性能等等。当前采用的型线有单一型线、修正型线、组合型线和通用型线。单一型线主要是圆、正多边形、半圆等的渐开线,阿基米德螺线,代数螺线等等。修正型线是对涡圈始端型线尖角进行修正得到的。组合型线在同涡圈上采用多段不同类型的型线光滑连接而成,可发挥不同型线的优势,兼顾吸气、排气等过程。而为了解决各种型线模型针对性太强的问题,提出了通用型线的概念,它便于建立优化的统一数学模型,对于提高整机性能,增加设计的灵活性和柔性极有益处。

在良好型线的基础上,改进涡旋压缩机机构可保证型线发挥出最大的优点使之获得良好的性能和可靠性,并降低加工成本。这方面包括,背压腔与背压孔、防自转机构、排气孔口、偏心主轴平衡、柔性结构、轴向端面密封机构等等的研究。另外,涡旋盘的加工方法也是涡旋机技术的一个关键。

(4) 螺杆压缩机。螺杆压缩机可以高速运转,零部件少,可靠性高,能适应较大的压缩比,且对湿压缩不敏感,能量调节性能好,50%负荷以上时功率与输气量成正比。单螺杆压缩机更有良好的力平衡性和高效率。

螺杆转子型线研究是螺杆压缩机研究的主要问题,与此关联的是转子齿数的研究。其他的研究内容与别的压缩机基本相同,即在于提高效率、降低损失和噪声、提高调节和变工况性能、改善加工工艺以提高加工精度等等。

在湿膨胀(即气液两相流膨胀)方面,螺杆膨胀机具有良好的应用前景,如果成功地商品化,将使蒸汽压缩制冷循环的理论 COP 有一个大幅度的跃升。

(5) 叶轮式压缩机。叶轮式压缩机包括离心式压缩机和轴流式压缩机。由于轴流式流量过大,压比偏小,故较少使用。随着制冷空调工程的大型化,叶轮式压缩机的应用将越来越普遍。

7.3 其他制冷循环

7.3.1 吸收式制冷循环

图 7-3 为吸收式制冷循环的设备流程示意图。它利用溶质在溶液中的溶解度随温度变化的特性,使作为制冷剂的溶质在较低的温度和压力下被吸收剂(一般是稀溶液)吸收,生成浓溶液。浓溶液经泵提升压力后,在较高温度热源的加热下,蒸发分离出原来被吸收的溶质,溶质再进入冷凝器冷凝成液体,经节流阀降压降温后,进入蒸发器吸热气化,同时制冷。例如我们可以氨为制冷剂(溶质),氨的水溶液作为吸收剂来进行氨吸收式制冷。

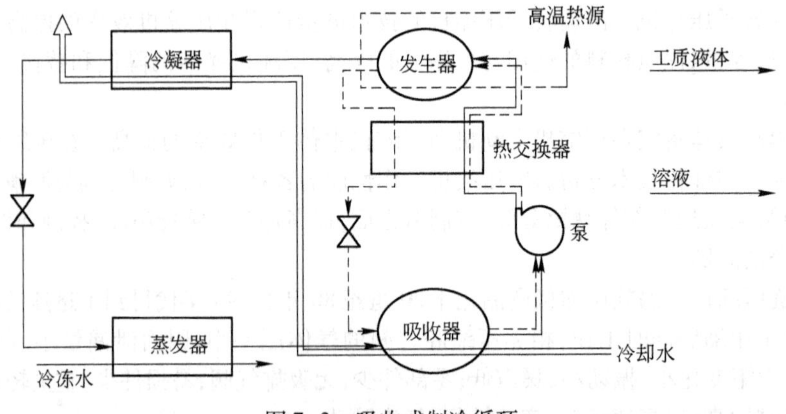

图 7-3 吸收式制冷循环

用作吸收式制冷工质的两种物质称为工质对,其中一种应为易挥发物质(沸点较低)作为制冷剂,另一种为难挥发或不挥发物质(沸点较高或很高)作为溶液的溶剂。氨 - 水的沸点差距不够大，所以不是很好的工质对（但有价格低廉和不必在高真空下运行等优点）。目前使用比较多的是水－溴化锂，其中水为制冷剂，溴化锂为溶剂[1]。这个工质对的缺点是：溴化锂价格比较昂贵；水的沸点较高，作为制冷剂需要运行在高真空状态下，使得一方面需要专用真空泵产生并维持真空，另一方面设备的体积十分庞大，水的熔点（冰点）也较高，所以制冷温度不能低于5 ℃。

吸收式制冷与蒸气压缩式制冷一样，都是利用液体在气化时吸收所需的气化潜热使被冷却对象降温。不同点在于，蒸气压缩式制冷依靠机械能驱动压缩机作为代价，将热能从低温处转移到高温处，而吸收式制冷则是靠消耗温度较高的热能（发生过程，但只要几十摄氏度即可）来完成这种非自发过程的。与蒸气压缩式相比，吸收式并不能节能，但由于它可以充分利用低品位的热能，特别适合有工业余热和电厂余热可以利用的场合，也可直接利用太阳能、地热能等，适合应用于热电冷联产工程中作为热制冷装置。使用高品质热能来驱动吸收式制冷机则是非常不合理的，例如近年来许多厂商生产了直接燃用轻油（柴油）或天然气的溴化锂吸收式制冷机（例如所谓的远大直燃机），它的能源利用率、初投资和运行成本都要比柴油机拖动压缩式制冷高出许多。

7.3.2 气流引射式制冷循环

气流引射式制冷利用喷射器或引射器代替压缩机来实现对制冷剂蒸气的压缩，消耗的是较高压力的气体或蒸气的作功能力。制冷温度在3 ℃以上时，可以采用0.3～1.0 MPa的水蒸气作为动力（最佳压力约0.7 MPa），并采用水为制冷剂，这称为蒸汽喷射式制冷。

图7-4是蒸汽喷射式制冷装置的示意图。喷射器是由一个小拉伐尔喷管和一个大扩压管组成。作为动力的高压蒸汽在喷管里降压增速，出口速度可达数倍声速。喷管出口周围充满由蒸发器出来的水蒸气，靠高速动力蒸气流的摩擦卷吸作用，这些水蒸气被逐渐加速混入高速动力蒸气流中[2]。然后，流量变大、速度有所降低的高速气流在扩压管中降速增压，实现了对制冷剂蒸汽的压缩。

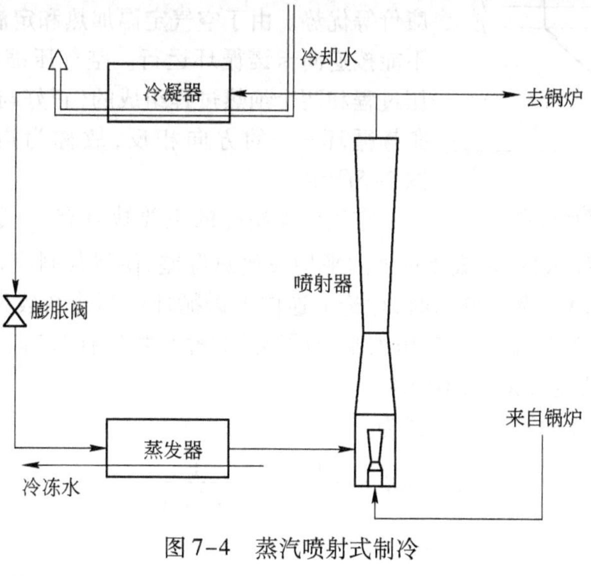

图7-4　蒸汽喷射式制冷

---

[1] 此处显然很别扭。我们习惯将水作为溶剂，其他物质作为溶质，这里相反。另外常温常压下溴化锂是晶体，与盐类似，呈淡黄色，称之为溶剂有点违反常规。这样叙述完全是为了和前面的氨吸收式制冷统一，而且科学上并没有规定必须以水为溶剂，固体不能作溶剂。如果单独对水－溴化锂吸收式制冷进行叙述，应当这样表述：溶剂水作为制冷剂在低温低压下被作为吸收剂的浓的溴化锂水溶液吸收变成稀溶液，然后泵入高压处被加热，原先被吸收的水蒸发出来，依次进入冷凝器、节流阀和蒸发器制冷，完成循环。

[2] 喷雾器也是这个原理。

这种制冷方式的优点是：设备结构、制造技术都很简单；整个装置几乎没有运动部件，运行十分可靠，不需要备用且使用寿命长；内部工质流速极快，因而流量极大，制冷能力很大；几乎所有设备都是筒式结构，金属消耗量少，制造成本很低；工质是普通的软化水，价格低廉；除了少量水泵耗功以外，只需要一些水蒸气（这里说是高压动力蒸汽，实际上在工业中 0.7 MPa 的水蒸气是归为低压蒸汽的）；操作简单，维修和管理工作少（可以不设专职管理人员）；尽管是高真空设备，但喷射器本身就有抽真空的能力所以不需要专用真空泵，由于工质流速极快，所以相对于制冷能力其设备体积并不十分巨大（与溴化锂吸收式制冷不同）；除了噪声以外，没有其他任何污染。

该制冷方式的缺点也很明显：喷射器内的高速气流会产生非常强烈的气动噪声，对周边环境影响很大；高强度气动噪声和两种速度差别极大的气流进行混合，会产生相当大的作功能力损失，能量利用系数较低，冷却水消耗量也比较大；为了防止水结冰，制冷温度不能低于 3 ~ 5 ℃。

由于噪声的原因，一段时间里人们不再使用蒸汽喷射式制冷机。现在，人们重新对它发生了兴趣，尤其在现代计算机技术的帮助下，学者开始对引射过程的流体流动、混合和能量转换规律进行了深入的分析，利用数控加工技术制造喷嘴和扩压管。这些措施的采用可使喷射器的气动噪声降低一多半，达到 60 dB 左右，同时由于气动噪声引起的作功能力损失也大大降低，进而提高了它的能量利用系数（声能也是能量的一种形式）。

学术界还在研究以低沸点工质作为喷射介质的蒸气喷射式制冷机或热泵，以期用来进行低于水的冰点（0 ℃）的制冷（例如利用低谷电制冰储能）或将低温余热升温回收利用。这种装置的工作原理还可以用于海水淡化。

7.3.3 空气压缩制冷循环

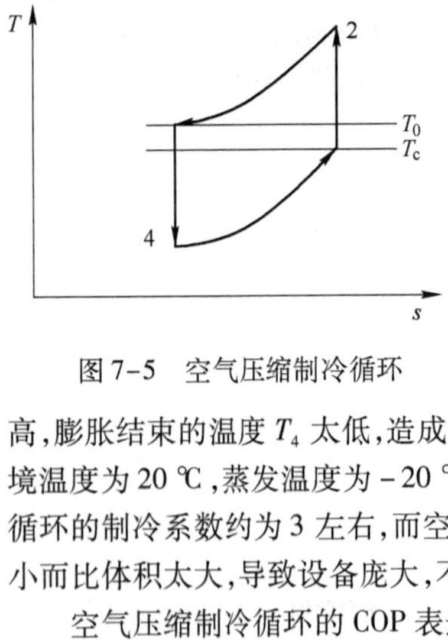

图 7-5 空气压缩制冷循环

空气作为制冷剂具有容易获得、清洁（完全环境友好）、廉价等优势。由于空气定温加热和定温放热不易实现，所以不能按逆向卡诺循环运行。空气压缩制冷循环是由两个定压过程和两个绝热过程组成的（正好与燃气轮机循环——布莱顿循环——的方向相反，故称为逆向布莱顿循环），如图 7-5所示。

空气压缩制冷的主要缺点有：一是压缩终了温度 T_2 太高，膨胀结束的温度 T_4 太低，造成比较大的平均吸放热温差，使得其制冷系数较低。例如，当环境温度为 20 ℃，蒸发温度为 -20 ℃时，理论上逆向卡诺循环的制冷系数为 6.33，蒸气压缩制冷循环的制冷系数约为 3 左右，而空气压缩制冷循环的制冷系数只有 1.71。二是空气的比热容太小而比体积太大，导致设备庞大，不经济。

空气压缩制冷循环的 COP 表达式为：

$$\mathrm{COP} = \frac{1}{\dfrac{T_2}{T_c} - 1} = -\frac{1}{\pi^{\frac{k-1}{k}} - 1} \qquad (7-3)$$

式中，$\pi = \dfrac{p_2}{p_c}$，称为循环增压比。

采用回热技术可以降低制冷循环增压比，虽然不能提高 COP，但可以大大降低设备投资和运行费用，图 7-6 为回热式压缩空气制冷装置流程示意图。在理想情况下，空气在回热器中的放热量（图 7-7 中面积 45*gk*4）恰等于被预热的空气在过程 1→2 中的吸热量（面积 12*nm*1）。工质自冷库吸取热量为面积 61*mg*6，排向外界环境的热量为面积 34*kn*3。这一循环效果显然与无回热的循环13′5′6′1相同，所以它们的制冷系数也是相同的。但是循环增压比 $\pi=\frac{p_3}{p_1}$ 要小于 $\frac{p_{3'}}{p_1}$，这为采用压力比不宜很高的叶轮式压气机和膨胀机提供了可能。

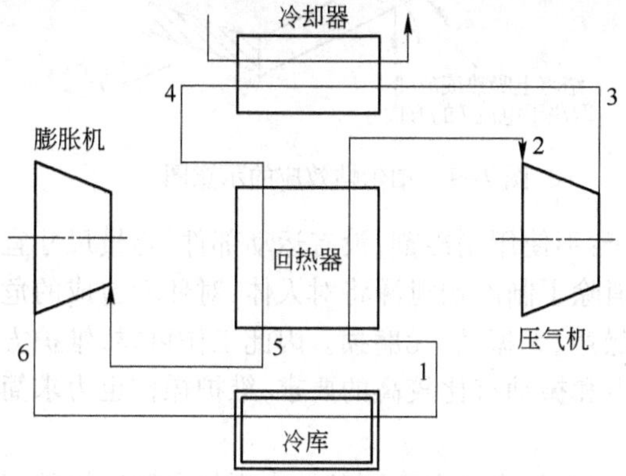

图7-6　回热式压缩空气制冷装置流程

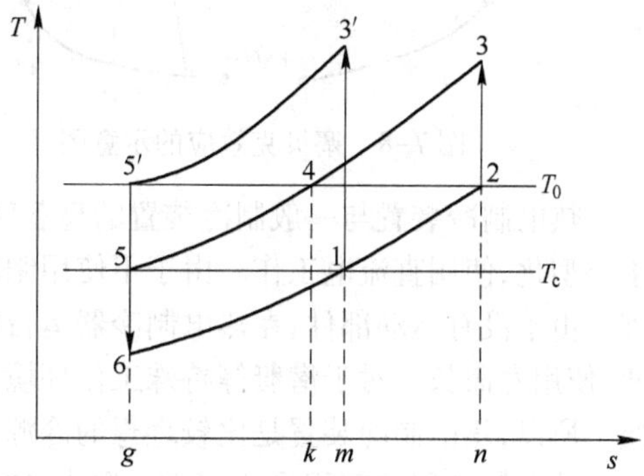

图7-7　回热式压缩空气制冷循环的 $T-s$ 图

依笔者的观点，空气绝热压缩和绝热膨胀导致了压缩终了温度 T_2 太高和膨胀结束的温度 T_4 太低，进而使得其性能系数COP过低。所以，使空气按照接近于等温的多变过程进行压缩，可以大幅度降低 T_2，从而提高其COP，使空气压缩制冷具有与蒸气压缩制冷相竞争的能力。这应当不是很困难的，例如采取空气湿压缩技术，即向压缩机中喷入雾化水，水汽化吸热，就可以实现降低压缩终温的目的，目前关于燃气轮机装置循环已经有人在进行理论和实验的研究，以达到与HAT(humid air turbine)循环相类似的目的。据报道，喷入0.5%～2%的水时，燃气轮机输出功率增加7.5%～14%，效率相对增加3.5%。

7.3.4　热电制冷

具有热电能量转换特性的材料，在通过直流电时有制冷功能，因而得名热电制冷。由于半导体材料具有最佳的热电能量转换特性，其应用真正使热电制冷实用化，所以也称之为半导体制冷。由于人们先发现了材料的温差电动势，然后再发现其反效应，即具有制冷功能的珀尔帖效应，与温差发电对应，又把后者称为温差电制冷。

19世纪初，人们在关于电磁能的科学实验中，发现了某些金属材料有热电效应。其中最著名的是塞贝克(T. J. Seebeck，德国，1770～1831年)发现的温差电流现象(见图7-8)和珀尔帖(J. C. A. Peltier，法国，1785～1845年)发现的温度反常现象(见图7-9)。其后，有人进行了热电发电和热电制冷的研究。由于当时只能使用热电性能较差的金属材料，能量转换效率很低。例如当时曾用金属材料中热电性能最好的锑-铋(Sb-Bi)热电偶做成热电发生器，其效率还不到1%。所以百余年来除了把金属热电偶用于温度测量外，热电效应没有得到实际应用。20世纪50年代以后，半导体材料在各个技术领域得到了广泛应用，其良好的热电性能使热电效应的效率大大提高，从而使热电发电和热电制冷进入工程实践领域。例如，宇宙航行器上应用的碲化铅(PbTe)半导体热电发生器(以放射性同位素为热源)的效率已达7%，核潜艇上应用的碲化铋(Bi_2Te_3)半导体热电空调器的制冷系数已接近2。早期出现的半导体热电制冷器大多是各种小型低温器件和恒温器，应用在电子医疗器械、真空冷阱、显微镜物台、电子器件冷却、热电制冷仪器和小型冰箱等方面。以后又在核潜艇上研制了热电空调系统和热电冷库。

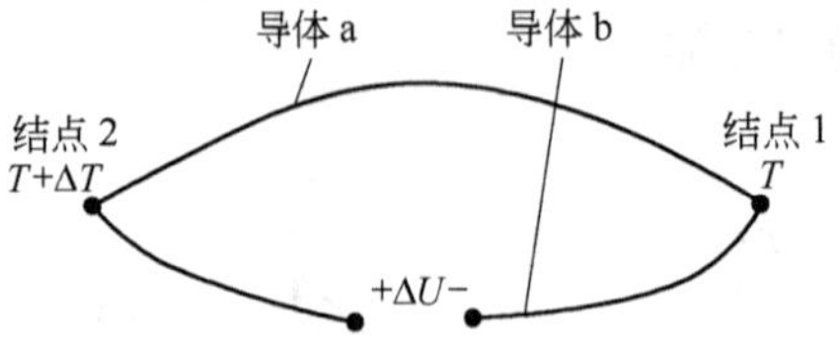

图 7-8　塞贝克效应的示意图

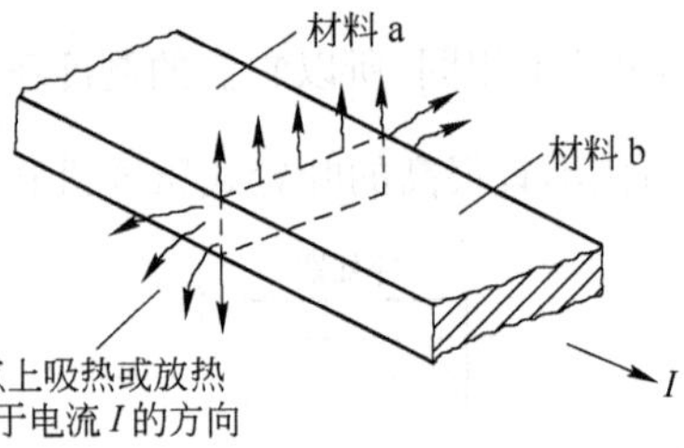

图 7-9　珀尔帖效应的示意图

热电制冷装置与一般制冷装置的显著区别在于:不使用制冷剂,没有运动部件,容量尺寸宜于小型化,使用直流电工作。由于不使用制冷剂,消除了制冷剂泄漏将对人体、对环境造成的危害。由于没有运动部件,在热电制冷器运行时,无噪声、无振动、无磨损。因此工作可靠,维护方便,使用寿命长。对于潜艇等特殊工作环境,对噪声和振动有比较高的要求,维护操作也力求简便。所以,热电制冷装置是比较理想的冷源。

热电制冷器的容积尺寸宜于小型化,这是一般制冷技术所办不到的。小型热电制冷器的产冷量一般在几瓦到几十瓦之间,它的效率与容量大小无关,只取决于热电堆的工作条件。微型热电制冷器的容积和尺寸是相当小的,例如可以达到零下(173 K)的四级覆叠式半导体制冷器,它的产冷量只有几十毫瓦,外形大小跟一个香烟盒相仿。

热电制冷装置可以通过调节工作电压来改变它的产冷量和制冷温度。作为仪器仪表的小型冷源,易于实现连续精密的控制。如热电制冷的零点仪可以达到 ±0.001K 的精度。大型的热电空调装置,改变电路的连接方式可以调节产冷量,低负荷时效率随工作电流的减小而提高,超负荷时产冷量可以成倍增加。热电制冷装置的这种机动性比较适合船舶的使用要求。

由于热电制冷的上述特点,在不能使用一般制冷剂和制冷装置的特殊环境以及小容量、小尺寸的制冷条件下,显示出它的优越性,成了现代制冷技术的一个重要组成部分。但是,目前半导体材料的成本比较高,热电制冷的效率比较低,再加上制造工艺比较复杂,必须使用直流电等因素,都在一定的程度上限制了热电制冷的推广和应用。

7.3.4.1　热电效应的产生

热电制冷的理论基础是固体的热电效应,在无外磁场存在时,总的热电效应由同时发生的五种不同效应组成,即焦耳、傅里叶、塞贝克、珀尔帖和汤姆逊效应。其中,塞贝克、珀尔帖和汤姆逊三种效应表明电和热能相互转换是直接可逆的,另外两种效应是热的不可逆效应。

塞贝克效应　1821 年,塞贝克发现在两种不同金属构成的回路中,如果两个接头处的温度不同,其周围就会出现磁场。进一步实验之后,发现了回路中有一电动势存在,这种现象称为塞贝克效应或温差电流效应。这种电动势就称塞贝克电动势或温差电动势。

珀尔帖效应　当直流电通过两种不同导电材料构成的回路时,结点上将产生吸热或放热现象,这个现象称为珀尔帖效应。电荷载体在导体中运动形成电流。由于电荷载体在不同的材料中处于不同的能量级,当它从高能级的材料向低能级的材料运动时,便释放出多余的能量;反之,从低能级的材料向高能级的材料运动时,需要从外界吸收能量。能量在交界面处以热的形式吸入或释放。

7.3.4.2　珀尔帖效应的应用

热电制冷是珀尔帖效应在制冷技术方面的应用。实用的热电制冷装置是由热电效应比较显著、热电制冷效率比较高的半导体热电偶构成的。像金属这样的材料都有自由电子分布着,这些电子由于温度梯度或者电场的作用而运动。若对金属棒的一端加热,自由电子的动能就将增加,致使纯电子流流向冷端。电荷是与每个电子相联系着，所以由热能引起的电子流动也是电流。在导体或温度场中，载流子的浓度关系实际上是塞贝克效应。

若我们把载流子从一种材料到另一种材料的迁移当作电流来看，则每种材料载流子的势能不同。因此，为满足能量守恒的要求，载流子通过接点时，必然与其周围的环境进行能量交换。这就是珀尔帖效应。能级的改变是现象的本质。这使得构成制冷系统成为可能。以图 7-10 所示的组合在一起的两种不同的热电材料片为例：

n 型材料有多余的电子，有负温差电势。p 型材料电子不足，有正温差电势。当电子从 p 型穿过结点至 n 型时，其能量必然增加，而且增加的能量相当于结点所消耗的能量。这一点可以用温度降低来证明。相反，当电子从 n 型流至 p 型材料时，结点的温度就将升高。但是，图 7-10 所示的电路连接方法在实际应用中没有用，根据中间导体定律，实验证明，在温差电路中引入第三种材料（连接片和导线）不会改变电路的特性。于是，半导体元件可以由不同的连接方式来满足各种使用要求。如图 7-11 把一只 p 型半导体元件和一只 n 型半导体元件连接成热电偶，接上直流电源后，在接头处就会产生温差和热量的转移。在上面的一个接头处，电流方向是 n→p，温度下降并且吸热，这就是冷端。而在下面的一个接头处，电流方向是 p→n，温度上升并且放热，因此是热端。

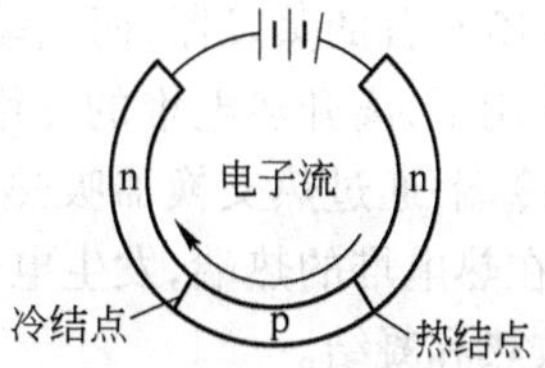

图 7-10　两种不同的热电材料片之间的冷热结点

按图 7-11 把若干对半导体热电偶在电路上串联起来，而在传热方面则是并联的，这就构成了一个常见的制冷热电堆。按图示接上直流电源后，这个热电堆的上面是冷端，下面是热端。借助热交换器等各种传热手段，使热电堆的热端不断散热并且保持一定的温度，把热电堆的冷端放到工作环境中去吸热降温，这就是热电制冷器的工作原理。

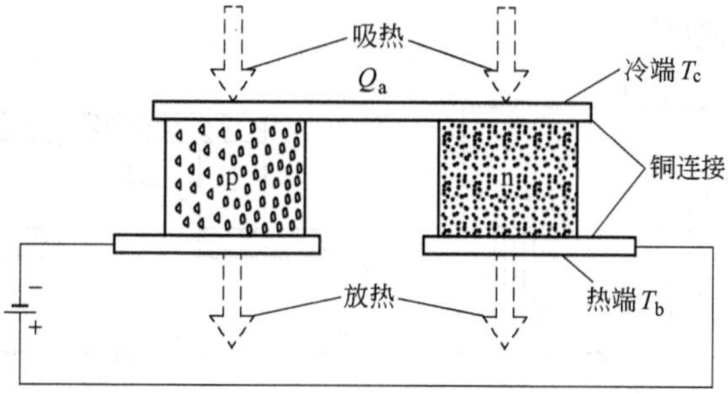

图 7-11　热电制冷的原理图

热电偶的性能系数 COP 可以表示为：

$$COP = \frac{\alpha I T_0 - \frac{1}{2} I^2 R - k\Delta T}{I^2 R + \alpha I \Delta T} \tag{7-4}$$

式中，α 为热电偶的塞贝克系数；k 为半导体的传热系数；T_0 为冷接点温度；ΔT 为制冷温差；I 为热电偶回路中的电流；R 为回路的电阻。

要使热电偶具有最佳运行经济性，应使热电偶具有最大的 COP_{opt}，通过优化分析可知

$$COP_{opt}=\frac{T_0}{\Delta T}\frac{M-T_H/T_0}{M+1} \tag{7-5}$$

式中，T_H 为热端温度；$M=\sqrt{1+ZT_m}$，T_m 为冷热端平均温度。

在冷热端温度确定以后，COP_{opt} 只与 Z 有关。Z 称为优值系数，其值只与热电偶材料的物理性质有关，因此半导体制冷的主要任务之一，就是提高材料的优值系数。

通过研究人员的不断努力，近 30 年来半导体材料的优值系数得到了大幅度的提高。目前工业应用的半导体制冷材料都是以铋的碲化物（如 Bi_2Te_3）为基体的。寻找和制造优值系数更高的半导体材料的工作主要从以下三个方面着手：一是功能性非均质材料；二是含有 $CoAs_3$ 类结构的材料，包括 $RbAs_3$、$IrSb_3$、$CoSb_3$ 等等；三是带量子空穴的超晶格（quantum well super lattice，QWSL）材料。其中 QWSL 材料的优值系数已经提高到原材料的 3 ~ 5 倍。有专家预计，在不远的将来 ZT 会突破 4，届时制冷量小于 200 W 的场合，半导体制冷比蒸汽压缩制冷在各个方面都具有无可争辩的优越性；制冷量在 200 ~ 500 W 之间时，两者在经济上也相差无几[40]。

7.3.4.3 热电制冷与蒸气压缩式制冷的比较

热电制冷器是一种不用制冷剂、没有运动件的电器。它的热电堆起着普通制冷压缩机的作用，冷端及其热交换器相当于普通制冷装置的蒸发器，而热端及其热交换器则相当于冷凝器。通电时，自由电子和空穴在外电场的作用下，离开热电堆的冷端向热端运动，相当于制冷剂在制冷压缩机中的压缩过程。在热电堆的冷端，通过热交换器吸热，同时产生电子 - 空穴对，这相当于制冷剂在蒸发器中的吸热和蒸发。在热电堆的热端，发生电子 - 空穴对的复合，同时通过热交换器散热，相当于制冷剂在冷凝器的放热和凝结。

蒸气压缩式制冷与热电制冷系统间存在着一些类似的地方，各对应部位见图 7-12。每个系统中，最重要的是热边和冷边内能改变的方法。蒸气压缩制冷循环中，节流阀是使能量变化的设备。当制冷剂离开冷凝器时，它是处在高压和中等温度下的饱和液体。通过节流阀的绝热等焓膨胀，制冷剂成为低压、低温的液体离开节流阀，且处于最低的能级状态。这使制冷剂在蒸发过程中能吸收大量的热量。没有节流阀，压力就不变，制冷剂的焓就不变，也就不会出现“抽热”。在热电制冷系统中的类似部分是 p 型和 n 型半导体材料中电子能级的差，假使整个系统电子能级相同，也就不会出现“抽热”。

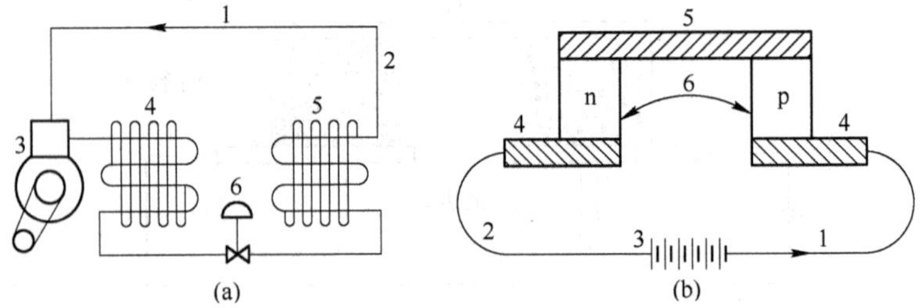

图 7-12 系统间的类似

(a) 蒸气压缩式制冷系统

1—制冷剂流；2—密闭管路；3—压缩机；4—冷凝器；5—蒸发器；6—节流阀

(b) 热电制冷系统

1—电子流；2—电路；3—电源；4—热端；5—冷端；6—能级

8 热能与环境

能源的开发利用，特别是化石燃料的燃烧，带来了全球性的环境问题。前面各个章节已经陆续谈到了许多能源与环境的问题，如生物圈系统的熵产增加导致部分生态系统（耗散系统）的崩溃（即荒漠化和物种灭绝等），汽车发动机和航空发动机的有害排放，CFC（氯氟烃）制冷剂导致臭氧层破坏和温室效应等问题。全面的情况要比这些严重得多。根据世界卫生组织（WHO）和联合国环境计划署（UNEP）进行的全球环境监测系统大气监测项目（GEMS/Air）收集的资料分析，目前全球每年排放 SO_2 约 294 Mt，其中 160 Mt 是因燃煤和燃油发电的燃料燃烧等人为排放所致。化石燃料燃烧还产生大量悬浮颗粒物，这种颗粒物与 SO_2 协同作用产生的危害更大，它腐蚀建筑物，影响植物生长并危害人类健康。化石燃料燃烧产生的另一种环境问题是温室效应，20 世纪 90 年代初，全世界每年因为化石燃料燃烧而排放到大气中的 CO_2 约 5700 ~ 6000 Mt（以碳计）。

为了控制全球性环境问题的发展，国际社会付出了极大的努力，签署了许多协议、公约，前述的《蒙特利尔议定书》、1992 年在巴西里约热内卢联合国环境与发展大会上签署的《全球气候变化框架公约》、1997 年 12 月的《京都议定书》等等，均是这方面的成果。但是，努力是一回事，实效是另一回事，由于政治的、法律的、地缘关系、经济利益、文明冲突等等原因，上述努力大都未达到预期的效果❶。

8.1 各种能源对环境的影响

8.1.1 煤

煤的工业分析成分包括固定碳、挥发分、灰分和水分。这就决定了煤燃烧产生的污染与其他燃料不同。与挥发分相比，固定碳的燃烧比较困难，它的着火温度和燃烧温度都比较高，燃烧也比较慢，所以当空气过剩系数较大（氧气充足）时，伴随它的燃烧热力型 NO_x 产生得比较多。当空气过剩系数较小时，虽然热力型 NO_x 产生不多，但经常发生固定碳不完全燃烧，从而导致冒黑烟。另外，煤的主要可燃物质是碳（占可燃成分总量的 50% ~ 90%），其燃烧产物 CO_2 是最主要的温室气体，是《京都议定书》的主要限制目标。

煤的燃烧是从挥发分析出并着火燃烧开始的，由于挥发分燃烧阶段有较多氧，且挥发分燃烧迅速，炉温很快达到最高值，所以产生的热力型 NO_x 和挥发分 NO_x 较多，可以占到 NO_x 总量的一半以上[41]。

煤中的灰分是煤的主要组成部分之一，其在煤中的含量从百分之几到百分之五十以上，它对

❶ 2004 年 10 月 23 日，俄罗斯国家杜马批准了《京都议定书》，同日美国白宫发言人重申，美国继续坚持反对《京都议定书》的立场，美国是于 2001 年 3 月宣布退出该协议的。2005 年 2 月 16 日，《京都议定书》正式生效。30 个受《京都议定书》约束的工业国，必须使它们的温室气体排放量在 2010 年之前，比 1990 年减少 5.2%。议定书没有规定中国、印度、巴西等主要发展中国家承担温室气体减排义务，这个问题将在以后的谈判中予以讨论。中国已经承诺并开始采取温室气体减排措施，且准备在适当的时候接受温室气体减排义务的约束。

煤的燃烧有害无益，如妨碍正常燃烧、加大不完全燃烧损失等等。灰分是产生烟尘污染的根源，中国北方冬季采暖时污染类型以悬浮颗粒物为主，罪魁祸首就是煤中的灰分。

煤中还含有0.1% ~8%的硫。硫的燃烧产物是二氧化硫和三氧化硫，合称为SO_x，是煤燃烧产生的主要污染物之一，它们可严重腐蚀锅炉尾部受热面，排入大气后危害动植物生长，损伤人的呼吸系统，腐蚀建筑物、古迹文物和暴露在空气中的各种设施，是产生酸雨的主要因素。据测算，每燃烧1 t高硫煤，约产生20 ~30 kg SO_2，至少花销50元的治理费。排放1 t SO_2的经济损失约5000元。我国的煤炭资源含硫量并不很高，但由于我国的能源结构是以煤为主，所以SO_x污染非常严重。

煤在不完全燃烧时所释放的、以煤焦油为代表的大量中间产物也是严重的污染物质，主要包括苯、酚类、醛类等等。

8.1.2 石油和天然气

石油相对于煤炭来说，含碳量少，几乎没有灰分，因此是相对清洁的燃料。但是，石油一般是经过分馏后将轻质产品用于交通运输工具使用的，重质产品用于锅炉燃烧。在内燃机中（如第6.6.4节所述），由于燃烧条件所限，油类燃烧相当不彻底，从而造成大量污染（从单位发热量来说，不见得比电站燃煤轻）。航空发动机的性能考核以比推力为主，热效率反而是次要指标，所以同样存在燃烧不完全的现象。重油和渣油黏度很高，燃烧时与空气混合不好，所以很容易产生不完全燃烧和析碳，出现冒黑烟等污染现象。

石油（尤其是中东的石油）中也含有一定的硫分，因此也存在相当严重的SO_x污染问题。

湿性天然气的成分以甲烷为主，还有一定量的乙烷、丙烷和丁烷，干性天然气几乎都是甲烷。天然气是高发热量的气体燃料，在过剩空气系数很小的情况下就可以完全燃烧，相对含碳量也很低，所以是比较清洁的燃料。但有的地方天然气里H_2S含量较高，也能造成SO_x污染问题❶。

8.1.3 核能

与矿物燃料产生的污染相比，核能的放射性污染问题似乎更为人们所关注。核能利用的环境问题有两个方面：一是核能利用设施在正常运行时释放的污染；二是核能设施发生事故时产生的污染。

人们平时总是处在一定剂量的天然放射性本底的辐射照射下，天然本底辐射的剂量当量约为1 ~1.5 mSv/a。人们可以承受急性全身照射的剂量当量为1 Sv以下（可能有短暂的淋巴细胞与中性粒细胞轻微减少）。国际辐射防护委员会规定放射性工作人员的最大容许剂量当量为0.05 Sv/a，在这样剂量的照射下，一般50年也不会损害健康。对放射性工作场所的邻近地区的居民的限制剂量当量是工作人员的10%，我国则规定为1%，即0.5 mSv/a。作为对照，人体经过一次透射检查所受的辐射剂量当量为1 ~2 Sv。长期监测结果表明，目前全球许多核电站附近辐射剂量仅有0.001 mSv/a❷。

---

❶ 一个严重的事件是，2003年12月23日，某钻探井发生天然气井喷事故，喷出的天然气中夹杂着大量的H_2S气体，导致职工和群众243人中毒死亡。

❷ 有关辐射照射的一些计量单位：放射性活度，单位为Bq（贝可[勒尔]）或Ci（居里），$1Bq = 1 s^{-1}$，$1Ci = 3.7 \times 10^{10}$ Bq。吸收剂量，也称辐射剂量，各种辐射通过物质时被吸收的能量，单位为Gy（戈[瑞]）或rad（rd，拉德），1Gy = 1 J/kg = 100 rad。剂量当量（即生物剂量），表示工作人员接受剂量后造成的损伤程度，等于吸收剂量与射线系数（也称品质系数，表征各种辐射的生物效应。β、γ、X射线为1，中子射线为5 ~20，α射线为20）的积，单位为Sv（希[沃特]），也可用1Sv = 1 J/kg = 100 rem。

核设施正常运行时,另一个环境问题是放射性废料的处理。放射性气体主要是气态裂变产物,如碘、氪、氙、氚等。废气一般经过衰变、过滤或吸附等处理过程,使放射性物质衰变或吸附成固体。放射性废液量比较大,但与废气一样,其中的放射性物质液可以通过蒸发等方法予以浓缩固化。最终需要处理的是放射性固体废物,目前都是压缩打包后地下(300~1500 m)深埋长期储存,此外没有更好的处理手段。不过,当前放射性固体废物处理更主要的是政治性的问题。

迄今,核设施事故是核武器以外核污染发生的唯一原因。1979 年 3 月发生在美国三里岛(three mile island)核电站的活性区熔融事故是轻水堆发生的最大事故,由于燃料泄漏,尽管有密封容器,但半径 80 km 范围内的居民人均辐射剂量高达 20 Sv。众所周知的 1986 年苏联切尔诺贝利核电站则是核能史上迄今最大的事故❶。国际原子能机构(IAEA)制定了国际原子能事故评估标准(INES),见表 8-1。

表 8-1 对原子能发电站事故的国际原子能事故评估标准(INES)[42]

水平		标准			备注
		标准 1:对核电站外的影响	标准 2:对核电站内的影响	标准 3:深层防护的恶化	
事故异常现象	7:严重事故	放射性物质的重大泄漏(碘 131 等效,相当于数万 TBq 以上)			1986 年苏联切尔诺贝利核电站 4 号堆事故
	6:大事故	放射性物质的相当泄漏(碘 131 等效,相当于数千~数万 TBq)			
	5:核电站外有危险的事故	放射性物质的有限泄漏(碘 131 等效,相当于数百~数万 TBq)	反应堆活性区的重大事故		1979 年美国三里岛核电站 2 号反应堆事故
	4:核电站外无大危险的事故	放射性物质的少量泄漏(公众受辐射程度为 0.001 Sv 以上)	反应堆活性区的相当损坏:工作人员接受辐射达到致死量(约 5 Gy)		1999 年日本东海渔村燃料加工设施临界事故
	3:重大异常现象	放射性物质的极少量泄漏(公众受辐射程度为 0.0001~0.001 Sv)	放射性物质在核电站内的重大污染:接受辐射(约 1 Gy)的工作人员产生急性放射性障碍	深层防护丧失	1997 年日本原动燃东海再处理厂火灾爆炸事故
	2:异常现象	安全上不重要的现象	放射性物质在核电站内的相当污染:工作人员接受辐射超过年受辐射量的限度(约 0.05 Sv)	深层防护相当恶化	1991 年日本美滨核电站蒸汽发生器传热管损伤事故
	1:逸出		安全上不重要的现象	从运行限制范围逸出	
标准以下	0:标准以下			0+能影响安全的现象 0-不影响安全的现象	1995 年原动燃的高速增殖堆"文殊的钠火灾泄漏事故"
评估对象以外		与安全无关的现象			

❶ 1986 年 4 月 26 日,位于乌克兰境内的切尔诺贝利核电站发生重大事故,电站第 4 号反应堆起火燃烧,整个反应堆浸泡在水里。由于没有严格的安全防范措施,大量放射性物质逸入大气中。据 1992 年 6 月官方报道,已有 6000~8000 名乌克兰人死于核辐射,而且核辐射还长期严重影响着附近居民的正常生活。

8.1.4 能源获取过程中的环境问题

8.1.4.1 煤炭开采与运输中的环境问题

煤炭的开采和运输对环境的污染与破坏是比较严重的。在煤炭的开采过程中,需要剥离植被和山体,需要堆积被剥离下来的岩石和选弃的煤矸石,煤都抚顺就有一条绵延几十公里的矸石山横亘在市区南部。在煤炭地下开采时还经常引起地面沉降,抚顺和阜新都是严重的采煤沉降区,国家已经投资几十亿人民币进行治理。开采出来的煤在堆放存储时,会发生自燃,遇到大风会发生扬尘。自燃属于严重的不完全燃烧,其燃烧产物中焦油、CO 等等各种污染物几十倍于正常燃烧。煤田伴生气既对煤炭生产安全造成很大威胁,又因为目前利用技术还不成熟,大都直接排放到大气中,所以也是严重的污染源。此外采煤过程还需要大量的水和支护用木材或钢材。

煤炭开采后,还需要进行洗选,这个过程中会产生尾矿废弃物污染和洗煤废水污染,其中洗煤水不仅含有固体的煤颗粒,更严重的是从煤中溶解出的大量化学物质非常难处理。

我国的煤炭尚不能完全做到封闭运输,因此一路运煤一路黑,既浪费资源又污染环境。

8.1.4.2 石油开采与运输中的环境问题

石油开采不像煤炭那样需要大量剥离山体和植被,所占用的地表面积较小。但石油开采过程中的落地油比落地煤危害大且难以清理,石油伴生气经常直接排放,也是既浪费资源又污染环境。

随着石油的发现和使用,石油污染相伴而生。从 1859 年德雷克在泰特斯维尔钻出第一口油井以后,石油污染就开始表现出来。随着人们对石油重要性认识的加强、连续的战后石油危机以及航海技术的发展,大量石油的开采、运输和使用等使海洋石油污染空前严重。据估计,通过各种途径每年进入海洋的石油和石油产品约占世界石油总产量的 0.5% 。其中以油轮遇难和战争造成的损失最为严重。

在第二次世界大战中,曾有数百艘油轮沉没,估计损失石油 1000×10^4 t,至今仍有石油从海底沉船的腐烂油箱中渗漏出来。在长达 8 年的两伊战争中,几乎每天都有油轮遭到袭击,大量石油污染海湾。1983 年 2 月,伊拉克飞机轰炸了伊朗的诺鲁兹油田,每天溢出石油两三千桶。世界上最大的原油泄漏事件是 1991 年海湾战争造成的石油倾泄。因油港油库破坏而流入海湾的原油多达 100 多万吨。海面漂浮着一层厚厚的浮油,海水几乎掀不起浪来,只能像泥浆般涌动着,发出汩汩声。波斯湾的海鸟身上沾满了石油,无法飞行,只能在海滩和岩石上待以毙命。其他海洋生物也未能逃过这场灾难,鲸、海豚、海龟、虾蟹以及各种鱼类都被毒死或窒息而死,成为这场战争的最大受害者。

目前,世界上 60% 的石油是经海上运输的。为了增加运量,降低成本,油轮越造越大,一旦发生事故,后果不堪设想。全世界每年倾注到海洋的石油量达 $200\times10^4\sim1000\times10^4$ t,由于航运而排入海洋的石油污染物达 $160\times10^4\sim200\times10^4$ t,其中 1/3 左右是油轮在海上发生事故导致石油泄漏造成的。

海上石油开发是海洋石油污染的又一个大户。1979 年 6 月 30 日到 1980 年 3 月 20 日,墨西哥湾发生了世界历史上最大的溢油事件。那里的 1 号油井喷出泥浆后又喷出石油和天然气。它们接触到正在运转的泥浆泵电动机,顷刻发生了强烈爆炸,油海变火海,一周内损失石油多于 3×10^4 t,到 7 月底有 23×10^4 t 石油付水流。

我国海上各种溢油事故每年约发生 500 起,某些沿海地区海水含油量已超过国家规定的海水水质标准 2 ~8 倍,海洋石油污染十分严重。

8.1.4.3 水力应用中的环境问题

大多数人都认为水力是完全清洁的能源,没有任何环境公害。然而清洁确实清洁,没有公害却未必。水力的利用尤其是大型水利枢纽工程的建设常常引起许多重大的环境灾害,如国内的三门峡水库和埃及的阿斯旺水坝。美国密西西比流域的梯级水利工程设施则是成功的典范,中国浙江的新安江水库(千岛湖)也相当成功。大型水利设施对环境的影响非常难以评估,许多后果在工程完成多年以后才能显现出来。

水利工程存在的环境问题主要体现在这几个方面:

(1) 对河流生态系统和河流周边地区生态系统的影响,这种影响最难以评估,也最为严重,尤其是对那些洄游性生物,可能是灭顶之灾。但也可能为某些生物提供更好的生存条件。一般说来,建设初期对局部生态系统具有巨大的破坏,经过一段时期的休养生息,可以重新建立新的生态系统。

(2) 库区地质状况的变化,包括滑坡、泥沙淤积等等。由于水库蓄有几十米至上百米高程的水,库水和高坝对库底产生强大的压力,从而改变了库底地质结构的受力状况,可以导致地震发生。

(3) 改变了库区的局地气候。由于水库具有很大的水面和水体,对库区大气中的水汽运动、热量传递都会发生重大影响,从而导致库区乃至周边地区的气候变化。可能对当地的农业生产产生有利或不利的影响。

8.2 区域性能源环境问题

区域性能源环境问题是指一类影响区域环境状况的,由于能源转换和利用引起的污染。所谓区域是与全球相对应的,可以是一个区县、一个市、一个省或者一个经济区(如长江三角洲经济区、环渤海经济区等)。它一般不立即直接引起跨国的(小国不计)或全球性环境问题,但其累积效应仍可以对全球产生重大影响。

8.2.1 SO_x

SO_x 是目前大气污染物中数量较大、影响面较广的一种。SO_x 的最主要来源是化石燃料的燃烧过程和硫化矿物的焙烧、冶炼。大气中的 SO_x 在有水雾、含重金属的飘尘或氮氧化物存在时,可产生硫酸烟雾或硫酸盐气溶胶,对人的呼吸系统、眼睛等具有强烈的刺激并可导致严重的疾病。

1952 年 12 月 5 日 ~8 日,伦敦地面无风,寒冬季节,气温较低,潮湿而沉重的空气压在上空,使伦敦一连数日沉浸在浓雾之中,不见天日。成千上万个烟囱不断喷吐黑烟,尘粒浓度是平时的 10 倍,SO_2 是平时的 6 倍。烟雾中的 Fe_2O_3 使 SO_2 氧化成硫酸泡沫,凝结在烟尘上形成酸雾。四天中死亡 4000 余人,在以后的两个月中又有近 8000 人死亡。1957 年和 1962 年又发生了烟雾事件,而直到后面这次人们才算搞清楚原因。

SO_x 还是形成酸雨的主要因素之一,欧洲和北美洲东部是世界上最早发生酸雨的地区,当时酸雨的形成就是以 SO_x 为主。目前亚洲和拉丁美洲有后来居上的趋势,如我国西南地区的酸雨危害就比较严重,而且也是以 SO_x 型为主的。酸雨损害生物和自然生态系统,也包括人类自身,腐蚀建筑材料和金属结构,尤其对历史建筑物和艺术品危害极大。

8.2.2 NO_x

NO_x 可以与血液中的血红蛋白结合,造成血液输氧能力降低,引起中枢神经麻痹。NO_2 对呼吸器官黏膜有强烈刺激作用,可引起肺气肿和肺癌。NO_2 在阳光的照射下分解生成 NO 和游离氧，进而生成臭氧 O_3，在大气中与其他污染物如 HC 等发生一系列反应，生成有毒的光化学氧化物。它们构成了以 O_3、PAN（过氧乙酰基硝酸酯）和 H_2SO_4 为主要成分的光化学烟雾（photochemical smog），可以减少大气的可见度，对眼睛和呼吸道有强烈刺激作用，使眼睛红肿，肺功能变异，且 PAN 有致癌作用。NO_x 分解生成 NO 和游离氧，进而生成臭氧 O_3 的过程是可逆的，因此当 NO 扩散到平流层就会破坏那里的臭氧层。NO_x、SO_x 和粉尘在大气中与水汽共同构成危害性更强的酸雨。NO_x 也是温室气体，尤其是 N_2O，吸收红外辐射的能力比 CO_2 大 200 倍。

1970 年美国洛杉矶市的市民 3/4 以上患过红眼病，受害达 128 天之久，就是光化学烟雾所造成的后果[11]。

8.2.3 悬浮颗粒物

气体燃料、已蒸发的液体燃料和固体燃料中的挥发分在空气不足的高温条件下部分会发生热分解。分解所生成的固体颗粒称为炭黑，其尺寸很小，只有聚集成链，才能用电子显微镜检测到。炭黑中的芘、蒽、菲、晕苯、苯并芘、苯并芭和苯并蒽等，都是强致癌物质。液体燃料燃烧剩余的固体烟尘成为油灰或烟灰，油滴附着在燃烧器、燃烧室壁等处，受高温气化后的剩余（分解）物称为积炭。进入大气的烟尘在温度接近露点时，吸收烟气中的 SO_x 和水汽，长大成为像雪片形状的烟尘，称为酸性烟尘，也称为雪片。固体燃料中的灰分在燃烧后，部分变为炉渣，部分以飞灰的形式排入大气。煤粉炉 10% ~15% 的灰落入冷灰斗和尾部烟道中，85% ~90% 成为飞灰。飞灰中大于 10 μm 的粉尘容易沉降，成为降尘；小于 10 μm 的粉尘飘浮在大气中，称为飘尘。

在煤粉火焰温度下，煤灰中矿物质如碱金属、重金属（如 Pb、Hg、Cr、Ca、Ga 等）化合物挥发气化，当烟温降低时，这些无机挥发分将均相集结和碰撞凝聚，也可能凝聚在小颗粒上，这个过程就是富集。飘尘的比表面积大，所以首先成为凝聚核心。这些飘尘尤其是带有重金属的飘尘可直接对人体造成危害，也可随雨水进入地表水和地下水，污染食物链。它们还具有很好的催化作用，可促进大气中各种二次污染物的产生。

生物质能一般列入新能源和清洁能源范畴，但目前在我国生物质能的利用主要是广大农民在家庭中用传统的方式燃烧，利用效率低，还造成了比较严重的烟尘污染。尤其近年来，农民将大批使用不了的农田残留物就地焚烧，既浪费了生物质能资源和有机质资源，又增加了大气中悬浮颗粒物。严重的甚至影响高速公路行车和机场的飞机起降。发展生物质能沼气化利用是充分使用生物质能资源，有效保存有机质资源的最佳途径，20 世纪末这方面的技术已经成熟，只是推广的工作没有做好。

8.2.4 HC

HC（碳氢化合物）是发动机排气的主要污染物质之一，第 6 章已经对它进行了一些论述。HC 包括醛类、烯及多环芳香族等。其中多环芳香烃中的苯并[a]芘和硝基烯是致癌物质，甲醛和丙烯醛对眼睛和呼吸器官有强烈的刺激性，会降低肺对传染病的抵抗力。HC 与 NO_x 相互作用，在阳光中的紫外线照射下，会形成光化学烟雾。光化学烟雾中包括臭氧和过氧化物，既影响人体健康又影响景观视野和交通视野。

从 20 世纪 40 年代初开始，洛杉矶出现了一种浅蓝色的烟雾，数日不散，它使许多人咽喉发炎，眼睛鼻子受到刺激，还出现头痛、恶心等症状。直到 1951 年才搞清这种烟雾是汽车尾气造成的。史称“洛杉矶光化学烟雾事件”。后来，世界各地陆续又发生许多类似事件，包括 20 世纪 90 年代的上海等地。

8.2.5 CO

CO 是无色、无味的有毒气体,它对呼吸道无直接作用,但被人体吸入后,极易与血红蛋白(Hb)结合。CO 与 Hb 的结合力是氧与 Hb 结合力的 210 倍,从而剥夺了血液的输氧能力,造成人体各个部分尤其是大脑缺氧,这时人就会发生恶心、头晕、疲劳等症状,严重的甚至窒息死亡。CO 与 Hb 的结合是可逆的,当 CO 中毒程度不深时,将中毒者置于新鲜空气中,最好进入高压氧舱,已经与 Hb 结合的 CO 仍可以被分离出来,直接通过呼吸或经过氧化再排出体外。

很少的 CO 就可以对人产生危害。当 CO 浓度(体积分数)达到 $10 \times 10^{-4}\%$ 时,长期接触就会慢性中毒,冠心病和心肌梗塞患者的症状明显恶化;当 CO 浓度达到 $120 \times 10^{-4}\%$ 时,人连续接触 1 h 后就会死亡;当 CO 浓度超过 1% 时,瞬间即可致人昏迷,2 min 内即可死亡。

8.2.6 二噁英

城市垃圾的焚烧处理具有无害化效果比较好、减量化程度高、资源化比较便捷和占地面积小等优点,因而得到越来越广泛的应用。由于城市生活垃圾中含氯高分子物质的含量较高,在焚烧处理时极易产生剧毒物质二噁英❶(dioxins)。最毒的二噁英类物质的毒性相当于氰化钾(KCN)的 1000 倍以上。国际癌症研究中心也将二噁英列为人类一级致癌物。此外二噁英类还会引起人体皮肤痤疮、头痛、失聪、忧郁、失眠、新生儿畸形等,并可能具有长期效应,如导致染色体损伤、心力衰竭、内分泌失调等。据报道,只要 28.35 g 二噁英类物质,就能将 100 万人置于死地。发达国家特别注重城市垃圾处理中二噁英类物质的排放,并开发了许多能扼制二噁英类物质产生的新型城市垃圾处理技术。

二噁英是一类有机物质的总称,它们由 1 个或 2 个氧原子连接 2 个被氯原子取代的苯环,1 个氧原子的称为多氯二苯并呋喃(PCDFs: Polycholoro dibenzo-furan),2 个氧原子的称为多氯二苯并二噁英(PCDDs: Polycholoro dibenzo-p-dioxin),共有 73 种 PCDDs 异构体和 136 种 PCDFs 异构体。

二噁英类有机物中以 T_4CDD(2,3,7,8-TCDD)的毒性最强,其毒性是马钱子碱的 500 倍,氰化物的 1000 倍。由于它们在水平和垂直方向均为对称结构,故其化学稳定性很好。在水和大部分有机溶剂中的溶解度很小,但极易溶于脂肪,所以容易在人体中积累。在环境中的半衰期长达 5 ~ 10 年。

在生活垃圾燃烧过程中,垃圾中含氯高分子化合物如聚氯乙烯、氯代苯、五氯苯酚等二噁英类前体物在适宜的温度及氯化铁、氯化铜的催化下与 O_2、HCl 反应,经重排、自由基缩合、脱氯等过程生成二噁英。这部分二噁英在高温下大多会分解,如当烟气出炉温度高于 800 ℃且烟气在炉内停留时间大于 2 s 时,约 99.9% 的二噁英会分解。但是分解所产生的二噁英类前体物在烟气中氯化铁、氯化铜的催化下,当温度在 300 ℃附近时又会迅速重新组合成为二噁英。应针对二噁英产生的这些特点来开发扼制二噁英类物质产生的新型城市垃圾焚烧处理技术。

8.2.7 热污染

所有的能源在利用后最终都要转变成为热能并释放到环境中去,并使环境温度升高。由于

❶ 目前全世界都在逐步推行城市垃圾发电(或称城市垃圾能源化),因此本节特别介绍二噁英类污染物质的有关情况。二噁英类污染物质只产生于垃圾焚烧过程,纯属人类自找麻烦。即使不搞城市垃圾能源化,垃圾焚烧也是热能工程技术在垃圾处理方面的应用,也应予以介绍。

局部区域能源消耗过多,环境温度明显升高,就可能对环境造成一定程度的危害,这称为热污染。典型的事例是以江河湖海为冷源的热力发电厂。一家百万 kW 级的热力发电厂的冷源放热量可达1.86 GW,这些热量足可以在1 h 内使 16×10^4 t 水温度上升10 ℃。水体温度上升后,水中的含氧量降低,可以影响水生物种的生存。而鱼类、两栖类、爬行类等许多物种(可能除了恒温动物以外的所有生物)的繁衍生长都受到温度的很大影响。有一种说法,南太平洋上一个热带小岛是一种海龟的产卵地,海龟卵依靠太阳提供的热量孵化。孵出的小海龟的雌雄是依靠孵化温度确定的,当温度高于某一个阈值时,孵化的全是雌龟,而当温度低于某一个阈值时,孵化的全是雄龟。

由于城市的人口集中、产业集中,能源消耗量极大,因此排放的热量也十分巨大,这部分热量可以使城市的气温比郊区升高3 ℃以上,被称为城市的"热岛效应",如图8-1 所示。

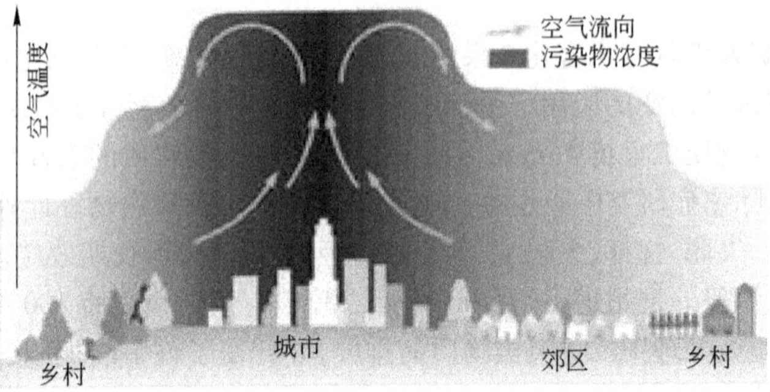

图8-1　城市边界层及热岛环岛示意图

(制图:刘欣,news.163.com,2005-05-22)

城市"热岛效应",是指城市市区气温明显高于外围郊区的现象。夏季尤其明显,白天,城市局部地区的气温有时甚至比郊区高出6 ℃以上。造成"热岛效应"的原因是:

(1) 建筑物、高架路密集,阻碍气流通行,城市风速减小。

(2) 大量的人工建筑物,如混凝土、柏油路面等,改变了城市下垫面的热力属性。这些人工建筑物吸热快、吸热面积大而热容量小,在相同的太阳辐射条件下,它们比自然下垫面(绿地、水面等)表面温度明显要高。

(3) 工厂、汽车、空调等家电,排出大量废热。每个汽车发动机就是一个热气源,汽车尾气大量排放,也加剧了高温的产生;城区气温高于郊区,刺激了市民对空调的需求量不断增加,而空调主机运转,又将热气排入空气中,如此恶性循环,加剧了"热岛效应"。

(4) 工业生产、居民生活以及日益增多的机动车辆,产生了大量的氮氧化物、二氧化碳和粉尘等排放物,并且来不及扩散,导致局部温室效应,引起大气进一步升温。

(5) 绿地、水体减少,目前普遍应用的草坪绿化虽然视觉通透性好,美观大方,但其生态功能并不强,它们的蓄水能力较弱,缺少蒸腾作用,并不会给城市降温。而城市地面多是水泥地、沥青路,很多广场是花岗岩铺设的,雨水一下就直接排到下水道,地面并没有形成吸热的蓄水层,雨过太阳一晒,就全部成了热辐射,加剧了"热岛效应"。

8.2.8　噪声污染

能源设备在使用过程中,大都产生很强的噪声。这些噪声产生于机械振动、进气和排气过程中气流高速湍流与减速扩张和降压增速、燃料油的雾化喷射、燃烧过程中的压力脉动和传播、气体的高速喷射等等。噪声对人的心理健康和生理健康都有不利的影响,它能损害听力、分散注意力、干扰工作和学习、影响睡眠。长期在大于70 dB的噪声环境里学习、工作和生活,人的健康水平会下降,易于诱发和促成多种疾病。

长期在噪声中暴露会导致人的听力损失或听阈上移。大量统计研究表明:在声级为85 dB的噪声下工作的人,30年后耳聋发病率大约是8%;90 dB下这一发病率为20%;95 dB下这一发病率为30%。听力正常的人,如果在一定时间内,听到90 dB以上强大的噪声,也可引起一过性听力下降,称为一过性重听(TTS)。在TTS恢复之前若再反复暴露于90 dB以上的噪声之中,则最后听力不能恢复正常而成为永久性耳聋或噪声性耳聋(PTS)[11]。

8.2.9 放射性污染

前面已经讨论了核电站的放射性污染问题。然而产生放射性污染的能源设施不仅是核电站,例如在火力发电厂的下风头,80 km以外的居民所接受的、由火电厂排出的烟尘释放的放射性辐射就比核电站周围大一倍以上。

地球上的一切自然物质中都含有不同数量的天然放射性元素,无论是在各类岩石和土壤中,还是在一切江河湖海的水中和大气中,都有不同数量的放射性元素存在。这就是说,我们人类和一切生命所赖以生存的地球的成分中,本来就始终存在着天然的放射性物质。但是它并没有阻挡住万物的生存发展和人类的繁衍生息。如此说来,自然界天然存在的低浓度的放射性辐射(被称为天然本底辐射)不但不会危害人类健康,而且已经是大自然平衡系统的组成部分,人类和一切生命已经完全适应了这种平衡系统的生存环境,如果破坏了这个平衡系统,可能反而给人类带来不利的影响。

一般地,海平面的天然本底辐射为0.001 Sv左右,高度每升高500 m,由宇宙射线接受的辐射剂量增加0.0001~0.0002 Sv。地球内部普遍存在的放射性元素及其衰变产物受地层阻隔无法逸出,所以地下的辐射强度远大于地表的天然本底辐射。近年来,对于天然装饰石材的放射性辐射危害问题,已经为广大石材用户所关注。同样采自地下的煤炭所具有的天然放射性辐射不可忽视。一座100×10^4 kW的火电厂每年要烧300×10^4 t煤,产生的废物总量超过300×10^4 t,排入环境中的放射性物质比核电站排出的还要多。例如中国已对煤中放射性物质的含量进行较系统的测量,估算燃煤电厂产生的平均集体剂量❶约为50人·Sv/(GW·a),比核电站产生平均集体剂量约高1个数量级。而科学家调查证实,从对公众和工作人员产生的辐射照射看,煤电燃料链分别是核电燃料链的50倍和10倍。

8.3 全球性能源环境问题

全球性能源环境问题指全球性的,直接威胁全体人类的环境问题。一方面区域性的环境问题累积起来就是全球性的问题,另一方面还有一些特定的全球性环境问题需要我们加以解决。国际社会在环境方面统一协调,积极合作的最主要目标正是后者。

8.3.1 温室效应

大气的主要组成是氮气和氧气,作为对称的双原子气体,它们对大部分电磁辐射都是透明

❶ 核电站对环境的影响主要是流出物中放射性物质对周围居民产生的辐射照射。其影响通常用平均集体剂量表示,其典型值为1人·Sv/(GW·a)。

的，包括太阳对地表的辐射和地球对外太空的辐射。组成大气的还有少量的 CO_2、水蒸气、CH_4、O_3、NO_2 和氟氯烃等有机大分子气体，它们对可见光、紫外线等太阳辐射是透明的，却不允许红外线通过。由于它们的作用，地表发出的辐射没有全部逸出大气层，从而维持地表大气处于一个基本稳定的温度，这就是地球大气的温室效应。当大气中这些多原子气体增多时，所截留的红外辐射也随之增多，就会导致大气升温。由于这些多原子气体中 CO_2 占了绝大部分，所以 CO_2 的作用最为明显。

温室效应对地球的直接影响是使气候变暖，从而使得气候变化紊乱，内陆地区干旱加剧，大气运动变快，热带气旋频繁；极地和高山冰川冰盖融化，海平面上升，沿海地区盐渍化加重，部分低洼区域、港口城市和岛屿面临被淹没的危险；许多生物的生存环境发生巨大变化，生态平衡遭到破坏，导致物种灭绝和农业减产。

温室效应的控制需要全球的合作，CO_2 减排是最重要的措施。具体的办法有控制和减少 CO_2 等温室气体的排放，包括减少高 C 燃料的使用（从全球来看，很难实施）、采用各种手段固定烟气中的 CO_2（如用氨或氨络合物吸收并产生碳铵或长效碳铵，将 CO_2 制成干冰进行贮存等等）❶；加强植树造林等绿色植物的培养，利用光合作用减少大气中的 $CO_2$❷。

8.3.2 酸雨

酸雨（acid rain）是指 pH 值小于 5.6 的大气降水（雨、雪、雾、露、霜等），也称酸沉降（acid precipitation）。酸雨的形成机理比较复杂，涉及物理的、化学的诸多作用，而且受人为的和自然的各种因素的影响。一般认为，大气中的 SO_2、NO_x 和氯化物等污染物质在一定条件下经反应生成 H_2SO_4、H_2SO_3、HNO_3 和 HCl，并随大气降水落到地面，就形成了酸雨。绝大多数酸雨是 H_2SO_4 和 HNO_3 型的。

酸雨的危害是多方面的，它能使土壤酸化，溶出土壤中的铝或镉等重金属离子，影响作物生长，能使 Ca、Mg、K 等营养元素淋失，抑制微生物的活动。酸雨落在农作物和树木上可直接发生侵害。酸雨可以引起湖泊等湿地水体的酸化，影响水生动植物的生长，甚至导致其死亡。土壤中有害金属的溶出也会导致水体污染。酸雨会加速建筑物、石料和金属的风化、腐蚀，尤其是大理石、汉白玉等碳酸盐质岩构成的艺术品和文物古迹更容易受到侵害。以上种种也都对人体健康具有各种直接或间接的危害。

8.3.3 大气臭氧层的破坏

大气臭氧层存在于距离地表 12 ~ 40 km 的平流层（同温层）之中，以 20 ~ 30 km 的高度区间浓度最大。臭氧是在紫外线作用下由 O_2 分解合成的，但其反应平衡点严重偏向 O_2 一方，实际臭氧层中臭氧体积含量仅为十万分之一。在过去的农耕社会里，除了火山爆发等自然事件外，很少有 NO_x、CFCs、CH_4 等物质进入平流层。在工业化时代，由于人类活动而大量产生的上述物质不断进入平流层，消耗了具有很强氧化能力的臭氧，导致南极上空出现了“臭氧空洞”。各种军用和民用飞行器排放的尾气中所含有的 NO_x、CO、HC 等污染物质和作为制冷剂、驱动剂、清洗剂和灭火剂的 CFCs 对臭氧层威胁最大。

---

❶ 有人提出：“将 CO_2 分解成 C 和 O。”（胡筱敏等. 环境导论. 沈阳：东北大学出版社，2000(9)：147）按照能量守恒定律，分解 CO_2 需要多少能量？考虑到过程中发生的不可逆损失，读者可以判断，这个主意是否可行。

❷ 地壳（如喀斯特地区）和海洋（可溶解 CO_2）是巨大的碳库，它们在全球碳循环中的作用十分重要，但是机理仍然不很清楚。

臭氧层对于人类的作用就是它可以适当地阻挡太阳辐射中对生物有害部分的紫外线(UV-B)到达地表。过量的紫外线能够降低人体免疫力,诱发慢性疾病,增加皮肤癌和白内障的发病率;破坏一些动物及动物卵的生存和孵化,诱发生物基因发生突变,使海洋中浮游生物和藻类的生长减缓或停滞,影响生态系统稳定;抑制植物的光合作用,导致农作物减产;加速高分子材料的分解和老化。

全球性环境问题还有物种灭绝(生物多样性减少)、荒漠化、水资源危机和森林覆盖率下降等等。它们也都与能源利用有着各种各样直接或间接的联系。本书第6.3节的讨论是对全球性环境问题的一种新认识,值得关注。

8.4 环境影响评价

8.4.1 环境影响评价的内容和要求[1]

环境影响评价,是指对规划和建设项目实施后可能造成的环境影响进行分析、预测和评估,提出预防或者减轻不良环境影响的对策和措施,进行跟踪监测的方法与制度。环境影响评价的目的是为了实施可持续发展战略,预防因规划和建设项目实施后对环境造成不良影响,促进经济、社会和环境的协调发展。环境影响评价必须客观、公开、公正,综合考虑规划或者建设项目实施后对各种环境因素及其所构成的生态系统可能造成的影响,为决策提供科学依据。国家加强环境影响评价的基础数据库和评价指标体系建设,鼓励和支持对环境影响评价的方法、技术规范进行科学研究,建立必要的环境影响评价信息共享制度,提高环境影响评价的科学性。

环境影响评价包括规划的环境影响评价和建设项目的环境影响评价。

国务院有关部门、设区的市级以上地方人民政府及其有关部门,对其组织编制的土地利用的有关规划,区域、流域、海域的建设、开发利用规划,应当在规划编制过程中组织进行环境影响评价,编写该规划有关环境影响的篇章或者说明。规划中有关环境影响的篇章或者说明,应当对规划实施后可能造成的环境影响作出分析、预测和评估,提出预防或者减轻不良环境影响的对策和措施,作为规划草案的组成部分一并报送规划审批机关;对其组织编制的工业、农业、畜牧业、林业、能源、水利、交通、城市建设、旅游、自然资源开发的有关专项规划(以下简称专项规划),应当在该专项规划草案上报审批前,组织进行环境影响评价,并向审批该专项规划的机关提出环境影响报告书。

专项规划的环境影响报告书应当包括下列内容:

(1) 实施该规划对环境可能造成影响的分析、预测和评估;

(2) 预防或者减轻不良环境影响的对策和措施;

(3) 环境影响评价的结论。

根据建设项目对环境的影响程度,国家对建设项目的环境影响评价实行分类管理。对可能造成重大环境影响的建设项目,应当编制环境影响报告书,对产生的环境影响进行全面评价;对可能造成轻度环境影响的建设项目,应当编制环境影响报告表,对产生的环境影响进行分析或者专项评价;对环境影响很小、不需要进行环境影响评价的建设项目,则应当填报环境影响登记表。

建设项目的环境影响报告书应当包括下列内容:

---

[1] 摘自中华人民共和国环境影响评价法(2002年10月28日第九届全国人民代表大会常务委员会第三十次会议通过),自2003年9月1日起施行。

(1) 建设项目概况;
(2) 建设项目周围环境现状;
(3) 建设项目对环境可能造成影响的分析、预测和评估;
(4) 建设项目环境保护措施及其技术、经济论证;
(5) 建设项目对环境影响的经济损益分析;
(6) 对建设项目实施环境监测的建议;
(7) 环境影响评价的结论。

涉及水土保持的建设项目,还必须有经水行政主管部门审查同意的水土保持方案。

8.4.2 环境影响评价的典型案件

2005 年 1 月 18 日国家环境保护总局宣布停建金沙江溪洛渡水电站等 13 个省市的 30 个违法开工项目,并指出要严肃环保法律法规,严格环境准入,彻底遏制低水平重复建设和无序建设,决不允许出现像铁本那样的违法建设项目。据悉,这也是《中华人民共和国环境影响评价法》实施后环保总局首次大规模对外公布违法开工项目。

《中华人民共和国环境影响评价法》规定:建设项目的环境影响评价文件未经批准,该项目审批部门不得批准其建设,建设单位不得开工建设。而这次予以曝光停建的建设项目都是在环评报告书未获批准的情况下,就已开工建设,有些工程已基本完成,属于典型的未批先建的违法工程。国家环境保护总局已决定依法责令立即停止这些项目的建设,并予处罚,对直接责任人员,建议有关部门依法给予行政处分。

国家环境保护总局强调,环境影响评价是一项严肃的法律制度,通过实施环境影响评价制度,避免由于项目盲目建设、经济无序发展而超出自然资源和环境的承受能力,可以使生产要素的布局和生产力的配置更加科学合理,国民经济的运行更加健康有序。在严肃环保法律法规,坚决停建那些置环境影响评价制度于不顾的违法开工项目,彻底遏制低水平重复建设现象的同时,国家环境保护总局还将不断改革完善环境影响评价和"三同时"制度(建设项目中的环境保护设施必须与主体工程同时设计、同时施工、同时投产使用),切实推进发展模式的战略性转变,促进中国经济社会与环境的协调发展。

上述为《中华人民共和国环境影响评价法》对规划和建设项目做出的强制性环境评价规定。为了更好地保护生态环境,环境影响评价工作应当在更广泛的领域里展开。例如,企业在新产品的开发过程中,应当充分评价新产品的生产、运输、销售、使用和报废等过程中对环境可能产生的各种影响并提出相应的积极措施。学术界则应当逐步对人类社会和自然界的各种过程、运动对环境的影响,环境受各种因素影响而发生的变迁状况进行及时的、恰当的分析和评价,掌握其基本规律,进而提出相应的对策。目前这些已经成为学术研究的前沿领域,得到了环境及各个学科学者的广泛关注。杜涛等针对钢铁生产过程中的环境问题,建立了关于钢铁生产流程环境负荷的基本概念、评价指标和指标体系[43]。也有人认为人类活动所产生的熵可以作为其对自然生态系统综合破坏程度的量度,试图通过熵分析来对人类活动尤其是工业活动的环境影响进行综合评价[44]。

8.5 改善能源环境状况的措施

在改善环境状况方面,人类正在采取清洁生产、清洁能源、清洁燃烧、CFCs 替代、绿色生态农业、生态恢复(包括土壤改造、植被恢复与重建、防治土地退化、小流域综合治理和土地复垦)、节能节水等措施和行动。其中与能源直接相关的是清洁能源、清洁燃烧、CFCs 替代、节能节水等。

8.5.1 清洁能源行动

我国能源消费以化石能源为主，占一次能源的95%以上，其中又以煤炭为主，大量的直接燃烧与低效利用，已构成严重的环境污染。以煤烟型为主的大气污染导致的酸雨覆盖区已扩大到约占国土总面积的30%，许多城市空气质量状况差，严重影响着城市的发展和人民的健康。据全国322个城市空气质量检测统计结果，大气中 TSP、SO_2 和 NO_x 含量超过国家环境空气质量二级标准的城市有233个，占统计城市的72.4%；超过三级标准的140个，占统计城市的43.5%。为此，国务院决定实施"空气净化工程"。

2002年是国家科技攻关专项"清洁能源行动"与联合国开发计划署(UNDP)"利用清洁能源技术减少中国城市大气污染能力建设"合作项目执行的第一年。"清洁能源行动"是在我国实施"空气净化工程"示范工作的一部分，由当时的国家科学技术部、国家环保总局牵头，联合国家经贸委、建设部、国家技术监督局和中国科学院共同组织实施。这个项目的内容是：以高新技术产品的开发、应用与推广为依托，采取有效的综合整治措施，包括先进实用的清洁能源技术的应用和推广、城市用能结构的调整和改善、能源效率的提高、环境监控措施的改善和加强以及激励政策和市场机制的建立和运作等，促进试点示范城市清洁能源技术应用水平的提高，减少由能源生产及消费造成的大气污染，力争在3~5年内使示范城市空气质量达到国家环境空气质量二级标准，为城市经济社会的可持续发展创造条件。同时，也将示范城市实施清洁能源行动所取得的经验，逐步向全国推广，最终实现全国大气质量的根本改善，为中国实现可持续发展奠定基础。

UNDP"利用清洁能源技术减少中国城市大气污染能力建设"项目是为配合与促进"清洁能源行动"计划实施而设计的。其直接目标是通过一系列培训活动、研讨会、论证会和工作实践提升试点城市能源环境的规划和政策设计与执行能力，激励与推动"清洁能源行动"顺利实施，为下一步更大规模开展清洁能源行动计划积累经验。

清洁能源行动试点示范城市包括北京、天津、重庆、沈阳、呼和浩特、太原、乌鲁木齐、兰州、济南、西安、银川、柳州、牡丹江、铜川、曲靖、南充、遵义、公主岭18个城市。

清洁能源行动是在政策、规划和管理层面上，推动用能者寻求和使用清洁能源，减少化石燃料的消耗，积极推广低污染的煤炭开采技术和清洁燃烧技术，积极开发利用节能技术。所采取的手段是规划、评估、监控、管理、奖惩和政策与法律规章的制定。

8.5.2 清洁燃烧技术

清洁燃烧技术是技术和学术层面的措施。作为国家首批"攀登计划"30个项目中唯一一个能源领域里的课题，它以煤和石油产品的高效率低污染燃烧为主要目标。研究内容有：燃烧室及炉膛内各种气流运动(包括气固、气液两相流)的研究；高温高压下液体燃料的雾化、蒸发和混合过程的研究；火焰传播机理及其稳定性研究；燃烧反应动力学的研究；燃烧有害产物生成机理及其控制技术的研究；燃烧过程中传热传质的研究；燃烧过程数学模拟的研究。

实用的煤清洁燃烧技术有：循环流化床燃烧；分级燃烧或浓淡偏差燃烧；贫氧燃烧，包括烟气再循环燃烧、低空气过剩系数燃烧；水煤浆技术；煤气化技术和地下煤气化技术；低热值煤气燃烧技术；固硫技术，等等。实用的石油产品清洁燃烧技术有汽油机稀薄燃烧及缸内直喷、柴油机的预混合燃烧等等，参见本书的"6.6.4 内燃机的排气净化"和"6.6.5 车用内燃机的技术进展"两节。

8.5.3 CFCs 替代

制冷空调行业所使用的 CFC 和 HCFC 类物质，对大气臭氧层有破坏作用，且可以产生温室效应。按照《蒙特利尔议定书》和《京都议定书》的要求，必须对它们的生产、使用逐步削减和禁用。

CFC 对臭氧层的破坏作用与它的良好的化学稳定性有关。由于 CFC 分子极其稳定，有充裕的时间从对流层进入平流层，在平流层强烈的紫外线照射下，CFC 分子分解放出 Cl^{-1}。作为 O_3 向 O_2 转变的中介体，Cl^{-1} 可以大大加速该转变过程，从而导致 O_3 的浓度大幅度降低。由于 FC 系列物质的相对分子质量和分子复杂程度均比 CO_2 大得多，所以它们对地表长波辐射的吸收能力也比 CO_2 大得多(见图 8-2[45])。因此尽管它们的总量比 CO_2 少得多，但还是在温室效应中扮演了重要角色。

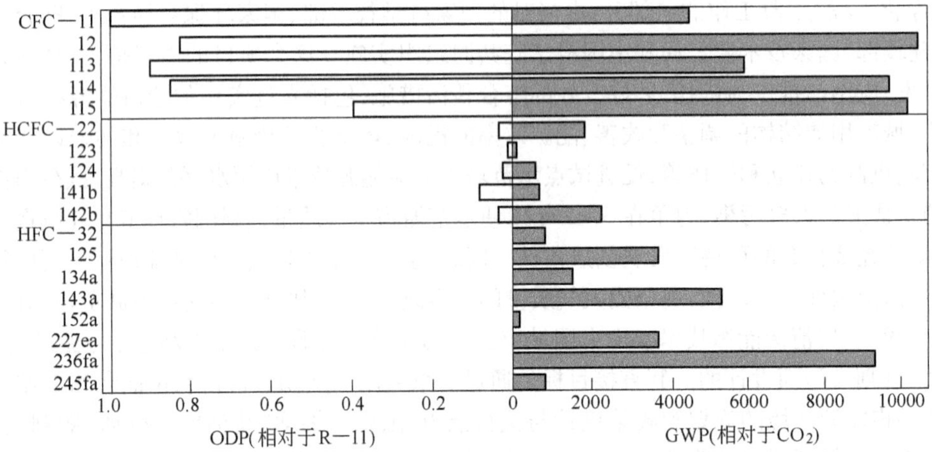

图 8-2 主要氟利昂类物质臭氧层消耗潜能值(ozone depletion potential，ODP)和全球变暖潜能值(global warming potential，GWP)对比

最初选用 CFC 做制冷剂是因为其具有良好的制冷性能和化学稳定性。在寻求适应《蒙特利尔议定书》的 CFC 替代工质时，人们仍是遵循这两项指标，而且已经初见成效。但是后来的《京都议定书》则对这些努力产生了很大的负面影响，它把 HFC 物质也列入温室气体清单，因为它们的 GWP 大都高于 1000。氟利昂类物质不仅使用于制冷设备，还广泛用作喷雾驱动剂、灭火剂等等。这些直接释放的氟利昂不比制冷用氟利昂的释放量少多少。制冷行业内有这样一种观点：由于制冷系统的运行需要消耗电能或化石燃料，而电力生产与化石燃料燃烧均会产生 CO_2，进而影响全球变暖，所以，制冷系统对全球变暖的作用就不是 GWP 所能表达的，而应以变暖影响总当量 TEWI(total equivalent warming impact)为指标，它考虑了制冷剂排放的直接效应和能源利用引起的间接效应。美国近年来提出了寿命期气候性能 LCCP(life cycle climate performance)指标，以考虑产品寿命期内温室气体排放和产品耗能所产生的两方面的效应。以 TEWI 或 LCCP 的视角，解决系统泄漏、工质回收再利用、采用高效节能设备，与采用低 GWP 工质同样重要。一定条件下，HFC 也是可以使用的。

制冷剂替代的基本思路有两个：一是 HFC 替代；二是以 C、N、H、O 等元素组成的天然工质替代。

HFC 替代的依据是：

(1) HFC 占温室效应的比例很小，在所有温室气体排放中，HFC 的作用 1997 年约为 1%，2030 年预计为 2.4%；

(2) 高 GWP 工质若不排放，就不会有温室效应，所以解决泄漏问题比淘汰和禁用更重要；

(3) 若以 TEWI、LCCD 为指标全面综合考虑，间接效应即能耗因素是主要因素，所以提高装置能效比更重要；

(4) 天然工质存在可燃性或毒性等问题，对现场和当地环境具有危害性，解决这些问题势必要提高成本费用。

天然工质包括 HC、CO_2 和 NH_3 等，以它们为替代工质的理由是：

(1) HFC GWP 太高，已经列入温室气体清单，这是不可逆转的；

(2) HFC 可能有其他不可预知的危害性，从而造成另外一次危机；

(3) 天然工质用量很少，而且 HFC 也需要解决泄露问题，因此安全性不是严重的问题；

(4) 天然工质具有成本优势，HFC 仍属于过渡期替代，长久考虑还应立足于天然工质。

8.5.4 节能节水

节能工作已经在我国开展了四分之一个世纪，并取得了长足的进步。仅以冶金行业为例，钢铁工业的吨钢综合能耗(标煤)从 1980 年的 2.04 t 下降为目前的 750 kg 以下，其中转炉工序实现了负能炼钢。但我国单位能耗实现的 GDP 仍远低于发达国家，连续几年的电力紧缺更使国民经济遭受了严重损失。因此，在能源特别是动力方面进一步开源节流已成为当务之急。环境的污染是与能源的消费成正比的，因此节能就等同于减少污染物质的排放。

目前节能技术已经从单体设备的节能走上了综合节能、系统节能的道路。陆钟武院士的系统节能理论和技术体系在冶金行业 30 年节能降耗历程中起到了指路灯的作用。现在，陆院士又把冶金企业的能源利用、物质循环和污染物排放综合在一起统一分析，开拓了节能环保增效降耗的新方向(即陆院士的工业生态学理论)。1981 年，陆院士提出“载能体”的概念和采用“系统的观点”研究节能问题的思想。随后在 1983 年，其进一步论述了系统节能的思想和方法，全面地阐述了节能研究的对象应有五个层次的观点。提出节能研究工作不能只注重局部，不注重整体，节能工作应该在部件、单体设备、工序、企业和工业这五个层次上开展。以载能体和载能量概念为基础，论证了节能的方向、途径和措施，强调不仅要做好“硬”技术节能工作，还要做好“软”技术节能工作；不仅要节约能源，还要节约非能源。大力提倡研究节能问题要不断引入现代科学的新方法，将它们与热能学科结合，形成交叉学科和跨学科。应用系统工程方法和经济学投入产出法对节能问题进行了较深入的研究，提出了节能工作中典型优化问题的解决方法和能值计算的逆矩阵方法。这些工作初步形成了系统节能的理论和技术。其后，陆钟武教授在系统节能的深度和广度方面又做出了开拓性工作。1991 年，陆钟武教授提出了吨钢能耗因素分析有两类的思想和钢比系数的概念，这在其后被命名为吨钢能耗 e-p 分析法。实际上，这个方法不是从产品数量上，而是从全面的产品结构上分析企业的能耗。它将企业系统分析简单化、实用化和科学化。2000 年，陆钟武教授针对钢铁生产流程不断改进和更新，以及物流结构十分复杂和多变的特点，从物流角度深刻地分析了在一定钢铁流程条件下，物流的走向和物流的结构与能耗的关系，创造性地提出了“基准物流图”和“基准吨钢能耗”的概念，提出了物流对能耗影响的分析方法，我们不妨称之为 e_0-p_0 分析方法。这些概念和方法的提出，是系统节能重要分支研究的一个飞跃。它深刻地揭露了现行使用的工序能耗概念的不足，从根本上反映了资源的利用和循环对能耗影响的本质，全面地刻画了钢铁工业的结构、流程、产品物流、原料物流、废品物流和循环物流与能耗之间的内在联系。系统节能理论日趋成熟和完善。

8.6 污染转移与排放权贸易

1968 年加拿大的 J. H. Dales 针对排污权和排污市场问题提出了可交易排放权和排放权市场的概念:政府或有关管理机构作为社会的代表或环境资源的所有者,把污染排放权利分配发放或以股票拍卖方式出卖给排污者,排污者将按政府或有关管理机构规定的排放权进行污染物排放,也可在持有排放权的排放者之间对这种权利进行有偿交换和转让。此后排放权的概念逐渐发展,具体化为可转让的排放许可证。经过长时间的探讨,1982 年排放交易政策的雏形在美国初步形成,1988 年 12 月该政策正式生效实施。排污交易政策为美国带来了明显的环境保护效果,也积累了不少实际运作的经验。

排污权交易机制,是在满足环境要求的前提下,建立合法的污染物排放权利,即排污权,并允许这种权利像商品一样买入和卖出,以此来进行污染物的排放控制。政府在对污染排放进行总量限定的情况下,允许污染排放量大的企业向污染排放量小的企业购买排放指标,这样,生产工艺更环保的企业就可以在市场上获得更多的收益,而环境保护则从单纯的政府强制行为变成企业经营决策的一部分。排污权交易是在对污染物排放总量控制的前提下,利用市场规律及环境资源的特有性质,在环境保护主管部门监督管理下,各个持有排污许可证的单位在政策、法规的约束下进行排污指标——排污权——的有偿转让或变更的活动。它化解了经济发展与环境保护的矛盾,从经济学的视野解决了社会问题。卖方要按期提供富余指标,必须注意保证设备的质量,而买方必须设法减少排放量,以削减生产成本,这样给予公司硬性的排放限额并且给予相互合作的机会以降低减排成本。可以认为,这一举措是"用最小的代价减少最多污染物"的有益探索。

2003 年,南京下关电厂与江苏太仓港环保发电有限公司签署了中国第一个二氧化硫排放权协议。"江苏太仓"于 2003 年 7 月至 2005 年每年从"南京下关"购进 1700 t 的排放指标,支付交易费 170 万元。达成这笔交易的关键就在于"南京下关"率先进行了烟气脱硫系统改造,它的年实际排污量比环保部门核定的总量指标减少了 3000 t,而没有安装该设备却计划投产的"江苏太仓"年排放量超过标准 2000 t 左右。2004 年南通市在水排污权交易方面取得了突破。位于南通如皋市的泰尔特染整有限公司在环保设施投入运行后,排放的水质不仅优于国家的一级排放标准,而且比环保部门核定的年排污总量控制指标也明显降低。一年下来,手中还握有 85 t 的 COD 富余指标。位于同一条河流上的南通亚点毛巾染织公司由于受到排污总量控制的限制,新增的 COD 排污指标没有着落,使企业的扩产项目迟迟无法投入生产。南通市环保局热情牵线,使两家企业有机会就"买卖"COD 排放权进行了洽谈。经过商定,泰尔特染整有限公司每年从总量控制富余的 COD 指标中,拿出 30 t COD"卖给"亚点毛巾染织公司,而亚点毛巾染织公司以每吨 COD1000 元的价格,一次性支付给泰尔特染整公司为期 3 年的交易费用。

大气中温室气体浓度累积引起的气候变暖是一种全球性的环境效应。温室气体在大气中具有长期稳定性、累积性和均一混合性,这使得同一时期在地球上任何地方排放或减排同样数量的温室气体,对全球气候的影响都是相同的。这为将可交易排放权和排放权市场的概念用于全球气候变化的国际合作机制提供了基础。

《京都议定书》在减排途径上提出了三种灵活机制,即清洁发展机制(CDM)、联合履约(JI)和排放贸易(ET)。

清洁发展机制允许发达国家通过资助在发展中国家进行的具有减少温室气体排放效果的项目,获得一部分减排指标,用于完成其在议定书下承诺义务的一部分。与此同时,发展中国家也可以受益于这种项目。联合履约与清洁发展机制相似，主要区别在于项目只能是在发达国家之间进行。排放贸易是指难以完成削减任务的国家，可以花钱从超额完成任务的国家买进超出的额度。

这三种减排机制的核心内容，就是实现排污权的可交易，明晰环境问题中所涉及的产权问题，用市场经济的灵活调控方式来取代生硬的罚款或者行政约束，同时，尽量做到在世界范围内的减排成本最小化。根据气候变化框架公约，一旦选择适当的全球温室气体排放削减水平，并在规定了各国的减排责任后，必然应有某种机制，当其排放量低于排放权时，其剩余部分可以保留其排放权，允许用以抵偿在以后可能出现的超额排放量，也允许出售其剩余的排放权；或者相反，当排放量超过排放权时，其超额部分可以允许通过从其他国家购买排放权的方式加以抵偿。这就是碳排放权的交易机制。在不同的国家之间，特别是当发展中国家和发达国家之间减排成本存在着差异时，可交易排放权方法可以通过双方或多方合作来降低全球控制温室气体的总成本，使参与合作的双方均获得相应的效益。比如，清洁发展机制允许发达国家以资金和技术来帮助发展中国家减少温室气体的排放，从而冲减自己的减排额度。对于发达国家来说，向发展中国家购买减排额度降低了自己减排的成本，而从发展中国家这方面来看，用减排额度换来的资金和技术可帮助本国减少环境污染，可以说是一个互利、双赢的结果。

这样，一个非常棘手的涉及主权国家利益分配的复杂问题，竟然在一种巧妙的市场经济制度下迎刃而解了。减排机制设计之精巧，以及设计者所表现出的极高智慧，令人击节赞叹。英国《卫报》在评价《京都议定书》三个“减排”方式时称，这些灵活的方式是《京都议定书》最终获得通过的重要原因。

排放权交易也为政府支持本国欠发达地区的发展提供了新的思路。在我国，长期以来东部发达地区各省市区都有对口支援中西部地区各省区的任务，这是一项政治任务，虽然东部各省市区都做了非常积极的努力，但作为完全压在地方财政上却与地方发展没有直接关系的工作，其实际效果极为有限。排放权交易可以使中西部地区各省区在一定程度上摆脱被动的局面，可以使东部的企业合理地分担地方财政的压力，扩大对中西部地区的支持力度，还可以进一步推动产业资本向中西部地区转移。

在环境保护的压力下进行的产业资本转移实际是污染转移，它与排放权贸易同样都是利用市场机制调节和限制污染物排放的有效手段，但这种转移常常因为缺乏严格而有效的管理给经济欠发达地区带来严重的后果[1]。发达国家向发展中国家转移资源和能源消耗巨大、污染严重的产业的过程早就开始了。国内随着东部地区经济逐渐进入初步富裕阶段，对环境质量和生活质量要求的逐步提高，产业资本也已经开始向中西部地区转移。2003 年 11 月北京国际电力投资开发公司与内蒙古电力公司签署的四个大型电厂建设工程投资协议就是很好的事例。该工程所生产的电力全部送往北京，这实质是在奥运会的举办对北京城市环境所产生的巨大压力下，自发形成的一次排放交易（污染转移）。

8.7　环境问题中的热物理

环境问题中的热物理，一方面是指环境中污染物运动扩散大都是流动和传质过程，利用热物理理论可以研究污染物运动规律，为污染的监测、预报和控制、治理提供依据，另一方面是指在污

[1] 例如，1994 年印度博帕尔市由于美国联合碳化物公司印度子公司泄漏剧毒的异氰酸甲酯气体造成 20 万人中毒，10 万人残废，4 万人重伤和 2850 人死亡，称为博帕尔事件。又如，我国前些年经常发生的“洋垃圾事件”，以及国际上时有发生的核废料运输和倾倒纠纷等等。

染治理过程中所采用的属于热能与动力工程学科的技术原理和技术手段。

8.7.1 大气、水体中污染物运动与流体力学

8.7.1.1 大气扩散

大气具有将污染物扩散、稀释和净化的能力。污染物的净化虽然是在阳光作用下的化学作用,也必须在充分的扩散稀释基础上才能迅速有效地完成。影响大气扩散的因素有排放源的特性、气象条件、地面特征(包括建筑物分布)等。

一般情况下,污染物在大气中的扩散主要发生在对流层下部。对流层是大气层底层,在中纬度地区厚约 10 ~12 km,四分之三的大气质量和几乎全部的水蒸气都集中在这里,主要的天气现象也发生在这里。对流层下部距地表 1 ~2 km 为大气边界层(摩擦层),其中气流受地面阻滞和摩擦的影响,风速随高度增大而增大;受地面冷热辐射的直接影响,气温变化十分明显,昼夜温差可达十几度以上,大气上下有规则的对流和无规则的湍流运动都比较盛行,而且水汽充足,直接影响污染物的扩散、稀释和净化。

控制局部大气边界层运动的是大气温度场和外部风力的作用。

A 大气边界层温度场

地面对大气的辐射和空气团块的升降运动是大气温度场变化的原因。大气的性质可按理想气体处理,由于重力作用,垂直方向大气压力向上递减,与空气团块的尺度相比,团块周边的传热作用范围有限(气块轻易不会被打散,周围气体温差又不大),所以运动气块的状态变化可以看做是绝热的。这些特征决定了大气边界层温度分布的特点。

几个概念:气温垂直递减率 γ,即单位高差气温变化率的负值。干空气温度绝热垂直递减率 γ_d,即干空气在绝热上升或下降过程中,每升高或下降单位高差时气温变化率的负值,正常情况下大约为 1 K/hm。温度层结,即气温沿垂直高度的分布。

大气的温度层结有:

(1) 正常分布层结或递减层结,气温随高度增加而递减[1],$\gamma > 0$;

(2) 中性层结,$\gamma = \gamma_d$;

(3) 等温层结,气温不随高度变化,$\gamma = 0$;

(4) 逆温层结,即气温逆转,气温随高度增加而增加,$\gamma < 0$。

气温直减率与干绝热直减率之差表征了大气的静力稳定度。$\gamma > \gamma_d$,大气不稳定,气块的运动会被放大,具有强劲的动力扩散作用;$\gamma = \gamma_d$,大气属于中性,没有动力扩散,主要依靠浓度扩散;$\gamma < \gamma_d$,大气稳定,呈逆温层结,能够阻碍扩散作用。

B 风

风的起因是大气温度场的变化。

大气温度场的变化导致大气压力的变化。由于重力的稳定作用,垂直方向的压力变化导致的运动并不强烈(强对流天气除外,但那往往意味着暴风雨。它是饱和度很高的水汽与强烈辐射的作用结果,对污染物的影响不是扩散速度,而是洗涤)。水平方向的压力梯度产生了风。风起动后,其他影响因素开始发挥作用:地转偏向力,地球自转产生的科氏力,使北半球的风呈现右旋的趋势;摩擦作用,相邻气块之间、气块与地面之间均会发生;地形的变化也会导致风的变化

---

[1] 正常情况下,以可见光为主的太阳辐射穿过大气被地面吸收,地面辐射出红外线被大气中的水汽等多原子吸收性介质吸收。距地面越近,地面辐射越强,而且吸收介质也越多,从而还是递减层结。

(文丘里效应)。

对于局地大气边界层,风可视为外来作用,因而主要考虑风对温度场的作用,很少考虑温度场对风的影响。局地尺度上地转力作用不明显,摩擦作用却使风速从低空到高空产生一个梯度。有的地形使风加速,较大的风会破坏大气的稳定,增强扩散,有的地形使风回旋,导致污染物滞留。

局地自身的特殊温度条件也可以产生自己的风场,如海陆风、山谷风和城市热岛环流。这些局地环流,有可能对扩散产生不利影响(污染物也随同环流)。

C 湍流扩散

大气的无规则运动称为大气湍流。大气湍流具有各种尺度。大尺度的湍流可发展成龙卷风等强烈对流,小尺度的湍流则表现为风速风向的脉动。风速决定了湍流强度,温度场控制着大气稳定性,所以包含着速度分布和温度分布的大气湍流模型,这是最终用于解决对大气扩散认识问题的模型。掌握了大气扩散规律,就可以计算污染物扩散的覆盖区域、高度分布、浓度分布等等。结合太阳辐射规律和化学反应原理,就可以确定净化进行的情况,如进行速度、所需时间、中间产物状况等等。

大气湍流的尺度比一般流体力学问题的尺度大得多,大气还具有理想气体性质,分子间作用并不强烈,所以大气湍流模型本身并不复杂,复杂的是边界条件罢了。

以上讨论的大气扩散仅仅是指局地大气边界层中的扩散。对于有机分子、炭烟等类污染物质,在大气扩散过程中,在紫外线的激发下,较容易与空气中的氧结合而被降解。SO_x、NO_x 一类无机酸性污染物则只能与水汽结合降落地面,如果没有充沛的水汽,可能会一直漂流到几千千米以外。卤代烃等稳定分子甚至可以穿过对流层直上平流层,从而对臭氧层造成破坏。它们在大气中的运动规律就不是局地大气边界层控制方程所能描述的,必须放到更复杂的、考虑大气的各个尺度、各种类型(波动、涡旋、锋面等)运动和地转、大气环流、水面水热作用等多种影响因素综合的耦合动力方程组中来研究。

8.7.1.2 沙尘暴

在气象观测中,通常将发生在大气中由风吹起地面沙尘使水平能见度降低的天气现象按表8-2划分。

表8-2 沙尘天气分类

名 称		扬 沙	沙 尘	沙尘暴	浮 尘	泥 雨
区别	风力	较大	较大	很大	减小	沙尘天气恰逢降雨
	能见度/km	1 ~ 10	>1	<1	<10	
	尘土来源	本地	本地、外地	本地、外地	多外地	
特 征		大风天气或大风过后,天空浑浊,能见度降低				

浮尘指悬浮在大气中的沙或土壤粒子,使水平能见度小于10 km的天气现象;扬沙指风将地面沙尘吹起,使空气相当混浊,水平能见度在1 ~ 10 km以内的天气现象;沙尘暴指强风将地面尘沙吹起,使空气很混浊,水平能见度小于1 km的天气现象;当水平能见度小于500 m时,为强沙尘暴。

沙尘暴的发生一般需要强劲的风力、丰富的沙尘源和不稳定的空气层结三个条件。裸露地表富有松散、干燥的沙尘是沙尘暴形成的物质基础;足够强劲持久的风力和不稳定的空气层结是沙尘暴形成的必要气象动力和热力条件。沙尘暴多发生在春季的3 ~ 5月,以午后为多,其伸展高度一般为 1000 ~ 2500 m，严重时可达 2500 ~ 3200 m。

春初北方地区天气回暖，空气升温进而上升形成暖低压，暖低压在发展时，又遇到了西伯利亚来的冷空气，二者交汇后，形成大气旋涡，促进地面低压系统发展。高空槽后的正涡度及槽前正涡度平流使高空槽加深，同时使地面低压发展。地面低压系统的发展导致地面低压后部、前部气压梯度加大，出现偏北、偏南大风，由于春季北方天气过于干燥，降雨普遍少，空气湿度低，土地沙化严重，加上初春草木初生，植被不能完全覆盖干燥地表，大风一起，容易引起尘沙飞扬。

浮尘是远地或本地产生沙尘暴或扬沙后，尘沙等细粒浮游在空中而形成的。在冷空气过境后，浮游在空中的细粒被高空西北气流输送南下，在上升气流逐渐减弱或出现下沉气流时落下而形成浮尘。此时地面逐渐受冷高压控制，梯度风逐渐减弱，地面风力较小，在无风或风较小的条件下，底层和高层之间的湍流交换较小，近地面层水平方向空气流动不大，故高空的浮游细粒在下沉气流的作用下逐渐在底层集中，造成低空水平能见度降低而形成浮尘现象。随着风速的增大，湍流交换加强，高空相对干净的空气补充到近地面层，同时低空水平方向空气交换加快，浮游细粒不容易在底层集中，因此不利于浮尘的形成和维持。

气溶胶粒子是指悬浮在大气中的直径为 $10^{-3} \sim 10\ \mu m$ 的固体、液体粒子。大气中的气溶胶粒子的自然来源主要是海洋、土壤和生物园以及火山等。气溶胶对气候变化、云的形成、能见度的改变、大气微量成分的循环及人类健康有着重要影响。由沙尘暴向大气输送的沙尘粒子是春季我国西北、华北直到北太平洋上空气溶胶粒子的主要组成部分。气溶胶粒子增加的直接效应是影响大气水循环和辐射平衡，这两种过程都会引起气候变化。气溶胶粒子对减弱太阳辐射的影响较大，因而气溶胶增加对气候的影响主要表现为使地表降温。气溶胶粒子又是大气中最重要的云凝结核，气溶胶粒子增加对水循环的影响，一般也表现为使云滴数量增加，其气候效应也是使地表降温。

中国是东亚沙尘气溶胶的主要源区，其主要来源于沙漠和干旱地区的风损蚀及随风扬起过程，人类活动引起的土地利用的变化、沙漠化及城市化，以及各种自然或人为因素引起的地表特征和气候变化都可能改变沙尘暴天气发生的频率和强度。每年春季大量沙尘气溶胶随沙尘暴天气进入到大气中，并且在一定的大气环流背景下输送到上千千米以外的人口密集地区，从而危害和影响人类赖以生存的自然环境。微米尺度的气溶胶粒子对人的呼吸系统也可产生重要影响，并危害人类健康。

最近研究表明含有各种微生物和生物性物质的气溶胶——生物气溶胶，可对一些特定职业产生危害。生物气溶胶所引起各种呼吸道疾病已得到医学界的广泛关注。沙尘气溶胶对中国北方酸雨的中和作用，对硫酸盐气溶胶的形成及其分布，对海洋中微量成分循环过程的影响，已成为科学界广泛关注的问题。

沙尘天气的危害是人人清楚的，如前所述，沙尘暴的发生一般需要丰富的沙尘源、强劲的风力和不稳定的空气层结三个条件，后两者属于气象因素，非人类所能控制，而沙尘源产生于生态破坏，中国环境科学研究院生态所所长高吉喜认为，沙尘暴源发地生态破坏是自然原因、人为原因以及两者间交错作用的结果。

生态专家认为，为遏制沙尘暴源发地的生态破坏，很多观念是急需我们重新认识、重新定位的（甚至有人使用“洗脑”一词）。首先需要正确理解对生态环境的“保育、改善、恢复、重建”。高吉喜说，生态环境的保育、改善，重在改变人与自然的关系，而不是简单的生态建设。“如果人与自然的关系不能从根本上改变，再多的投入、再大的生态建设，也只能是修修补补。”高吉喜认为，以我国国情看，要更注重生态“恢复”，而不是“重建”。但是，目前很多地方的做法过分注重生态建设，忽视生态保护，将两者分得很开。他指出，目前很时髦的“生态重建”存在两个突出问题：一是有限的资金不能最大限度地发挥作用，二是不符合生态规律，从而导致了“点上治理、面上破坏、治理速度赶不上破坏速度”，因此“植树造林也急需实施环境影响评估”。[46]

分析沙尘的输运过程机理虽然不能制止沙尘的产生，但可以为采取适当的应对措施提供依据。例如可以考虑合理配置城市建筑群、乔灌木组合的防风林带和水面，引导局部地区风速风向发生突变，促使沙尘沉降，减轻沙尘对人民生活的影响。

8.7.1.3　水体污染物的运动

水体指地表被水覆盖的自然综合体，包括水、水中悬浮物、底泥和其中的生物。按照水的形态，有池塘水体、河流水体、沼泽水体、湖泊水体和海洋水体等等之分。

排入水体的污染物的量超过了该物质在水体中的本底含量、水体环境容量和水体的自净能力，就会导致水体的物理特征和化学特征发生不良变化，破坏水体中固有的生态系统，破坏水体功能和作用。这就是水体污染。

污染物在水体中的运动包括扩散、渗透、流动等。例如重金属污染物易从水中转移到底泥中，成为一个难以治理的长期次生污染源；河流上游污染物排放对下游造成种种危害（近些年淮河流域这种事件最多）；地面和地面水体污染渗透到地下，导致地下水资源（常常是饮用水）被污染，等等。

污染物在水体中的运动既能使污染范围扩大，又能够使污染得到部分或全部的净化。污染物的运动可以使其浓度得到降低，增加了与氧气和生物的接触，促进其氧化净化和生物净化。浓度较高的污染物可能严重威胁水中生物的生存，稀释后的污染物更容易为生物所适应，并得到微生物、水生植物和水生动物的逐级降解。因此，研究污染物在水体中的运动规律，趋利避害，十分必要。

A　*水体中的扩散*

在相对静止或流动缓慢的水体中，污染物的运动形式主要是扩散，如沼泽以及湖泊、海湾的非主流部分❶等。在扩散过程中，比水重的颗粒陆续沉入水体，成为底泥的一部分，如果是有机质，可以被底泥中的微生物和底栖动植物分解吸收，如果是重金属颗粒则会留下长期危害。溶于水的污染物影响范围越来越大，浓度越来越低，并逐渐被氧气、微生物和水生植物分级降解。

影响水体扩散的因素有污染物浓度、水流速度和流动范围、热力作用（水体各部分的温度差异可导致水体发生热对流）和风力作用等。油类等不溶于水的污染物常常漂浮在水面上妨碍水体与大气的气体交换，使水体的自净化能力下降，风力和波浪则可以破坏油膜，促进降解。可以用动量传递、热量传递和质量传递的控制方程来描述和研究水体中的扩散规律，掌握促进或控制扩散的办法。

水体与污染物还构成复杂的多元多相热力学系统，其溶解、絮凝、悬浮、析出、沉降等行为均属于热力学行为，需要借助物理化学理论予以分析。

B　*水体的流动*

江河溪流等水体具有较高的流速，被污染的水可以较快地与其他水发生掺混而降低浓度，同时水与大气的气体交换比较强烈，氧化降解比较迅速。由于流体微团的动量传递，重颗粒不易沉降，能够被携带到很远的地方。如果污染物量大、浓度高，可造成流域性的重大污染事件。

流动水体的输运作用在环境问题中非常重要，所谓成也萧何，败也萧何。除了上述流域性污染事件都是借助河流展开的以外，水土流失、泥沙淤积都是流动水体的杰作。我们也可以利用流

---

❶　例如赣江穿过鄱阳湖注入长江，在湖中其主流流动很快，而主流两侧的水体流动就比较慢，新安江水库（千岛湖）一类人造水体的状况也类似。

动水体的输运作用为我们解决难题,黄河小浪底调水调沙工程❶就是较好的例证。

C 渗透与污染

农耕时代,人们只产生生活污水,而且人类生活中也不使用合成洗涤剂等化学品,所以污水中主要污染物是天然有机质。污水有的排向水体,有的直接排向土地。污水经过土地的过滤,几乎所有的有机污染物均被留下,剩下的也在缓慢渗透过程中被土壤中的微生物降解干净,最后进入地下水系的基本是洁净水,人们用井将之提出后就直接用于生活(当然当时尚没有开始讲究卫生)。水体的水也是同样向地下水系补充。

现代生活污水含有大量化学品和合成有机物,土地的过滤净化作用不堪重负,不能使之充分净化,工业污水中的大量可溶性污染物更是土壤所不能净化的,因此这些污水渗入地下就对地下水系造成严重的污染,大型固体废弃物堆场在雨水的冲刷下同样污染地下水系。另一方面,土壤本来自成一个子生态系统,土壤微生物、植物根系和落叶、土壤动物(蚯蚓、甲虫、啮齿类)构成了这个生态系统的成员。现代污染和化学品(农药、化肥等等)对这个生态系统造成了不可逆转但并不直观的破坏,例如,大家都知道大熊猫和华南虎濒临灭绝,却又有谁统计过有多少土壤生物已经灭绝。

借助渗流力学等理论研究污水渗透对地下水系的污染规律和防止途径是工程热物理理论在环境学科的重要利用方面。

8.7.2 污染物转化的热物理机理

8.7.2.1 垃圾焚烧

城市生活垃圾是人们生活中产生的固体废弃物,在收集、运输和处理过程中其有害成分带来了严重的环境问题。城市生活垃圾的无害化处理,是政府的一项紧要的工作任务。目前,全世界每年新增垃圾 10 Gt 以上。美国城市垃圾排出量为全球之冠,每年高达 0.22 Gt。我国城市垃圾人均日排出量已超过 1 kg,年产生量达 0.14 Gt,积存总量超过了 6 Gt,侵占土地超过 5×10^8 m^2。面对如此庞大且正迅速膨胀的垃圾产量,世界各国政府纷纷制定有关管理城市垃圾的法律,各种城市生活垃圾的处理技术也迅速发展起来。

A 国内外城市生活垃圾的处理方式

现代化的城市生活垃圾处理应满足卫生、减量、无二次污染和再资源化等要求。目前,国外城市生活垃圾的处理形式有:(1) 向陆地投弃;(2) 向河流海洋投弃;(3) 填埋;(4) 卫生填埋;(5) 堆肥;(6) 焚化;(7) 回收利用。

世界各国和地区采用何种垃圾处理方法主要取决于他们的土地资源、社会财力、技术水平、

❶ 2002 年 7 月 4 日上午 9 时整,随着黄委会主任李国英一声令下,小浪底水库 6 个泄洪口开闸放水,黄河首次调水调沙试验正式开始,这标志着我国从传统治黄向现代治黄迈出了重要一步。后续 10 天里,水利工作者利用小浪底水库制造的 2600 m^3/s 的洪峰,冲刷下游河道淤积的泥沙,并从采集的数据中计算和寻找黄河下游不淤积的临界时间和临界流量。黄河是世界上最复杂、最难治理的一条河流。其症结在于水少沙多、水沙不平衡。由此造成了黄河下游河床的严重淤积,使黄河下游近 800 km 的河道成为高悬于黄淮海平原之上的地上悬河。多年来,黄河科技工作者一直在努力探索通过人工手段改变天然水沙不平衡关系的减淤方式,力图控制位于关键地位的水库运用,塑造一种理想的水沙配比,这种水流下泄后,可使黄河下游河道不淤积,甚至对下游河道进行冲刷,从而达到"河床不抬高"的目的。这样的过程称为调水调沙。2001 年年底,小浪底水库的建成运用,使黄河调水调沙具备了很重要的工程控制条件。加之 2002 年汛前黄河流域的降雨有所增加,使得小浪底水库的蓄水量已满足调水调沙试验的条件,人们多年的夙愿得以实现。这次试验是世界水利史上迄今为止最大规模的一次原型试验。后来,这种实验又进行多次,并于 2005 年 7 月 4 日正式开始实施黄河调水调沙生产运用。(来源:◇白山黑水 bbs.neu.edu.cn)

城市垃圾的组成与能源含量和垃圾的排出量。例如美国由于土地资源丰富,尽管技术水平高,处理设施多,社会财力大,但仍以填埋为主,焚烧处理只占垃圾总量的15%,仅向海洋倾废的处置场在沿海就有131处。日本土地紧缺,垃圾处理以焚烧为主,焚烧量占垃圾总量的70%以上,而且进行二次焚烧,尽量减容。欧洲是垃圾焚烧炉的发源地,1870年世界上第一台垃圾焚烧炉就是在欧洲开发成功的。目前欧洲国家采用焚烧技术的普及率达到20%~25%。巴西有70%的人口居住在城市,可是76%的垃圾却仍然公开抛弃在堆放场或湿地上,造成严重的污染。我国在城市生活垃圾焚烧及废能利用如发电方面仍处于起步阶段,垃圾处理仍以简单填埋为主。

上述七种城市垃圾处理方法中,向陆地、海洋或河流投弃垃圾是极不可取的,后患无穷。填埋、堆肥、焚烧和回收利用等方法的取舍决定于它们的经济效益和环保效益。

各种垃圾处理方法在实施时都要花费一定的财力和能源。如果垃圾处理后所产生的效益能补偿所支付的资源,甚至有盈余,那么该方法就有使用价值。利用垃圾焚烧供热和发电就是降低垃圾处理成本的典型应用。在这方面,城市生活垃圾的组分和热值含量是一个很主要的技术和经济核算的依据。目前总体趋势是采用垃圾焚烧处理的比例越来越大,垃圾焚烧的理论和技术日益进步,设备越来越完备,成本越来越低。垃圾焚烧的能量回收日益突出,垃圾焚烧发电的处理方式在环保产业中的地位也日益重要。

B 城市生活垃圾的组分和热值[47]

表8-3~表8-5列出了有关城市生活垃圾的组分和热值的情况

表8-3 各类国家城市生活垃圾的密度、水分、厨余、灰土和热值

国家类别	密度/$kg \cdot m^{-3}$	含水量/%	厨余含量/%	灰土含量/%	热值/$kJ \cdot kg^{-1}$
发达国家	100~150	20~40	6~30	0~10	6300~10000
较发达国家	200~400	40~60	20~60	1~30	4000~6500
发展中国家	250~500	40~80	40~85	1~40	1500~5000

表8-4 部分城市生活垃圾组分 %

城市	厨余	纸	玻璃	金属	塑料	织物	灰土
纽约	22.0	44.8	11.6	8.0	5.1	4.0	4.5
巴黎	28.8	25.3	13.1	4.1	14.3	7.1	7.3
伦敦	28.0	37.0	10.8	6.0	5.2	3.4	9.6
上海	42.7	0.4	0.4		0.5	9.5	53.8
北京	50.6	4.2	0.9	0.8	0.6	1.2	42.2

表8-5 部分城市生活垃圾组分的物性

名称	成分/%				热值/$kJ \cdot kg^{-1}$
	水分	灰分	挥发分	固定碳	
落叶	19.40	3.29	73.32	4.05	14939.22
橘皮	78.01	0.91	16.78	4.3	4410.89
纸张	6.1	1.43	78.12	14.35	16626.4
线手套	5.97	1.64	74.37	18.03	6102.78
泡沫塑料	0.97	0.48	98.56		32754.47

我国城市生活垃圾的热值普遍为4000 kJ · kg^{-1}左右，近年来在缓慢提高。民用燃料形式对垃圾组分影响极大，燃煤的居民生活垃圾中煤灰能占一半以上，其热值相当低。

C 垃圾焚烧的技术特征

采用焚烧法处理垃圾应当尽可能使焚烧产物(气体和固体)无害化，最大限度地减容。影响焚烧效果的主要因素为焚烧炉的主燃烧室温度、气体停留时间、气相的湍流程度和适当的过量空气。

温度：燃烧温度越高，有机物破坏越彻底，微量有机副产物的生成量也越少；但 NO_x 排放越多，能量消耗越大。为此各种温度控制方案被提出来，如分流焚烧、两段焚烧、热解 + 燃烧以及流化床焚烧等等，基本思路是高低炉温与给氧贫富相配合以提高焚烧效果，减少 NO_x 产生。

时间：反应持续时间越长，有机物破坏率越高。实际焚烧所需时间随燃烧温度及垃圾的类型而不同，与炉内传热状态密切相关。焚烧温度高时，持续时间应适当缩短，以控制 NO_x 产生。

湍流：湍流强度大时，炉中温度及氧含量分布均匀，有利于废物销毁，所需燃烧温度可较低。流化床技术在这一点上具有很大优势。如果通过提高空气流速来实现湍流，要注意排烟飞灰的控制。

过量空气：较大的过量空气系数可以保证有机物彻底破坏，也有利于 NO_x 的合成。因此需要注意如何协调过量空气系数与温度指标。富氧燃烧可能是一个较好的选择，此时氧浓度虽然高，氮浓度却大幅度降低，合成 NO_x 的反应平衡点会偏向反应物一侧。

鉴于垃圾中的不同类型危险废物的特点及焚烧破坏程度的要求，国外的有关标准对焚烧炉的基本性能予以分别规定，即一般性危险废物的焚烧温度及气体最短停留时间分别为 1000 ℃和 2. 0 s，医院临床传染性废物的这两个参数分别为 900 ℃和 1. 0 s，多氯联苯类(PCBs)等的这两个参数分别为 1300 ℃和 2. 0 s。要求焚毁去除率大于 99. 999%。我国危险废物焚烧国家标准 GB18484—2001 也对焚烧温度和持续时间有相应规定。

D 垃圾焚烧炉的发展

垃圾焚烧炉的发展已有近百年的历史了。早期焚烧炉实际就是普通的层燃锅炉，如水平固定炉排式炉、往复推饲炉排炉(MARTIN 炉)、振动(摆动)炉排炉、辊式炉排炉、抽条往复炉排炉等等。后来根据垃圾焚烧的燃烧学特征陆续开发了一批专用焚烧炉，例如：丹麦的二回流式焚烧炉，使还原气流与氧化气流二次混合提高燃烧效果(见图 8-3)；流化床炉，以厚 0. 6 ~ 1 m 的传热和蓄热能力都很高的砂层做惰性床料进行流态化燃烧，燃烧充分，炉内温度可以控制在 800 ~ 1300 ℃之间；加拿大的 CAO 型炉采用两级燃烧的方法，一次燃烧室过量空气系数 0. 70 左右，生成的 CO 在二次燃烧室充分燃烧(见图 8-4)；类似地，TOPS 式炉采用低温(550 ℃)热解 + 高温燃烧工艺，多室热解与单室燃烧组合；西屋公司设计的奥康诺回转式垃圾焚烧炉采用滚笼式回转炉体焚烧垃圾，滚筒下部由托轮支撑、传动。回转式焚烧炉结构简单，机构传动部分几乎不需要专门的维护保养，只是在锅炉维修时对设备稍加清洗即可，因此在考虑设备处理量时，无须预设备用，减少了设备投资。滚笼由水冷壁管组成，燃烧带给水冷壁管的热量不断由流动于其中的水带走，所以对水管的材料并无特殊要求。用于支撑和传动的托轮的速度是可调的，即在回转炉内翻滚燃烧的垃圾的燃烧条件可以调整，因此，该炉不需要垃圾分选，各种各样的垃圾均可燃烧(见图 8-5[48])。

本章第 2. 6 节曾谈及垃圾焚烧时，二噁英主要是在烟气降温过程中经过 300 ℃附近时重新合成的。解决途径一是彻底破坏二噁英类前体物，二是防止烟气温度在 300 ℃附近停留，三是在二噁英可能合成的时候隔绝氧，比如无氧热解。文献[48]提到美国星科(Startech)的空气等离子体热解，二噁英及呋喃的排放仅为焚烧法的 1/1250，但是电耗一般为 0. 5 ~ 0. 9 kW · h/kg，除了处理一些特殊废料(如销毁化学武器),其综合环境效益是否合理值得怀疑。

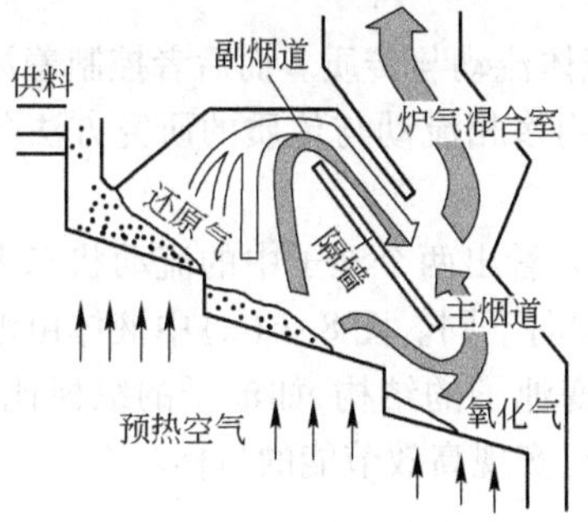

图 8-3　分流焚烧炉

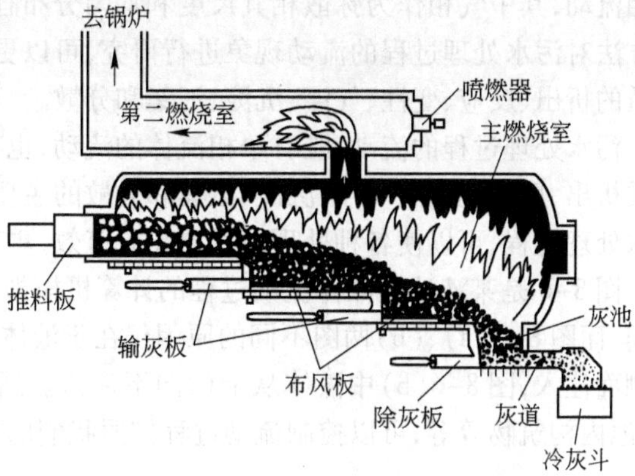

图 8-4　CAO 垃圾焚烧炉

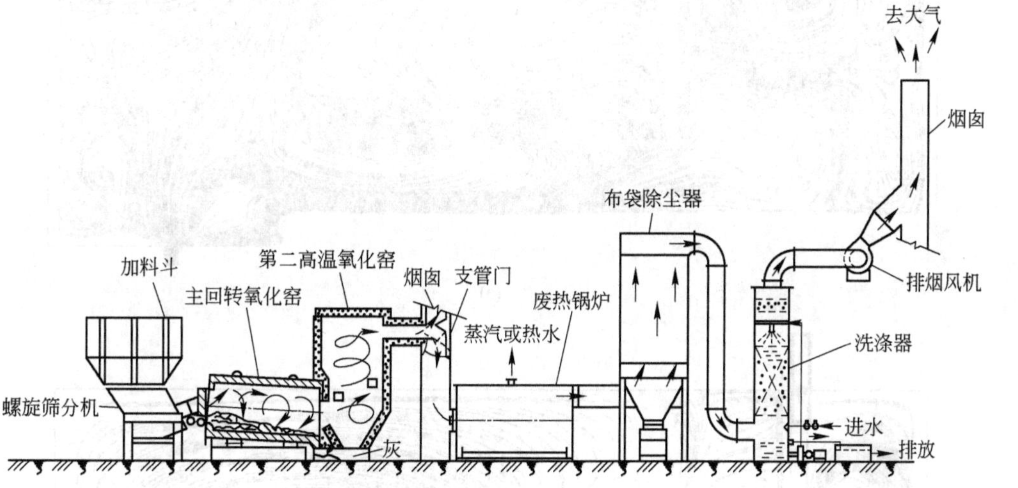

图 8-5　回转式焚烧炉

8.7.2.2　污水处理

污水处理的方法按原理分为四类:物理处理法、化学处理法、物理化学法和生物处理法。物理方法主要是以重力、离心等作用和隔栅、筛网、砂滤池等设施分离污水中不溶于水的污染物质,另外还包括蒸发浓缩和结晶等措施。化学方法是以加入药剂产生化学反应的方法中和、氧化或还原、混凝那些溶于水中的污染物质。物理化学法特指气浮、吸附、离子交换、膜分离、萃取以及吹脱、汽提、电解等方法(它们都是化工操作方法,但操作过程中不存在化学反应)。生物法则是利用微生物的代谢作用,使污水中的有机污染物转化成为稳定无害物质的方法。

污水处理的高成本、高能耗一直是影响企业有效进行污水处理的主要原因。其中污水处理的直接能耗主要是驱动污水流动的动力消耗,它也是处理成本的重要组成部分。间接能耗则是指污水处理设备的制造与建设,和化学处理药剂、生物处理活性体的制造等消耗的能源与资源。按照热力学的观点,能源消耗总是不可逆的,会导致地球生物圈系统熵增加而使全球性环境问题加剧。因此,污水处理的高能耗也意味着间接的环境破坏。由于化学制剂的制备所消耗的资源和能源较多,所以化学处理带来的环境破坏也更严重一些。

污水的各种处理过程都是在污水流动过程中实现的,而不同的处理方法要求不同的流动特征。水质调节、加药要求均匀混合，筛滤、沉淀等则要求边流动边分离。曝气过程是典型的气液两相流动，其中气相作为弥散相其尺度和均匀分布程度直接影响曝气效果。利用流体力学的分析方法对污水处理过程的流动现象进行研究，可以更好地组织流体流动过程，并有效地管理污染物质的析出、反应、变性、气浮、沉淀、汇集和分散。

污水处理过程的流动，既有单相流体的流动，也有多相流体流动与传质。而后者控制着污染物质析出、反应、变性、气浮、沉淀、汇集和分散的主要机理。用多相流动与传质的研究方法分析污水处理过程，可以使各种处理单元操作更有效，更节能。

图 8-6 是某液池内液体流动过程的计算机模拟结果，可以看出两个池子中的流动状态大不相同，而图 8-6(a)、(b)两图不同的原因仅在于液体注入的方向不同。图 8-6(a)中液体由池子的侧面注入，图 8-6(b)中液体从上面向下注入。适当地改变池子的结构，如池子的纵横比、深度、池内构筑物等等，可以控制流动过程按照我们的需要进行，实现高效节能的目标。

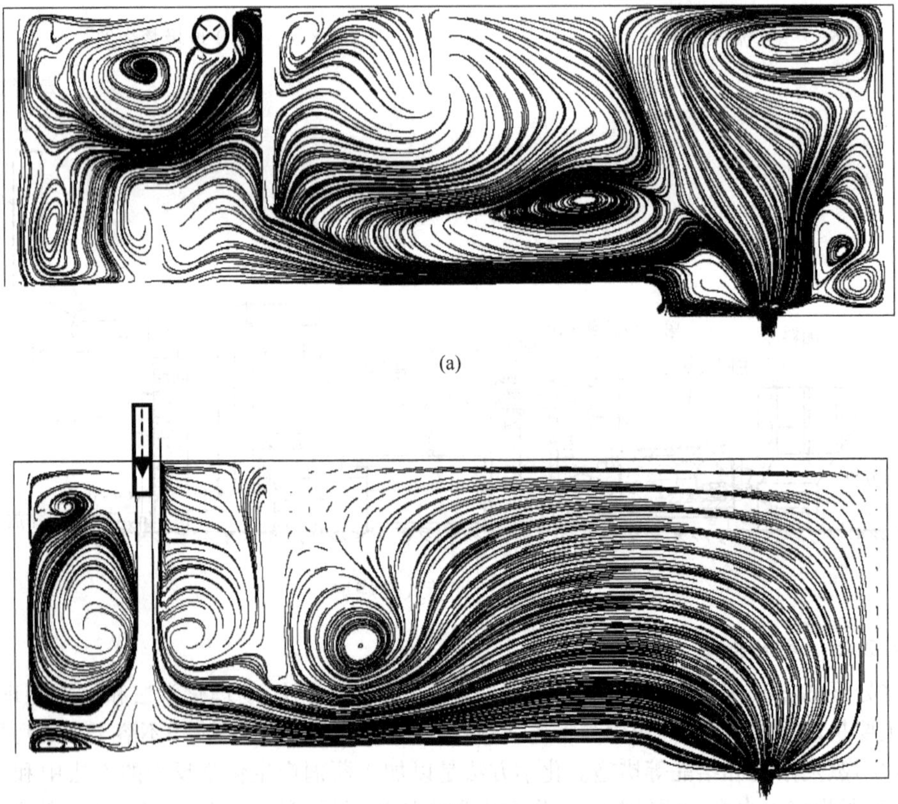

(a)

(b)

图 8-6 某液池内流动过程的计算机模拟结果

(a) 液体从侧面注入；(b) 液体从上面注入

从工业生产工艺过程中排放的污水往往带有一定的热能。例如印染厂、造纸厂等排放的污水往往具有 80 ℃或以上的温度，燃煤锅炉或炉窑的冲渣水的温度也可以控制在 60 ℃或更高。目前各种污水处理工艺大都没有考虑这部分余热能的回收利用[49]。有的甚至要求用专门的晾水池把水温降低到一定程度才进行处理；也有的主张掺混入清水一方面降低污水温度，另一方面减小污染物浓度，便于处理。但是，从热能工程角度来说这两种做法都是不合理的。

污水中的热能和水资源都是值得回收的资源，其中的污染物质在很大程度上也是有利用价值的。利用污水本身的热能实现污水的浓缩和分离,可以为进一步回收水和其他可回收物提供较好的先期条件。一种典型的处理方式是,以低压蒸汽为驱动,使污水多级闪蒸浓缩。每一级闪蒸汽作为下一级的加热热源,同时被冷凝。回收的水中仍然含有可蒸发杂质,这时可利用膜分离技术将这些杂质除去。浓缩后的污水可通过压滤机将大部分固体物质分离出来,视情况再做处理,而液体则重新回到闪蒸程序。

洗精煤生产过程中产生的洗煤水经过沉淀,大部分可以重新进入工序予以利用,但是剩下的沉淀物即煤泥中仍含有70% ~80%的水分,而且原煤中的硫分等有害物质也大都留在这里。由于煤泥粒度很细,黏度较高,压滤的效果不好,可以用生石灰固定硫分,用部分干煤泥燃烧产生高温高压蒸汽,驱动小型汽轮机拖动热泵对煤泥进行干燥和水回收。这中间烟气的热量、干燥水蒸发潜热和汽轮机排气凝结热都可以反复利用。据研究,消耗20%即可处理全部煤泥。

综上所述,从工程热物理工作者的观点来看,以单纯达到排放指标为目的来处理污染物,并不能真正达到保护环境的目标,而往往是以一种排放的减少掩盖另一种排放的增加。通过热物理技术实现污染物的资源化和再利用化,是污染物处理的根本出路。

9 工业工艺过程中的热物理问题

9.1 冶金工业的加热工艺

9.1.1 焙烧、煅烧

焙烧、煅烧过程大量应用于冶炼前对矿物的加工过程，但在非冶金行业也有广泛的应用，尤其是建材工业。

9.1.1.1 焙烧

焙烧是在物料熔点以下进行加热的一种过程。目的在于改变物料的化学组成和物理性质，以便于下一步处理。根据焙烧在冶金过程中的作用，有氧化焙烧、还原焙烧、硫酸化焙烧和氯化焙烧等之分。按焙烧设备和方法又有（在多层焙烧炉中的）固定床焙烧和（在沸腾焙烧炉中的）流态化焙烧之分。焙烧后的产品称为焙砂，烧结焙烧后的产品称为烧结块。

氧化焙烧的目的在于将金属的硫化物矿石或精矿在空气中焙烧成氧化物，或将低价的氧化物转变为高价的氧化物，有时还可以脱去挥发性物质，如砷、锑、硒等，焙烧和烧结结合进行的过程称为烧结焙烧，如锌精矿可焙烧成氧化锌，铅精矿烧结焙烧时可同时脱去砷等挥发物，磁铁矿焙烧后可变成赤铁矿。烧结焙烧所得的烧结块，具有一定的抗压强度和透气性，可直接作为鼓风炉炼铅、铜、镍和高炉炼铁的原料。

还原焙烧是指金属氧化物矿石在还原剂（如氢、碳等）作用下的焙烧，目的在于将原料还原成较低价的氧化物或金属，以便于分离或富集。如镍矿石还原成金属后易于浸出，贫赤铁矿还原为磁铁矿石后可以磁选富集。

硫酸化焙烧是处理矿石或精矿以生产可溶性金属硫酸盐的一种氧化焙烧过程。例如将金属硫化物矿石或精矿（如系氧化物焙烧，则须加入硫化剂如硫铁矿）转化为可溶性的硫酸盐以利于下一步的浸出。由于流态化焙烧的温度易于控制，一般采用流态化焙烧。

氯化焙烧是在添加氯化剂（食盐、氯化钙或氯等）的条件下，焙烧矿石、精矿或冶金过程的中间产品，使其中某些金属氧化物、硫化物转化为氯化物的过程。根据所用温度，分为高温和中温氯化焙烧。在高温氯化焙烧中，使生成的金属氯化物挥发而在收尘系统中捕集；在中温氯化焙烧中，使可溶性氯化物仍保留在焙砂中，而用稀酸溶液浸出回收。可用于处理黄铁矿烧渣，以回收有色金属、稀贵金属，残渣则用作高炉炼铁原料。

流态化焙烧也称沸腾焙烧，常用于氧化焙烧和硫酸化焙烧，以及贫铁矿石的磁化焙烧和煤的气化等。

9.1.1.2 煅烧

煅烧（Calcine）是在低于物料熔点的适当温度下，加热物料，使其分解，并除去所含结晶水、二氧化碳或三氧化硫等挥发性物质的过程。如经过煅烧后，石灰石失去二氧化碳而形成生石灰（CaO），氢氧化铝脱水而成氧化铝，碱式硫酸钛失水和三氧化硫而成二氧化钛等。煅烧一般为吸热过程。

9.1.1.3 轻烧和重烧

菱镁矿是一种镁的碳酸盐，其化学分子式为碳酸镁（$MgCO_3$），理论组分为：MgO 47.81%、CO_2 52.19%。密度为2.9～3.1 g/cm^3，硬度为3～5。菱镁矿根据其结晶状态的不同，可以分为晶质和非晶质两种。晶质菱镁矿呈菱形六面体、柱状、板状、粒状、致密状、土状和纤维状等，其往往含钙和锰的类质同象物，Fe^{2+}可以替代Mg^{2+}，组成菱镁矿（$MgCO_3$）－菱铁矿（$FeCO_3$）完全类质同象系列。非晶质菱镁矿为凝胶结构，常呈泉华状，没有光泽，没有解理，具有贝壳状断面。

菱镁矿加热至640 ℃以上时，开始分解成氧化镁和二氧化碳。在700～1000 ℃煅烧时，二氧化碳没有完全逸出，成为一种淡黄色或白色粉末状物质，称为轻烧镁（也称苛性镁、煅烧镁、α-镁、菱苦土），其化学活性很强，具有高度的胶黏性，易与水作用生成氢氧化镁。在1400～1800 ℃煅烧时，二氧化碳完全逸出，氧化镁形成坚硬红褐色的方镁石致密块体，称重烧镁（又称硬烧镁、死烧镁、β-镁、僵烧镁等），这种重烧镁具有很高的耐火度。在2500～3000 ℃将重烧镁熔融，经冷却凝固发育成完好的、白色或浅褐色的方镁石晶体，称为电熔氧化镁或熔融氧化镁。高温煅烧的氧化镁不易与水和碳酸结合，具有硬度大、抗化学腐蚀性强、电阻率高等特性。用菱镁矿、白云石、蛇纹石、水镁石或从海水和盐水等中提炼的氧化镁通过煅烧或熔融加工而成的重烧镁和电熔镁等俗称镁砂。中国目前是直接用天然菱镁矿生产镁砂的，成本很低；国外一些工厂生产海水或盐水镁砂，纯度高但成本也高。

由于菱镁矿的这些煅烧产品具有不同的化学性质和特性，因此用途也不一样。轻烧镁主要制造胶凝材料，如含镁水泥、绝热和隔声的建筑材料，也可做陶瓷原料。将轻烧镁进行化学处理后，可以制成多种镁盐，用作医药、橡胶、人造纤维、造纸等方面的原料。重烧镁，绝大部分作冶金用的耐火材料，用于制造镁砖、铬镁砖、镁砂、冶金粉。电熔氧化镁主要用作冶炼特殊合金钢、有色金属和贵金属的中高频感应电炉炉衬、镁坩埚，它还可作高温电气绝缘材料。

9.1.2 金属加热工艺

金属加热的目的是增加金属的塑性。金属在加热时采用的加热温度、加热速度和加热制度，构成了金属加热工艺。金属加热工艺取决于金属的性质及其在加热过程中的变化，取决于压力加工工艺和设备对金属性质的要求。还要考虑加热的质量、产生的缺陷和损耗问题，即考虑金属加热时的氧化、脱碳、过热和过烧等问题。

9.1.2.1 金属加热过程中的缺陷和损耗

A 氧化

在钢材生产过程中，金属要经过多次加热和冷却。在高温状态下（尤其是红热状态下），钢材表面与直接接触的气体中的氧发生化合产生氧化铁附着在钢材表面（称为氧化铁皮），从而导致钢的烧损。过去钢从熔炼完成到成材出厂，烧损量可达4%～5%，目前采用短流程后烧损率大大降低，但仍不可忽视。

氧化烧损不仅降低钢的成材率，增加能源和资源的损耗，还会导致钢材质量问题。如果钢材轧制前氧化铁皮没有清除干净，被轧入材中，微量的影响钢材表面质量（汽车板的表面质量十分重要），量多一些就会影响钢材的内在质量（如力学性能等）。氧化铁皮的清理则需要相应的设备和工时，导致成本上升。

观察氧化铁皮，可以发现存在分层结构：最外侧为Fe_2O_3，最内侧为FeO，中间为Fe_3O_4。研究证明，钢的氧化是氧原子和铁离子双向扩散的结果。扩散所形成的浓度梯度构成了上述氧化物分层分布的特征。氧化铁皮的存在在一定程度上保护了钢材表面不被进一步氧化，但氧化铁皮的脆硬特点却使它容易脱落，导致新的氧化。

金属加热时的气氛对氧化烧损有很大影响。从理论上讲，若氧的分压小于 FeO 晶体中 O 的逸度，铁就不会被氧化，所以减少 O_2 的浓度可以减慢氧化速度。CO 能够夺取别的分子的氧，使别的元素还原，而 CO_2 则是氧化性气体，高温下能够导致氧化烧损。H_2O 也对钢材起氧化作用。可以认为，高价氧化物具有氧化性，有把氧送给别人而将自身的化学价降低的趋势。

减少氧化烧损的方法有：准确控制加热温度，使其不会没有必要地超出工艺要求的加热温度；在严格控制金属加热温度的前提下尽可能实现快速加热；控制炉内气氛，减少空气过剩系数，降低炉内自由氧浓度，甚至实施贫氧不完全燃烧；采用马弗罩、保护气体（氮气、氩气等）或真空来隔绝炉气和金属。

B 脱碳

钢是铁碳合金，加热时表层的碳比铁更容易与氧结合，从而导致表层碳的减少，局部改变了表层钢材的合金成分。在大多数情况下脱碳是不利的，它能使表面力学性能下降，并由于内外材料性质变化导致裂纹、软点等缺陷的产生。

脱碳的发生过程和影响因素与氧化烧损相类似，炉内气体中 H_2O 的脱碳能力最强，其次是 CO_2、O_2 和 H_2。实际机理甚为复杂，即使是还原性气氛，也不能阻止脱碳的发生。然而在氧化性气氛下，生成的氧化铁皮可以阻碍氧和碳的扩散，从而达到减少脱碳的目的。

C 过热和过烧

加热温度超过钢的 Ac_3 以上很多时，就会使晶粒粗化，这就是钢的过热。钢过热后，不仅机械性能下降，而且对加工工艺性能也带来不利的影响。如锻造时易产生裂纹，淬火时内应力增高并导致变形或开裂，此外还会促使钢的氧化烧损与脱碳增加。

过烧也称为烧毁，即钢在高温下加热，晶粒间界面氧化而出现氧化物或局部熔化的现象。

过热和过烧都是因为加热不当而引起的缺陷，但两者在本质上是有差别的。大部分过热的钢尚可以用热处理的方法予以挽救，其余的也可以通过锻造的方法进行补救[1]，而过烧的钢晶间结合已经遭到破坏，只能作为废钢回炉重炼了。

9.1.2.2 金属的加热温度、加热速度和加热制度

A 金属加热温度

金属出炉前的表面温度称为金属加热温度。金属加热温度越高，塑性越好，热加工越容易，即轧机压下量可以大一些，消耗的机械能却不多，轧制速度加快，设备磨损减轻。但是前述的氧化、脱碳、过热和过烧等限制了金属加热温度的随意提高。金属加热温度也不能过低，否则使热加工无法顺利进行，而且会因为保证不了加工终温使产品性能受到影响。这是因为多数钢种在高温下的奥氏体组织具有良好的塑性，加工后不会有很大的残存应力。当加热温度较低时，就离开了奥氏体范围，加工时会产生较大的变形抗力，加工后残存应力非常大，甚至可以导致金属产生裂纹。钢的压力加工终了温度一般应高于 Ac_3 以上 30～50 ℃，加上出炉后和加工过程中的温降，就是金属加热温度的下限。

一般每种金属都有一个合适的加热温度范围。影响这个范围的首先是钢种及其化学成分，选择依据是铁碳合金状态图及组织特性。其次是加工方法，如轧制前加热温度就要高于锻造前

---

[1] 所谓千锤百炼。古代的人无法准确掌握加热温度，就依靠反复锤打来改善钢的组织。同时还可以除去钢中的一些夹杂物，提高钢的纯净程度。

加热温度。在合适的加热温度范围内，在能保证顺利轧制的情况下，应选取较低的温度，既可以节能，又可以减少缺陷发生的几率。

金属截面温度的均匀程度也是重要的温度指标。温度不均，金属的可塑性也不均匀，轧制时压下程度和延展程度就会有差别，轧辊受力也不均匀，从而可能导致产品报废和轧机损坏。

B 金属加热速度

金属加热速度是指加热时单位时间内表面温度升高的程度，也可以用单位物料厚度达到单位温升所需要的时间来标志金属加热速度。加热速度越快，炉子的单位生产率越高，金属氧化越少，燃料消耗也越少。但炉子传热、工件导热、工件内部热应力和截面温度均匀程度都限制了加热速度的提高。

上述限制因素都可以根据传热分析和弹性力学分析予以定量。大型铸件往往存在残余的铸造应力，内部结构的缺陷(如非金属夹杂、气泡、结疤、偏析等等)能导致残余应力和加热应力的集中，从而使工件产生裂纹、裂口、翘曲等问题，在分析工件内部应力问题时应当充分考虑。限制薄形工件加热速度的主要是炉子传热，其内部应力和热偏差都不是很大的问题。

C 金属加热制度

金属加热制度指为完成金属加热任务所组织的炉子温度、炉子供热量等参数随炉内空间和时间变化的规律。主要包括温度制度和供热制度。前者指金属周围的温度(炉子温度或炉气温度)随时间和空间的变化而设定的变化规律。后者是指为了保证前者，所供给的热流量应当具有的、人为组织的随时间和空间变化的规律。根据钢的形状、尺寸、性质及装炉温度等条件，压力加工前金属加热制度可分为一段制度、二段制度和三段制度。

连铸连轧中间的热连接过程以均热为主，其金属加热温度、金属加热速度和金属加热制度都有自己的特点。

9.1.3 烧结与焦化

9.1.3.1 烧结

粉状或粒状物料经加热至一定温度范围而固结的过程称为烧结。物料经过烧结发生物理、化学变化以改变其物理、化学性质(包括强度、密度、结晶形状、成分等等)。例如冶金过程中粉矿或精矿在熔炼前先经烧结或“烧结焙烧”以提高料块的强度和透气性，从而便于鼓风炉熔炼。在粉末冶金中用于金属粉末压制成形后的固结，除可加强颗粒黏合和减小孔隙外，还能促使晶粒长大从而便于加工成材。此外，在大部分陶瓷和耐火材料等制造过程中，坯料也都经过烧结而固结。烧结可以归类于焙烧，但其温度常常比一般焙烧要高，接近物料的熔点。

钢铁工业中粉精矿的烧结过程是在烧结机、球团竖炉、链箅机-回转窑等设备中完成。烧结机生产出来的矿块是烧结矿，具有较匀的粒度、高气孔率和足够的强度、良好的还原和造渣性能，有利于强化高炉冶炼。球团竖炉、链箅机-回转窑等设备中烧结出来的是球团矿，其粒度均匀，机械强度高，还原性能良好。合理的炉料结构(碱性烧结矿配以一定比例的酸性球团矿)是高炉提高产量、降低焦比的重要技术要求之一。

目前，烧结工序是钢铁联合生产企业中除发电厂以外 SO_x、NO_x 的最主要的来源，由于烧结机漏风率较高(40% ~50%)，固体料循环率也高，相当一部分空气没有通过烧结料层就进入烟气，使烧结烟气量大大增加，造成 SO_x 和 NO_x 浓度很稀，处理成本高，成为烧结烟气脱硫技术的难点。烧结工序二噁英的排放更有害，应引起重视。据报道，目前日本产业界二噁英的排放中，垃圾焚烧炉居首位，其次就是钢铁工业。钢厂主要是烧结工序，其次是使用废钢的电炉和转炉工序。

9.1.3.2 焦化

焦化是通过缺氧加热的方法把可燃物质（煤、石油或石油产品、木材及秸秆压实体等等）中的挥发分析出，只留下以碳为主的固体成分的过程。将减压渣油、重油或沥青等在常压和500 ℃左右加热，使之裂解为气体、轻油（汽油、煤油）、中质或重质馏出油，最后留下的固体成分称为石油焦。石油焦可以用于生产炭黑、石墨电极以及绝缘材料。将煤进行高温干馏，析出的气体称为焦炉煤气，可凝结的黏稠液体称为煤焦油，留下的以碳为主的固体称为焦炭。焦炭主要应用于冶金工业，因此我们通常所说的焦化主要是指将煤进行高温干馏以生产焦炭的过程❶。

焦炭在高炉中不仅经过燃烧提供还原反应所需的热能，还起到作为骨架支撑炉料、维持炉内通透性的作用。因此用于冶金工业的焦炭的品质要求较高，尤其是大型高炉用焦炭的机械强度要求相当高。

从焦炉推出的焦炭呈红热状，温度约1000 ℃，所携带热量约占焦炉总耗热的40%。传统的熄焦工艺是用水喷淋熄灭焦炭，焦炭热量使水汽化直接排入大气，浪费大量热能，同时，熄焦蒸汽中夹杂着大量的酚、氰化物、硫化物和粉尘，所造成的污染占焦化工艺总污染的三分之一。干法熄焦是用惰性气体在密闭空间中熄灭焦炭，不污染环境，可以回收红焦80%的显热，产生蒸汽用于发电❷，相应替代相当数量的动力煤，节能环保效果显著。同时，避免了急冷对焦炭力学性能的破坏，减少了焦炭含水率，使焦炭质量得到提高。

熔融还原炼铁工艺取消了焦化和烧结这两个重污染工序，大大减少了污染物的排放量，生态包袱明显下降，是未来替代小高炉的上佳选择。某些熔融还原工艺（如HIsmelt）还可以处理自身和其他流程中各工序产生的含铁粉尘，真正实现粉尘“零排放”。此类熔融还原工艺可以作为一种解决废弃物处理和循环的好出路。

9.2 计算流体力学在冶金中的应用[50]

流动广泛地存在于冶金过程中，它常常耦合传热、传质、化学反应、相变、电磁力、气泡流动等诸多过程而形成极其复杂的现象。金属的流动状态直接决定产品的质量和产量。冶金工业的许多技术革新都是围绕改善装置内的流动状况而展开的。例如，转炉顶、底吹及复合吹炼，钢包喷气搅拌及RH真空循环脱气等。掌握熔体流动规律是改善产品质量、提高冶炼效率的重要环节。

冶金过程中流动及与其相关各种现象的研究方法包括模型实验（物理的或化学的）和现场实测。冶金过程原料条件复杂、高温、装置庞大，实验室无法完整地再现，只能进行冷态、局部或单元过程的实验。这不仅与实际差别很大，而且装置放大后的效果也很难掌握。现场测试耗资巨大，可测试数据却有限，例如，目前还无法测量钢液流速这一重要参量。计算机和计算技术的快速发展，促进了数值模拟即“数值实验”或计算流体力学方法迅速发展起来。该方法可以对全过程直接模拟，并能得到装置内各种变量的连续分布信息，可以广泛地设定条件对任何情况如危险的、超越正常条件的、待开发的过程等进行模拟。随着软硬件技术的不断进步，数学模拟在钢流动现象研究中的重要性不断增加。

冶金过程中的流体流动现象极其复杂。在对过程进行大量简化的前提下，许多单相、单边界

---

❶ 木材等经过高温干馏就成为木炭，主要用于生活。在工业上，木炭可以作为吸附剂、脱色剂以及黑色火药的原料等等。木炭再通过高温过热蒸汽（800 ℃）处理，就成为活性炭。

❷ 也可以用高压惰性气体进行布莱顿循环发电以及气体－蒸汽联合循环发电。

的流动与传热问题很容易解决，目前的商业软件包也都具备解决这类问题的能力。然而，下面一些问题目前尚不能很好地解决：

(1) 自由表面扰动问题，如在中间包、钢包和结晶器内的钢液面波动等；

(2) 多相系统问题，如气液系统、固液模糊区系统及载粒气体喷进熔体问题等；

(3) 湍流问题，特别是伴随化学反应的湍流过程。

9.2.1 冶金中计算流体力学的研究概况

数学模型是计算流体力学应用于冶金的桥梁。在20世纪60～70年代，炼钢领域中的数学模型并不被人们接受，主要原因是那时计算机能力较差并缺乏过程知识，即一些基本的物性值或关系式难以得到，所做的数学模型对物理过程做了重大简化和假设，使得结果与实际相差甚远。直到20世纪80年代初期才有一些有成效的模拟工作。其中以钢包精炼和连铸过程的研究较为充分。

随着工业界对钢的纯净度要求的不断提高，炉外精炼技术日益发展。为了冶炼高纯净钢，向钢包内吹入氩气并配合真空处理，利用上升的气泡搅拌钢液，加速化学反应速率，均化温度成分，促进夹杂物的去除。钢包喷气搅拌操作的关键是在最佳的气流量条件下达到最短的混合时间和最大的外加合金利用率。过去那种用宏观的循环流量判定冶炼效果的方法难以做到准确地确定这些参数，必须深入了解熔池内钢液的速度分布及湍流特性分布。因而这一问题是近些年来炉外精炼领域的重要研究课题，目前已经取得了丰硕的成果。今后一段时期内，钢包精炼过程中流体力学研究的课题是如何处理气金渣三相流体流动及其相互作用问题，包括夹杂物排除及液面隆起和波动问题等。这些问题给目前的物理模拟和数值算法提出了挑战。

结晶器是连铸机的心脏，结晶器冶金是去除夹杂物、改善钢材质量的最后机会。在结晶器中，包含在凝固壳内的钢液流场分布对夹杂物运动行为有很大影响，而夹杂物的去除效果直接影响钢的纯净度与质量。此外，结晶器内流场对凝固最重要的初始阶段凝固壳传热有重大影响。因而，深入了解和控制结晶器内的钢液流动行为是提高连铸坯质量的关键。计算流体力学结合水模型或低熔点合金模型试验是了解流动现象的重要途径。近年来，外场尤其是电磁场已广泛应用于连铸过程，如控制结晶器内钢液流动、二冷区的电磁搅拌、交变磁场控制初凝固过程和利用静磁场生产复合连铸坯等。今后结晶器过程流体力学研究趋势主要是以改善铸坯内部质量为目的流动、凝固和溶质偏析耦合现象的研究，以外场作用下主要改善铸坯表面质量为目的多相电磁(直流和交流)流体力学的研究。

9.2.2 冶金流体力学研究中所面临的问题

9.2.2.1 计算方法

钢液流动问题的求解主要是借用计算流体力学和传热学的方法。主要有两类：一类是求解浅水问题的压力泊松方程法，如MAC方法等；另一类是求解不可压封闭区域的压力校正法，如SIMPLE系列方法。目前两种方法平行发展，并互相促进，如SIMPLE的交错网格就是移植的MAC技术。处理具有表面问题时，MAC法具有独特的优势，而计算复杂多相流问题SIMPLE系列方法更好一些。消去压力的涡量－流函数方法在推广到三维时遇到更多的麻烦，发展受到一定限制。计算流体力学应用于炼钢过程中所遇到的复杂区域、多相影响和外场的耦合作用等需要研究者发展自己的子模型。

9.2.2.2 边界条件

冶金过程的数学模型是以力学为基础的，遵守基本的物理化学定律，但也依赖一些经验参数，如热质传递系数必须由实验确定。既然基本定律是普遍适用的，那么所研究问题的特殊性就需通过边界条件来确定。因而，边界条件对于描述问题的本质是极其重要的。自由面变形、弯月面影响和枝晶生长等边界条件还缺乏研究。模拟工作成功的关键是要了解所要模拟的过程，而机械搅拌、卷渣现象和自由面变形过程目前还缺少研究。

9.2.2.3 材料的物性数据

当将流体流动与传热数值计算应用于冶金过程中时，会出现一些问题，即有许多材料的输运特性是未知的。例如，一些熔渣属非牛顿流体，预先不清楚其应力－温度－应变的关系。还有一些材料的成分、微观结构和物性之间的关系也不知道。仅仅通过加强计算机硬件能力和软件适用性方面的工作不能改变缺乏冶金过程知识的现状，数学模型不能代替实验的作用，反而需要扩展实验的内容，测量材料的物性和过程行为，特别是随温度和浓度变化的物性参数。

9.2.2.4 相变及相间相互作用

在研究连铸坯偏析现象时，必须面对相变过程的流动、传热和溶质再分配问题。这些复杂过程的研究大大超过纯流体力学的研究。无论是实验观察还是数值计算均有难以解决却又不可忽视的问题。像渣金界面的运动行为对精炼和连铸过程均有重要意义，但目前缺乏研究这类问题的手段。

9.2.3 计算流体力学的作用

过去，人们希望或相信将来的计算机能够容易地控制、优化和模拟材料的生产过程。现今计算机模拟的主要目标是获取过程的知识，特别是一些黑箱过程，如高炉、转炉等过程。因为高温状态下测试相当困难，而数学模型的优点却显而易见，它可以提供那些测试探头触及不到的区域内过程发生的图像。但是，直接使用计算变量的详细数值作为生产操作参数是不行的。应该认识到，与纯计算流体力学的发展不同，冶金过程计算机模拟的目标不是获得一个过程的准确解或详细的数据，而是增加对过程的认识，即了解反应器内不可测量部分的信息，定性地确定影响这些过程的操作参数。目前大部分模型均有一些经验数值嵌入其中，而这些经验值往往离不开规模效应，因此模拟结果同实验对比是非常必要的。

计算流体力学应用于冶金过程虽然处在初级阶段，但已显示出其强大的威力。就其发展趋势来看，硬件能力将继续改善，软件将更加透明和规范，前、后处理的功能将更强。因而模拟更复杂的三维耦合问题和非稳态问题是可能的。此外，模拟者还可以得到更准确的热力学和动力学模型，使得模拟结果能更深刻地揭示过程的本质。不过指望纯计算流体力学的商业软件发展到能够模拟冶金过程的所有问题并不现实，更可靠的描述冶金过程的模型将由冶金工作者自己去发展。

数学模型可以被看做将流体力学理论应用到冶金过程的桥梁。研究者既要具备所要研究的冶金过程的知识，还应具备流体力学及相关领域的知识。预计在不远的将来，冶金领域内的计算流体力学技术及其软件将成为一种工程工具，用于预测实际装置内流场、温度场、浓度场等，为物理实验指出大致方向和范围，降低物理实验的耗费，减小有关工程设计的误差。同时，计算流体力学技术及其软件还会使人们更透彻地了解所涉及的物理化学过程从而设计出高效可靠的材料生产设备，优化设备的操作，并且能够提供一种“数值实验”平台，用于测试和发展新的工艺及设计思想。

9.3 硅酸盐工业热工过程

硅酸盐工业是以硅酸盐为主要原料（硅酸盐在地壳中分布极广，是构成多数岩石和土壤的主要成分），经配料和高温处理等过程来制成各种成品和材料，包括陶瓷、耐火材料、水泥、玻璃和搪瓷等工业，是无机化学工业的一个分支。进而，用各种难熔的氧化物、碳化物、氮化物等为原料，采用与硅酸盐工业类似的工艺过程来制造耐高温材料、无线电陶瓷、磨料等，也归属于硅酸盐工业的范畴。更广泛地，各种新型无机非金属材料也可以包括在内。硅酸盐工业制品几乎都是建筑材料，故也称为建（筑）材（料）工业。典型的硅酸盐工业热工设备主要是各种工业炉窑，包括隧道窑、马弗炉、回转窑、池窑等等，它们的共同的基本原理已经在第5.3节有所涉及，本节则介绍硅酸盐工业的工艺过程，特别是工艺过程中的热工参数的变化、热量的传递以及由此导致的物质结构（相）的变化。

9.3.1 陶瓷的烧成过程

普通黏土质陶瓷制品的烧成要经过下面几个过程：

（1）干燥阶段。排除坯体的残余水分。过程中坯体的温度逐渐升到200 ℃，升温速度按坯体的入窑水分来掌握，水分高则不宜升温过快，以免坯体收缩不匀，产生变形与开裂。若入窑水分能控制在1%（临界水分）以下，则可快速升温。入窑水分小于0.5%，可在几分钟内将残余水分排除完毕。

（2）脱水阶段。排除结构水，坯体从200 ℃升温到约500 ℃。结构水指黏土矿物中的结晶水和层间水。高岭土（$Al_2O_3 \cdot 2SiO_2 \cdot 2H_2O$）中的结晶水分解属于一级化学反应，温度每提高100 ℃，分解速度可加快一倍。目前这个阶段有将坯体温度升到700 ℃的。

（3）石英晶形转化阶段。坯体温度在500～600 ℃，石英晶形由β-SiO_2向α-SiO_2转变，体积膨胀0.82%，膨胀不均匀就有开裂的危险，关键是窑内温度要均匀。

（4）氧化阶段。坯体温度从600 ℃升至1050 ℃，坯体中的硫化铁氧化变成氧化铁，碳酸盐分解放出CO_2，有机物氧化释出CO_2和H_2O，这些反应都要在釉面玻化之前完成，否则气体就无法释出而产生气泡。

（5）还原阶段。依靠燃烧产物中含有的2%～4%的CO，将坯体中的三价铁（Fe_2O_3，褐黄色）还原成为二价铁（FeO，青色），制品温度1050～1200 ℃。

（6）烧结阶段。坯体制品温度1200～1300 ℃，坯体中出现了玻璃相，达到密实化而烧结。

（7）急冷阶段。制品温度从1300 ℃降到700 ℃，此时制品处于塑性阶段，不会发生开裂。但各部分冷却要均匀。

（8）缓冷阶段。石英晶形再次转化，会有体积收缩，必须注意控制窑内温度均匀。制品温度700～400 ℃

（9）鼓风冷却阶段。制品继续下降，由于温度低，传热差，故需要鼓风以强化传热。

陶瓷制品的烧成制度包括温度制度、气氛制度和压力制度。压力制度是为了保证温度制度、气氛制度的。从理论上说，可以根据制品各阶段的物理－化学反应过程，结合窑炉类型和制品内部不稳态导热情况来编制。实际上，要参考经验和实验来制定。合理的烧成制度与原料的性质，制品的大小、形状、厚度，生坯入窑水分，坯体的力学性能、电气性能，釉面光洁度，燃料种类，燃烧方法，窑炉结构等条件有关。合理烧成制度的确定原则是：

（1）在各个阶段应有一定的升降温速率，不得超过，以保证坯体或制品内外温度比较均匀而不产生破坏。物理-化学反应过程也需要一定的时间。

(2) 在适宜的温度下应当有一定的保温时间,以使制品内外温度趋于一致。

(3) 在氧化和还原阶段应保持一定的气氛制度,以保证制品中的物理-化学反应过程有足够的时间进行。

(4) 全窑应有一个合理的压力制度,以确保温度制度和气氛制度的实现。

9.3.2 水泥

自 1824 年 J. Aspdin(英)取得波特兰水泥专利权以来,现代水泥工业历经一百多年,生产工艺发生了多次重大变革。作为水泥生产核心部分的煅烧工艺和装备,技术进步的轨迹尤为明显。

最初水泥熟料是由间歇式土立窑煅烧而成的。1885 年,英国人 Frederik Ransome 首先将回转窑引入水泥工业,用于熟料的烧成,明显提高了熟料质量;1928 年 Polysius 公司的 Otto Lellep 等发明了立波尔窑,将物料的干燥、预热等过程移至窑外的移动式箅子预热器上进行,使系统的产量增加,热耗降低;1932 年捷克工程师 M. Vogel-Jorgensen 首次提交了关于用旋风预热器加热水泥生料粉的专利,为水泥干法生产的技术进步提出了一个关键性的构想;1951 年这个构想经德国工程师 F. Müller 的改进,由 KHD 公司投入水泥工业的生产。这一技术的出现使 $\phi2.5\ m \times 4\ m$ 的回转窑产量从 120 t/d 增长到 200 t/d,熟料热耗由 710 6kJ/kg 下降到 4180 kJ/kg。

1971 年日本石川岛公司和秩父水泥工程公司研究成功悬浮预分解法(suspension flash calciner),或 NSP(new suspension preheating)技术,使入窑碳酸盐的分解率大幅度提高,产量明显增加,各种消耗相应减少。随即,悬浮预热和预分解技术受到各国重视,很快出现了各具特色的预热预分解技术和装备。同时生料制备、水泥粉磨等技术也发展起来,现代控制技术和科学管理方法也逐步应用。以悬浮预热和预分解技术为核心的新型干法水泥生产工艺,集现代最新科技成果于一体,正在不断取代湿法、老式干法、半干法及立窑生产工艺,将水泥工业生产水平推向一个新阶段[51]。

将石灰质、黏土质和少量铁质原料按照一定比例配合,经均化、粉磨、调配以后就成为生料,然后再进入窑内经过高温煅烧从而变成水泥熟料,其形成过程如下:

(1) 从入窑开始到 150 ℃之间,生料中的物理水蒸发;

(2) 500 ℃左右,黏土质原料分解放出化学水,并生成游离的 SiO_2 和 Al_2O_3;

(3) 800 ℃以前开始形成 CA、C_2F 和 C_2S;

(4) 在 800~900 ℃之间开始形成 $C_{12}A_7$;

(5) 在 900~1100 ℃之间形成 C_2AS 并分解,开始形成 C_3A 和 C_4AF 矿物,$CaCO_3$ 完全分解,游离 CaO 达到最大值;

(6) 在 1100~1200 ℃之间大量形成 C_3A 和 C_4AF,C_2S 达到最大值;

(7) 在 1260~1280 ℃矿物 C_3A、C_4AF 和 MgO、R_2O 及含硫组分开始形成液相;

(8) 在 1300 ℃ ~1450 ℃ ~1300 ℃的过程中,借助于液相 CaO 和 C_2S 逐渐溶解于液相中,并且互相化合生成 C_2S。

熟料中主要组成是 C_2S、C_3S、C_3A 和 C_4AF,占总量的 95% 以上。

9.3.3 玻璃的熔制过程

配合料经过高温加热形成玻璃液的过程称为玻璃的熔制,这是玻璃生产中的一个重要环节,合理的玻璃熔制是制造优质玻璃制品的重要保证。熔制的目的是获得均匀、纯净、透明并适合于成型的玻璃液。熔制是否合理对产品的质量、产量和成本有很大的影响。玻璃熔制过程可分为五个阶段：

（1）硅酸盐的形成阶段。配合料各组分在加热过程中经过了一系列的物理变化和化学变化，如粉料受热、水分蒸发、多晶转变、组分熔化以及石英砂与其他组分之间进行的固相反应。在此阶段完成固体状态配合料的主要反应，同时大部分气态产物逸散，配合料变成了由硅酸盐和二氧化硅组成的不透明的烧结物。这一阶段在 800～1000 ℃。

（2）玻璃液形成阶段。烧结物继续加热时即开始熔化（首先熔化的是易熔的低熔点混合物），在熔化的同时硅酸盐与剩余的二氧化硅相互熔解。此阶段结束时烧结物变成了透明体，不存在未反应的配合料颗粒。但玻璃液仍带有大量的气泡，在化学成分和性质上也不均匀。此阶段在 1200 ℃终结。

硅酸盐形成与玻璃液形成之间没有明显的界限，硅酸盐形成阶段尚未结束时玻璃液的形成已经开始。两个阶段所需时间相差很大，硅酸盐形成进行得很快，玻璃液形成却相当缓慢。实际熔制时，配合料直接加热到 1300 ℃左右，所以生产上把这两个阶段视作一个阶段，称为配合料的熔化阶段。

（3）玻璃液澄清阶段。继续加热时玻璃液黏度迅速降低并开始放出气态混杂物，即进行玻璃去除可见气泡的过程称为澄清，同时澄清过程必须在较高的温度下进行。熔制普通玻璃时此阶段在温度为 1400～1500 ℃时完成。

（4）玻璃液均化阶段。玻璃液长时间处在高温下，其化学成分即逐渐趋向均匀。扩散作用使玻璃中消除了条纹而变成了均一体。此阶段在低于澄清温度下终结。

玻璃液的均化过程早在玻璃形成时就已开始，但是主要的还是在澄清后期进行。它与澄清过程混在一起，没有明显的界限，可以看成边澄清边均化，而均化的结束往往在澄清以后。

（5）玻璃液的冷却阶段。澄清均化后的玻璃液黏度太低，不适于成型。所以将玻璃液的温度降到低于澄清温度 200～300 ℃，以便使玻璃液具有成型所必需的黏度，并在冷却时不损坏玻璃的性质。

以上这些阶段彼此相互联系，又各不相同。实际生产中各阶段之间没有明显的界限，有些阶段可能同时进行或部分同时进行，主要取决于熔制的工艺制度和窑的结构。

9.4 本章结语

本章讨论的主要是与冶金和工业炉窑相关的工业工艺过程中的热物理问题，也就是东北大学热能与动力工程专业的特色所在。第 2 章中曾经提出："如何更有效地、更持久地、更清洁地利用能源，是动力工程及工程热物理学科（热能与动力工程专业）所面临的首要的、最重要的课题。""利用工程热物理理论解决各种工业工艺过程与自然过程中有关热的问题是动力工程及工程热物理学科另一类重要课题。"值得注意的是，两类课题不是彼此对立、截然分开的。正如本章所谈及的各类问题均以完成工艺目标为主，而在完成工艺目标的前提下，力求节能与高效。

工业工艺过程中的热物理问题非常多，特别是化工、轻工行业，诸如蒸发、蒸馏、吸收、过滤、沉降、萃取、蒸煮、漂洗、干燥、热熔、热固等等工艺过程，其理论基础均为工程热物理。因此，动力工程及工程热物理学科涉及的领域十分广阔，有待相关工作者积极努力，开拓进取。

参考文献

[1] 世界经济年鉴编委会．世界经济年鉴 2002～2003[M]．北京:经济科学出版社,2002:641.

[2] 陈金灿,严子浚．有限时间热力学理论的特征及发展中几个重要标志[J]．厦门大学学报:自然科学版,2001,40(2):232～241.

[3] 是勋刚．湍流[M]．天津:天津大学出版社,1994.

[4] 刘静．微米/纳米尺度传热学[M]．北京:科学出版社,2001.

[5] 彦启森,赵庆珠．建筑热过程[M]．北京:中国建筑工业出版社,1986.

[6] 陈启高．建筑热物理基础[M]．西安:西安交通大学出版社,1991.

[7] 侯长连,等．高效蓄热式工业炉的开发与应用[C]．中国金属学会能源与热工 2002 学术年会论文集．中国金属学会能源与热工专业委员会,嘉峪关,2002. 9.

[8] 金翔龙,方银霞．天然气水合物的研究与开发[EB/OL]．[2005-08]．中国新能源网 http://www.newenergy.com.cn.

[9] 陆钟武．冶金热能工程导论[M]．沈阳:东北工学院出版社,1991.

[10] 董辉,等．能源贮存技术综述[C]．中国金属学会能源与热工 2000 学术年会论文集．中国金属学会能源与热工专业委员会,沈阳,2000,5.

[11] 曲格平．环境保护知识读本[M]．北京:红旗出版社,1999.

[12] 陈国钧,曾凡明．现代舰船轮机工程[M]．长沙:国防科技大学出版社,2001.

[13] 徐二树．分散能源浅析[J]．节能与环保,2003(8):8～10;2003(9):15～17.

[14] 翁一武,苏明,翁史烈．先进微型燃气轮机的特点与应用前景[J]．热能动力工程,2003,18(2):111～116.

[15] 林汝谋,金红光,蔡睿贤．新一代能源动力系统的研究方向与进展[J]．动力工程,2003,23(3):2370～2376.

[16] 金红光,高林,郑丹星,等．煤基化工与动力多联产系统开拓研究[J]．工程热物理学报,2001,22(4):397～400.

[17] 徐建中．叶轮机械气动热力学的回顾与展望[J]．西安交通大学学报,1999,33(9):1～4.

[18] 国务院学位委员会办公室编．同等学历人员申请硕士学位 动力工程及工程热物理学科综合水平全国统一考试大纲及指南[M]．北京:高等教育出版社,2000.

[19] 钱颂文,岑汉钊,江楠,等．换热器管束流体力学与传热[M]．北京:中国石化出版社,2002,1:200.

[20] 郁永章,高秀峰．国内外压缩机学术研究近况[J]．压缩机技术,2003(4):14～17.

[21] 潘秋生．新中国制冷科学技术的发展趋势[J]．制冷学报,2003(3):31～37.

[22] 王承阳．制冷科学技术研究的进展[C]．辽宁省制冷学会会员大会论文集. 沈阳,2007.

[23] 陆钟武．工业生态学[C]．工业与生态 2001 国际研讨会报告文集．东北大学,沈阳,2001. 10:1～13.

[24] 王补宣．热物理与热工研究开发的进展与机遇[J]．物理与工程,2000,10(6):1～4.

[25] 辽宁省工人技术培训教材编委会．锅炉工[M]．沈阳:辽宁科学技术出版社,1982,9:3.

[26] 同济大学,湖南大学,重庆建筑工程学院．锅炉及锅炉房设备[M]．北京:中国建筑工业出版社,1979:2.

[27] 彦启森,等．制冷技术及其应用[M]．北京:中国建筑工业出版社,2006,6:54.

[28] http://www.lummusonline.com/global/tools/helixchanger.

[29] 郭茂先,等．工业电炉[M]．北京:冶金工业出版社,2002.

[30] 王承阳．环境污染末端治理的热力学认识[J]．冶金能源,2003,22(6):52～54.

[31] 燃料化学工业部化学工业设计院,第十设计院编．蒸汽喷射制冷设计手册[M]．北京:中国建筑工业出版社,1972.

[32]《蒸汽喷射器计算》编写组．蒸汽喷射器计算[M]. 北京:国防工业出版社, 1974.
[33] 童景山, 柯红樱．高温载热体——导热姆热力学性质的研究[J]. 天然气化工, 2000, 25(3): 59 ~ 62.
[34] 赵宝华．存在物理学与演化物理学[N]. 东北大学报,第 259 期(总第 1698 期),2005 - 04 - 28(2).
[35] 于渌,郝柏林．相变和临界现象[M]. 北京:科学出版社,1984.
[36] 陈之荣．38 亿年来,地球在近似封闭状态下进化——自组织理论面临的一个难题[J]. 科技导报, 2001(11):19 ~ 21.
[37] 杰里米·里夫金,等．熵:一种新的世界观[M]. 上海:上海译文出版社,1987.
[38] 沈维道,等．工程热力学(第 3 版)[M]. 北京:高等教育出版社,2001:268.
[39] WEBSTER'S NEW WORLD DICTIONARY[M]. William Collins Publishers, Inc. , 1980.
[40] 刘卫华, 郭宪民, 黄虎,等．制冷空调新技术及进展[M]. 北京: 机械工业出版社, 2005.
[41] 岑可法,等．燃烧理论与污染控制[M]. 北京:机械工业出版社,2004:439.
[42] [日]滨川圭弘,西川祎一,辻毅一郎．能源环境学[M]. 郭成言译．北京:科学出版社,2003:103.
[43] 杜涛．关于钢铁企业气体污染物减量化研究[D]. 沈阳: 东北大学, 2005. 8:21 ~ 28.
[44] 王承阳．工业生产过程的熵分析[J]. 材料与冶金学报, 2006. 3, 5(1): 73 ~ 76.
[45] Calm J M. 冷水机组制冷剂的选择和展望[J]. 制冷与空调,2001(2): 59 ~ 67.
[46] 陈娉舒. 沙尘暴是一个严重的生态问题[N]. 中国青年报,2002 - 03 - 27.
[47] 王华．二噁英零排放化城市生活垃圾焚烧技术[M]. 北京:冶金工业出版社,2001.
[48] 盛宏至．危险废物焚烧与高温热解技术[C]. 中国金属学会全国能源与热工 2004 学术年会论文集, 昆明, 2004,11:332 ~ 336.
[49] 王燕飞．水污染控制技术[M]. 北京:化学工业出版社, 2001.
[50] 李宝宽．现代流体力学的冶金应用[J]. 黄金学报,2001,3(4): 241 ~ 248.
[51] 徐德龙．水泥悬浮预热预分解技术理论与实践[M]. 北京:科学技术文献出版社,2002.

[illegible]